戦闘戦史

最前線の戦術と指揮官の決断

Higuchi Takaharu

樋口隆晴

作品社

――序論にかえて――

戦闘戦史とは、なにか

戦史あるいは歴史の本を読みはじめたばかりのころに、なぜこの部隊や軍（あるいは国でも個人でも）は、別の選択肢を採らなかったのだろう、と疑問に思わなかっただろうか？

例えば、――本書でも取り上げている――ガダルカナル島に真っ先に派遣された一木支隊は、アメリカ海兵隊の陣地に突撃を仕かけ、全滅した。当時、日本軍は、未だ戦略的に有利な状態にあったから、彼らに別の選択肢はあったはずだ。一方、その海兵隊も、沖縄戦において、日本軍陣地を正面から力攻めして、大損害を出している。海兵隊史上にのこる「シュガーローフ・ヒルの戦い」である。

けれど、歴史に親しみ、多くの知識を得ると、当事者たちが意外なほど選択肢がないことが理解できるようになる。ともあれ、なぜ、その手段を選んだのか、あるいは選ばなかったのか。そして勝敗の主な要因はどこにあったのか、というのは、歴史の醍醐味なのだが、その本質的な部分を探るのは実に難しい。というよりも、とある選択肢を採った（決断した）背景には、多くの原因があることを読者は知っている。

本書では、勝敗を決したと考えられる要素のうち、「指揮」を重視する。指揮とは、辞書的にいえば「部隊を統べること」だが、実際には、与えられた任務を分析し、彼我の状況を観察判断し、任務の達成に最も公算の高い方法を考え、決断し、部下にその実行を命じ、監督する一連の思考と行動である。すなわち「戦いのために軍隊という組織を動かす技（アート）」だ。この一連の技のうち、「実行を命じ、監督する」ことは、統率、つまりリーダー・シップと同義ととらえてよいであろう。

こうした理由から、本書で記述する部隊の規模は、指揮官個々人の指揮が見やすい、戦術部隊、すなわち戦術次元の戦闘行動を行う部隊とした。具体的には連隊と大隊だ。この二つの部隊は、ある程度独立した戦闘行動をするとともに、指揮官を助ける幕僚が数名しかおらず、また幕僚業務は、指揮（コマンド）の補佐よりも、部隊を運営する管理（マネジメント）が主たる仕事だからだ。

日本陸軍では、大隊を「戦術単位」、連隊を「一方面における戦闘を遂行するに特に適するもの」としていた（昭和十五年改訂『歩兵操典』）。戦場において戦闘（Combat）を主宰する単位である（中隊が戦闘を実施する単位とされていた）。このため本書のタイトルは『戦闘戦史』とした。

『戦闘戦史』という聞きなれないタイトルは、実は、昭和四十年代に陸上自衛隊富士学校において編纂された小部隊の戦いを集成した戦史集から頂いたものである。

当時、自衛隊では、実戦を体験した旧軍出身者が徐々に退役している時期であった。おそらく彼ら『戦闘戦史』の執筆者たち（終戦時に大尉クラスだった士官学校五十期後半が多いようだ）は、貴重な実戦経験を、後輩、とくに若い尉官に残すために同書を編纂したのだろう。

指揮と用兵思想

ところで、指揮官は何に基づいて思考して、決断するのだろうか。

近代の軍隊における軍人は、高度な専門教育と長期の訓練を受けた専門的な職業人であり、軍隊という巨大で永続的な組織に所属する組織人である。ここで重要なポイントとなるのが、教育訓練や戦い方のおおもとになる「用兵思想」である。

用兵思想とは、「兵を用いる（軍隊を使用する）方法についての思想」といえるが、近代以降の軍隊では、明確に言語化されていなくても存在し、それに基づき、装備と編制が決まり、教育がなされ、行動の指針となり、指揮官の思考の枠組みが決定される。良くも悪くも、ある状況においての軍隊の選択肢（あるいは行動）を規定するのが用兵思想なのである。

したがって本書の主なテーマは、用兵思想、なかんずく日本陸軍の用兵思想と、そこから導き出された各種の操典・教範・諸令（合わせて「典範令」と通称された）による教育が、戦いの現場において、どのように発現したかである。

むろん、それは一見すると千差万別である。指揮官には個性もあり、それぞれ経験も異にしているからである。先に述べたように指揮官個人の指揮が見やすいということは、個性も出やすいからだ。なにより戦い自体が「千差万別」なのである。

このため、個々の戦いを分析するツールとして、「戦いの原則」とよばれる経験を通じて築き上げられた普遍的な戦い方の定石や、「実行の可能性」、「主導権」といった戦うための重要な思考方法を使った。さらに用兵学上のいくつかの概念も用いた。すなわち「戦争の階層構造」、「ドクトリン」、「相互作用」、「戦場の霧」、「摩擦」、「機動戦理論」、「主導権」そして「統率」である。これらの諸概念は、各章ごとにテーマと密接に関連したものや、そうでないもの、あるいは文中に明示したものや、そうでないものもあるが、それらを使用することで、取り上げた戦いのなかでの視点を首尾一貫したものにした。

3頁と7頁図表は、「戦争の階層構造」と「戦いの原則」である。「戦争の階層構造」は、全編を通して使用する基礎的な概念である。後者は、先に述べたように戦術行動の定石であり、読者諸兄が、各章に登場する部隊の動きを考えるさいに使用してほしい。

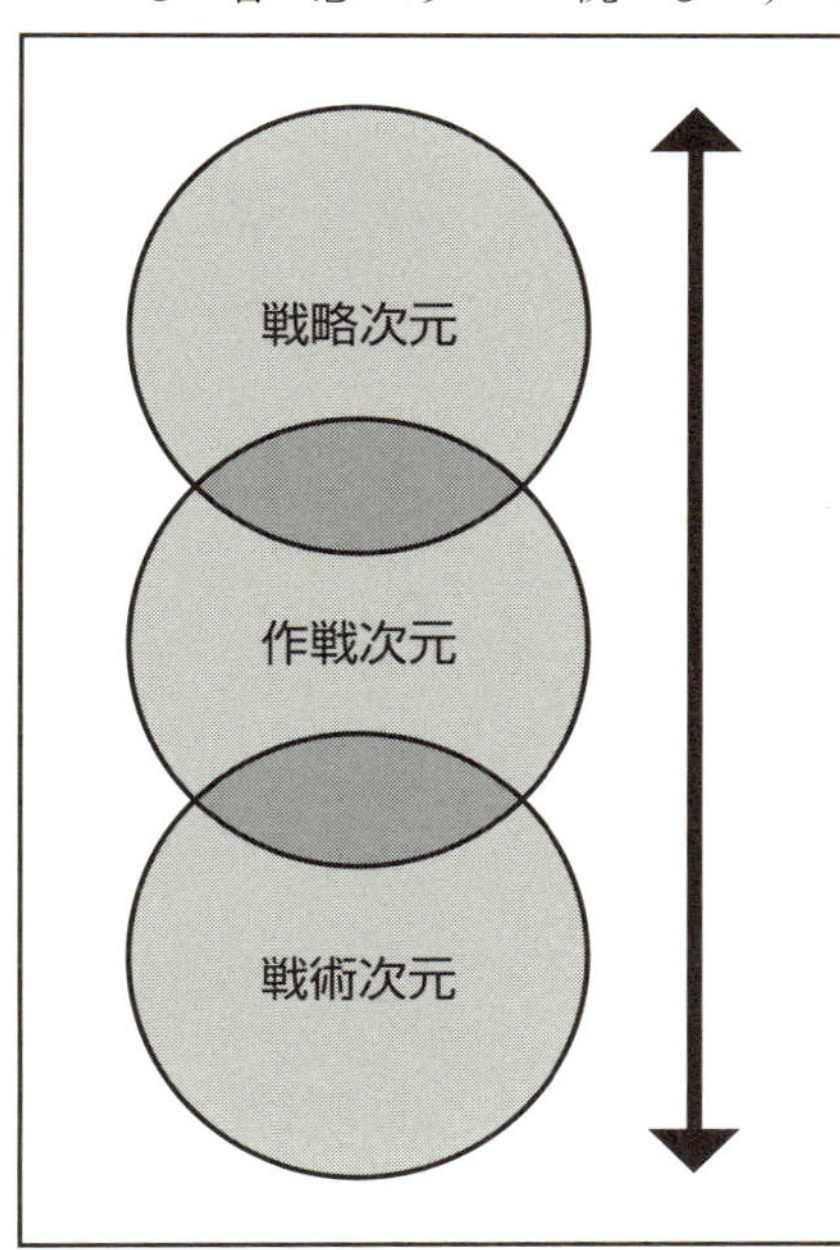

【戦争の階層構造】

戦争という巨大で複雑な行為のなかで、直接干戈を交える、純軍事的な分野は、現在の用兵思想では三つの階層に区分される。すなわち上から戦略（軍事戦略）次元—作戦次元—戦術次元である。本書では、戦術次元の戦いを扱うが、いうまでもなく戦術次元は作戦次元に、作戦次元は戦略次元に包摂されるとともに、それぞれ下位階層は、上位階層を下支えする。つまり「戦争の階層構造」という抽象的な概念を、実際の行動に移した場合、どのように戦術次元での勝利をおさめても、作戦次元での適切な行動がなければ、それを戦略上の勝利に結びつけることはできない。また、作戦次元における優れた着想も、戦術次元における実行の可能性がなければその着想自体が、画餅に終わる。

アメリカ海兵隊MCDP-1『WARFIGHTING』より作成。

また、使用する概念には現在のものもあるが、これによって、指揮官の個性のみならず、日本陸軍が持っていた普遍性と特異性、また、その用兵思想の問題点も浮かび上がってこよう。

本書各章のテーマ

それぞれの説明は、当該の章を参照していただくとして、以下、章ごとのテーマを簡単に解説すると、ドクトリンについては、

第一章「**仙台第二師団、弓張嶺の夜襲**」第二章「**盧溝橋事件**」第三章「**ガダルカナル島　一木支隊の全滅**」がそれである。

ドクトリンが必要とされる背景として、戦闘に参加する部隊が、命令の途絶や状況の急変に対して、独自の判断で、かつ目的から逸脱しないで行動しなければならない状況が存在する。前提となるのは、状況に対する「認識の共有化」だ。「弓張嶺の夜襲」は、「大規模夜襲」という当時としては前代未聞の戦術を用いる際に行われた意思決定から実行準備までの過程を見ることで、認識の共有化という、ドクトリンが必要とされる状況を描いた。また、「盧溝橋事件」と「一木支隊の全滅」は、ドクトリンという用兵思想が具体化したものが、どのように状況に適合し、あるいはしなかったのかがテーマである。

近年、アメリカ海兵隊を筆頭に重視されている「機動戦理論」を視点にしたのが、

第四章「**兵は「機動」にあり**」と題した島田戦車の「スリム殲滅戦」と呼ばれた戦いと、第五章「**血で飾られた砂糖菓子の丘**」のタイトルで描いた、沖縄戦におけるアメリカ海兵隊の苦戦である。いうまでもなく、「機動戦理論」は、当時は存在しない概念であり理論であるが、それを使用することで、戦史に名高い二つの戦いの明と暗を描き、さらに「機動戦」に必要とされる指揮官の資質を考えてみた。

つぎに、クラウゼヴィッツが『戦争論』で述べた「摩擦」と「戦場の霧」である。こちらは、「レイテ決戦」の先

鋒となった第一師団の隷下部隊を主役にした、第六章「**歩兵第五十七連隊、リモン峠の勝利と敗北**」だ。

本章は、第一師団や、その上級司令部である第三十五軍にも若干触れており、大きな枠組みから戦術部隊を見ている。その意味で同様の構成なのが、マレー半島のコタバルへの上陸作戦を扱った、第七章「**〝陸軍の真珠湾〟開戦劈頭の強襲上陸**」である。ただしこちらは、「実行の可能性」という観点を重視している。以下、同様のテーマでは、戦争初期に生起した、ビルマにおける日本軍戦車とイギリス軍戦車の戦闘を描いた第八章「**戦車第一連隊の苦い勝利**」と、ペリリュー島攻防戦の最初の一日描いた、第九章「**オールド・ブリードを追い詰めた海岸の逆襲**」と続く。ビルマでの戦車戦に関しては、兵器論的な要素もある。

「主導権（イニシアチブ）」を「戦争の階層構造」から考えてみたのが、アメリカ軍戦車二二両を撃破した戦いとして有名な、第十章「**沖縄　嘉数高地の陣地防御**」である。

最後は、統率をテーマとした二章である。

一つは、日本陸軍が壊滅したノモンハン戦で、防御から敵中突破の退却行を行った大隊を主役とした、第十一章「**ノモンハンの戦い　金井塚大隊の帰還**」と、終戦後の戦闘として名高い、占守島における、第十二章「**占守島八月十八日の対上陸戦闘**」である。本章は、またビルマでの戦車戦と同様に、兵器論と機甲部隊戦術論という側面もある。

以上の本編に補論として、太平洋戦争における日米両軍の特徴的な戦術を解説したものを付した。

補章　戦術解説Ⅰ「**白兵夜襲VS.最終防護射撃**」、Ⅱ「**日本陸軍の対上陸戦術**」である。

さて、本書はまた、「語り口」にも意を尽くした。

もし、その戦場に自分が指揮官としていたなら、どう指揮を執り、決断するのか。

戦場を追体験できるように、地形や天候、部隊の状況、指揮官の精神状態などを、史・資料に沿い、できうるかぎり、細かくわかりやすく描写した。戦術次元における戦いは、作戦次元や戦略次元と異なり、組織という巨大でつかみどころがないものが後景に退くとともに、名も顔も、家族の構成さえもわかってしまう部下の命に責任を持ち、その部下を率いて生死の竿頭に立たなくてはならなかった戦術部隊の指揮官たちの苦悩や喜びを——なかば錯覚なのだろうが——、実感できる気がするからである。

もとより、戦闘戦史という、実学には近いが、しかしそれでも歴史の一分野を、軍人でもない者が直接的な教訓とすることは正しいことではないだろう。けれど、やはり学ぶにふさわしい諸々が——反面教師的なものも含め——、そこには存在するのである。

専門的職業人として固有の思想に基づく画一的な教育を受けた指揮官たちがみせる、最前線におけるさまざまな個性と決断。

それは、現在のようにそれぞれの職業が専門性を増し、そうした専門性に基づく行動が、しばしば状況に合致しないといわれるなかで、瞬時の決断をもとめられる多くの社会人に、なんらかの物事を考えるきっかけとならないだろうか。

＊　＊　＊

戦争、とくに戦闘の本質とされる、恐怖と激情、カオスのなかで指揮官は決断し、部隊を動かす。なにをもって、そしていかにして——。それを念頭に置きつつ本編を読んでいただければ幸いである。

戦いの原則

目的の原則：目的の確立と追求
攻撃の原則：攻撃は、決定的成果を収める唯一の手段であり、敵に我が意志を強要できる。
簡明の原則：計画および命令は、理解を容易にするため単純化し、明確に表現しなければならない。
統一の原則：全隊の統一は努力を統合して共通目的に指向するためきわめて重要である。
集中の原則：決勝点には利用しうる最大限の戦闘力を集中すべきである。
経済（戦力節約）の原則：決勝点以外に使用する戦闘力は必要の最小限にとどめ、わが保有する全戦闘力を有効に活用すべきである。
機動の原則：機動とは、敵を不利におとしいれるようにわが部隊を移動させることである。
奇襲の原則：奇襲とは敵の予期しない時期、地点、または方法で敵を打撃することであり、彼我の相対的戦闘力の均衡を決定的に我に有利にする。
警戒の原則：警戒は、部隊の安全を確保して上記の諸原則の実行を可能にする。

参考文献
陸上幕僚監部「野外令第１部（草案)」第２編第２章（昭和32年１月　陸上幕僚監部）
片岡徹也・福川秀樹編『戦略・戦術用語事典』（2003年　芙蓉書房出版）
片岡徹也編『軍事の事典』（2009年　東京堂出版）
※括弧内は筆者補う。なお野外令草案はアメリカ陸軍の1949年版「FM100-5：OPERATIONS」のほぼ引き写しである。

「戦いの原則」とは、古来より、勝利のための処方箋として考えられてきたものである。近代に入ると、幾つかの要素を抽出してリスト化することが行われてきたが、1949年版アメリカ陸軍作戦教範「FM100-5: OPERATIONS」において、ほぼ完成する。これとともに、戦いの原則＝勝利の処方箋ではないと認識されるようになった。

実際、「戦いの原則」は原則（principle）というよりは、勝利の確率を上げるための定石と考えたほうがよいだろう。なぜなら、戦史を分析すると原則から外れた勝利はしばしば見受けられるし（逆に原則に忠実な敗北も存在する)、戦争という行為の本質は、「不可測な一回性の状況」だからである。しかしながら戦い方、すなわち軍隊の動きの基本を考えることと、戦いを分析するための基礎ツールとしては、必須の存在であろう。

戦闘戦史　最前線の戦術と指揮官の決断　目次

戦闘戦史

最前線の戦術と指揮官の決断

凡例

一、年号、月日、日本軍の部隊号は、和数字表記とした。〔例〕昭和十五年　十二月八日　歩兵第五十七連隊。また日本軍以外の部隊号はアラビア数字とし、識別しやすいようにした。〔例〕第22海兵連隊。

二、数量、日数、高地等の名称は、数字列記とした。〔例〕一〇〇両、二〇日、五二高地

三、教範等の引用文は原則として、カタカナをひらがなに改め、筆者の判断で句読点を補い一部の漢字をひらがなに、また常用外漢字を常用漢字に直している。

四、文中の人物の台詞は、それぞれ出典を明記した（各章「註」を参照）。また出典のないものは、操典等における「号令」をもとにしている。

五、地名は原則として当時の名称とした。〔例〕牧港（まちなと・現まきみなと）　ビルマ・現ミャンマー。

「情報」の共有ではなく
「認識」の共有。
異例の戦術が成立した
条件とはなにか？

第一章

仙台第二師団、弓張嶺の夜襲

史上空前の快挙とよばれた〝夜襲神話〟の誕生

昭和十七（一九四二）年十月、苦戦を続けるガダルカナル島への第二師団の派遣は、大いなる期待と一抹の不安をもって現地軍に迎えられた。そしてこの期待と不安は同じ評価基準からもたらされたものだった。「夜襲」である（詳しくは277ページ「白兵夜襲VS.最終防護射撃」を参照）。

仙台第二師団は〝夜襲師団〟の二ツ名を持つ師団であった。「夜襲の第二師団が来ればルンガ（ヘンダーソン）飛行場の奪回は大丈夫」と期待され、一部では「（ジャワで休養中だった）第二師団は、はたして夜襲をかけられるほど練度と戦力が充実しているか？」と、不安視された。

当時の日本陸軍にとって、夜襲こそが自らがもっとも恃む戦法であり、〝必勝の戦術〟であった。そしてその嚆矢と信じられていたのが、日露戦争は遼陽会戦で行った第一軍、第二師団の「弓張嶺の夜襲」であった。弓張嶺の夜襲は、日本陸軍において戦史上空前の快挙と喧伝されてきたのである。

では、なぜこの夜襲が史上空前の快挙とされたのか。そして必勝の戦術とされたのであろうか。

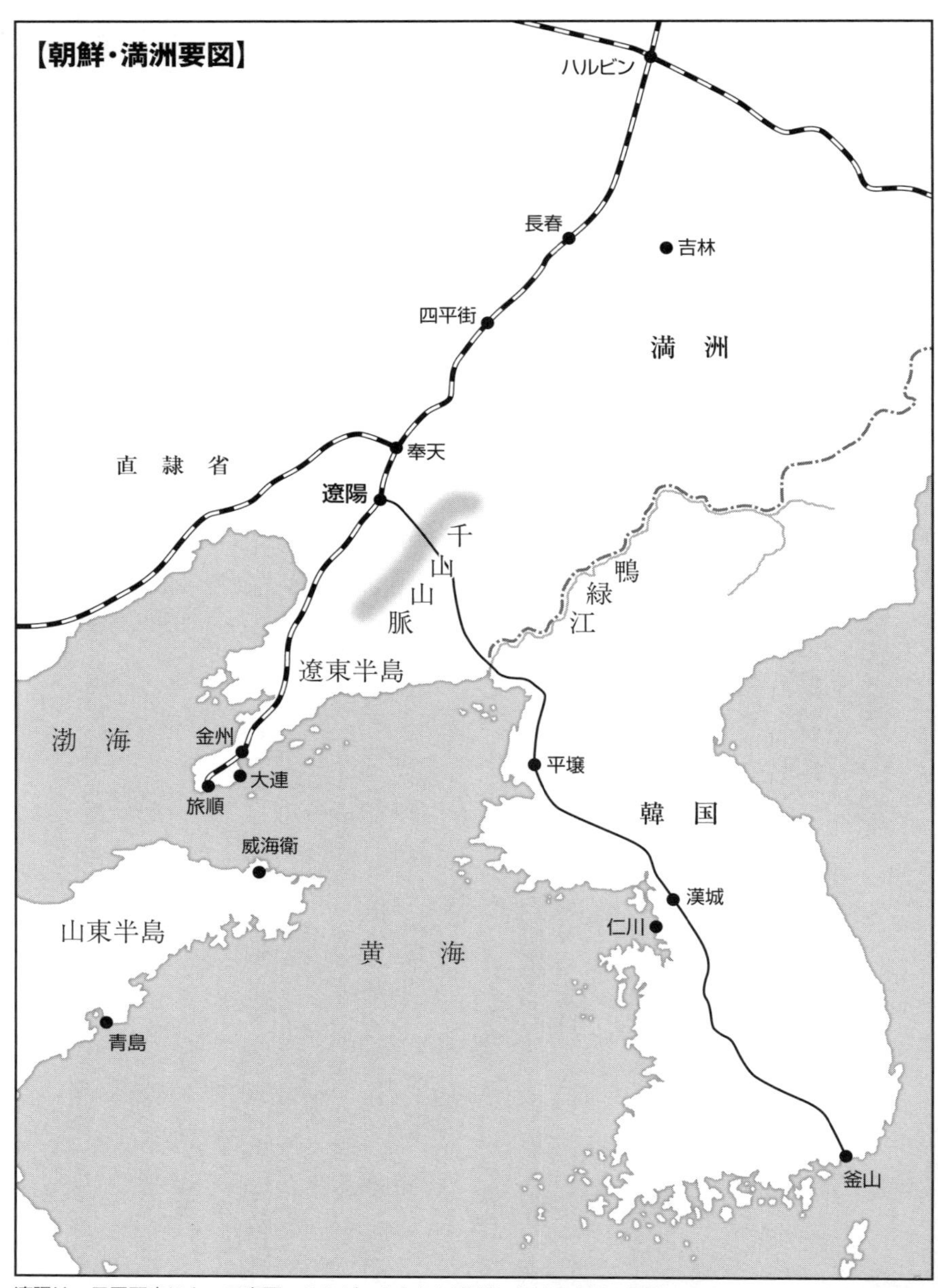

遼陽は、日露双方にとって奉天、ハルビンとともに満洲における交通の要衝であることから戦略上重要な場所であった。

夜襲とはなにか

夜襲とは、夜間戦闘の一環で、敵陣ないしは宿営地への、攻撃または襲撃のことである。ただし、前近代のそれが敵の寝込みを襲うことだったのに対し[*1]、近代以降の夜襲は、それとは明確な区別が存在する。なぜなら近代軍は眠らないからだ。近代の夜襲とは、攻撃行動の大部分を占める接近機動を、夜暗を利用することで敵の火力に捕捉されずに終始させることを目的とする。

いうまでもなく、夜襲は、暗い中での行動のために混乱が発生しやすく、そしてその混乱を静めることが著しく困難である、したがって普通、指揮官が掌握しやすい小部隊――それはまた敵よりも火力が低いことを意味する――や、接近経路が明瞭な攻城（要塞）戦――こちらは、敵の火力が著しく高いうえ、接近経路は火制下にある――で多用された。とくに攻城戦では、旅順要塞第一回総攻撃などに見られるように、昼間攻撃の失敗、敵からの離脱不可能、夜間に増援を受けての攻撃再興となる例が多い。

さらに第二次大戦から現在までは、「機動戦」をドクトリンとする軍隊が、作戦テンポを落とさないために夜襲を行うこともある。近年の代表的な戦例は、一九九一年の湾岸戦争「ノーフォークの戦い」であろう。この戦闘では、夕刻からイラク軍との遭遇戦に突入したアメリカ第1歩兵師団は、イラク軍陣地を夜襲で撃滅している。

ちなみに、夜襲イコール奇襲とはならない。夜襲が奇襲となるのは、攻者が奇襲を追求した結果か、防者が油断していて奇襲となってしまったからである。

近代の夜襲とは、――繰り返しになるが――敵の火力を避けることを主眼としている。このため総合的な戦力に劣る、いわゆる「弱者の戦法」である面が強い。昭和期の日本陸軍以外にも、朝鮮戦争の中国軍、ベトナム戦争の共産軍が夜襲を多用したことを想起してほしい。

しかしながら、明治の日本陸軍は火力を重視しており、日清戦争では野戦で重砲を使用し、またその用法は未熟ではあったが、本来要塞兵器だった機関銃を、これまた野戦において大量に使用している。そうした軍隊が、「戦略単位」とされた大規模部隊（師団＝兵団）をもって野戦で夜襲を行うなど、従来の戦例からも、その用兵思想からも、さらに物理的な指揮統制の面からも、異例であり破天荒なことなのであった。

つまり、弓張嶺の夜襲とは、第二師団が積極的に選択したというよりは、任務達成のためには、その方法しかないという判断に基づいて行われたのだ。ではなぜ、彼らは夜襲を選択せざるを得なかったのであろうか。

遼陽〝決戦〟

明治三十七（一九〇四）年夏、日露開戦から五か月。日本陸軍は、巨大な敵であるロシア陸軍と、満洲（現・中国東北部）南部の重要都市である遼陽付近において、決戦におよぶことを計画していた。日本陸軍にとって、遼陽での会戦こそが、当初の戦争計画において「決戦」であった。

むろんここでいう決戦とは、後の日本陸軍が考えたような「一撃で戦争を終わらせる戦い」というような単純なものではない。いくつかの会戦を含んだ連続した作戦行動、すなわち戦役（キャンペーン）の局を結び、戦争終結に繋げるための重要な会戦、つまり決勝会戦という意味である。無論、戦争の終結は政治の分野である。したがって戦争計画自体にはハルビンでの会戦も織り込んでいたし、遼陽での勝利を得た後は、戦略的な追撃として日本陸軍満洲軍はハルビンへ進撃することになっていた。

参謀次長、ついで満洲軍総参謀長となった児玉源太郎は、遼陽を純粋な軍事レベルでの目標、奉天を政略目標に設定し、その結果をもって、政略的（現代風にいえば「大戦略」あるいは「政治戦略」であろう）な活動で戦争を終結することが適切と考えていた。[*2]

遼陽が決戦の地に選ばれたのは、ここが満洲と遼東半島、そして朝鮮（さらに戦争には関係ないが直隷平野）を結ぶ戦略上の要地だけでなく、日本軍の戦力発揮に相応しい場所だったからである。朝鮮国境を突破した第一軍（第二師団が所属する）と、遼東半島を北上する第二軍、第四軍が合一できる場所だったからだ。これにより遼陽のロシア軍は、二方向から日本軍に攻撃されてしまうのである。さらにこれには、時間的要素も加えられる。日本軍は、シベリア鉄道一本の輸送力に頼らざるを得ないロシア軍の兵力集中の未完に乗じることで、戦いを有利に進めようとしたのである。であるならば予定戦場は、ロシア本国から離れている方が有利である。

事実、ロシア軍にとっての決戦想定地はハルビンだった。ロシア満洲軍司令官クロパトキン大将は、兵力集中の遅れから、遼陽での会戦を決戦とはせず、また陣地に拠った防勢作戦で日本軍を撃破しようとしたのだ。こうしてロシア軍は、遼陽を馬蹄形に取り巻くように三線の陣地を構築して日本軍を待ち受ける。

遼陽会戦は、戦略次元では、日本軍に有利な状況だったのである。もっとも、だからこそ日本軍は決戦を求めたといえるのだ。しかしながら作戦次元においては、日本軍は決して有利ではなかった。

日本軍の基本的な作戦構想は、第二軍が拘束翼として遼陽南方から強圧をかけるとともに、それに連動した主攻の第一軍が、前面の敵を撃破した後に太子河（たいしが）を渡河して遼陽東方から攻撃をするというものであった。普仏戦争の「セダン（スダン）の戦い」のように、遼陽においてロシア軍主力を捕捉殲滅するというのが、作戦目的である。[*3]

だがこれでは第一軍と第二軍との間に間隙が開いてしまう。とくに第一軍には、長駆、ロシア軍の側背に運動することが求められていたから、これでは第一軍が過大な正面を担当することになってしまう。このために第四軍が編成され、第一軍と第二軍の間に配置されたのだが、補給線の関係で第四軍は第二軍と並んでほぼ南から遼陽を攻撃する形になった。この結果、第一軍左翼の間隙と過大な担当正面という問題は解決されることがないまま遼陽会戦を迎えるのである。

ともかくも、満洲軍所属の各軍は、八月には遼陽を直接窺う場所にまで進出したのであった。

紛糾

遼陽会戦において、主攻として包囲翼の任務を担った第一軍は、鴨緑江渡河以来、山地を進撃していた。鴨緑江と太子河の間に横たわる千山山脈である。千山山脈の山稜は、北西に流れ、第一軍の進行方向に稜線が直行する。つまり軍事用語でいうところの横走地形だ。

第一軍の各師団が、攻勢発起ラインといえる藍河沿いに展開したのは、八月七日。北から、右翼側掩護のために北面する近衛後備旅団、主力として西面する第十二師団、第二師団、そして左翼掩護の近衛師団の順である。第一軍の歩兵兵力は三六個大隊、火砲は一〇八門（後備部隊を除く、また鹵獲品の戦利砲が少数あった）。

片やロシア満洲軍は、指揮下各部隊を南部と東部の兵団に分かち、東部兵団が第一軍に備えていた。東部兵団は、北から大寒坡嶺――弓張嶺――狼子山を連ねる線を第一線として野戦陣地を構築。そこに配備される部隊は、北から第10軍団（主力は遼陽東南約一六キロの大安平）、シベリア第3軍団、予備に第17軍団であった。その兵力は、歩兵六四個大隊、砲一一二門と、第一軍司令部は見積もっていた（近衛後備旅団に対する兵力を除く）。

攻撃を行う第一軍の方が、兵力が少ないが、こうした兵力不足は、主導権を握ることで局所優位を得ることが可能ではある。主導権を握るもっとも単純な方法は、敵に先んじることだ。いわゆる「先制主動の利」である。

がしかし、第一軍にとって問題だったのは、先制攻撃を成功させる条件である砲弾が不足していたのだった。もっとも、これは第一軍だけではなく、満洲軍全体の問題であったが、山地のロシア軍陣地を攻略しなければならない第一軍にとって、他の二個軍よりも深刻な問題と思われたのであった。加えて、第二師団が担当する地域は、峻険な地形で、野砲が使用できないと思われた。このため、第一軍は、砲兵火力に依存しない戦術をとる必要に迫られた。軍参謀長の藤井茂太少将の台詞を借りるなら、

「砲兵を展開することが出来ないから、これから銃剣で主として戦ふ。さて銃剣で戦ふことになると、夜襲でなけれ

ばいくまい」（長南政義『新史料による日露戦争陸戦史』）

　つまり、火力（この場合は砲兵火力）を使用することができないから、相対的に敵の火力が強くなる。したがってこちらは夜暗を利用して敵の火力を避けるという理屈である。

　以下、第一軍が夜襲に決した経緯を、長南政義氏の最新研究に導かれながら概観していこう。

　八月十四日、第一軍は、満洲軍総司令部から、八月二十日にロシア軍第二線陣地を攻撃するが如く運動を開始せよとの命令を受けた。このためには、その三日前に第一線陣地を攻略する必要が生じた。

　具体的には、第十二師団は、七盤嶺（しちばんれい）以北を、第二師団は弓張嶺南西山稜を攻撃。近衛師団（一個連隊は軍予備）は牽制と左翼の掩護である。弓張嶺への攻撃といっても、実際は弓張嶺を直接目標としたものではなく、弓張嶺という峠を扼する高地帯のロシア軍陣地の攻略である。

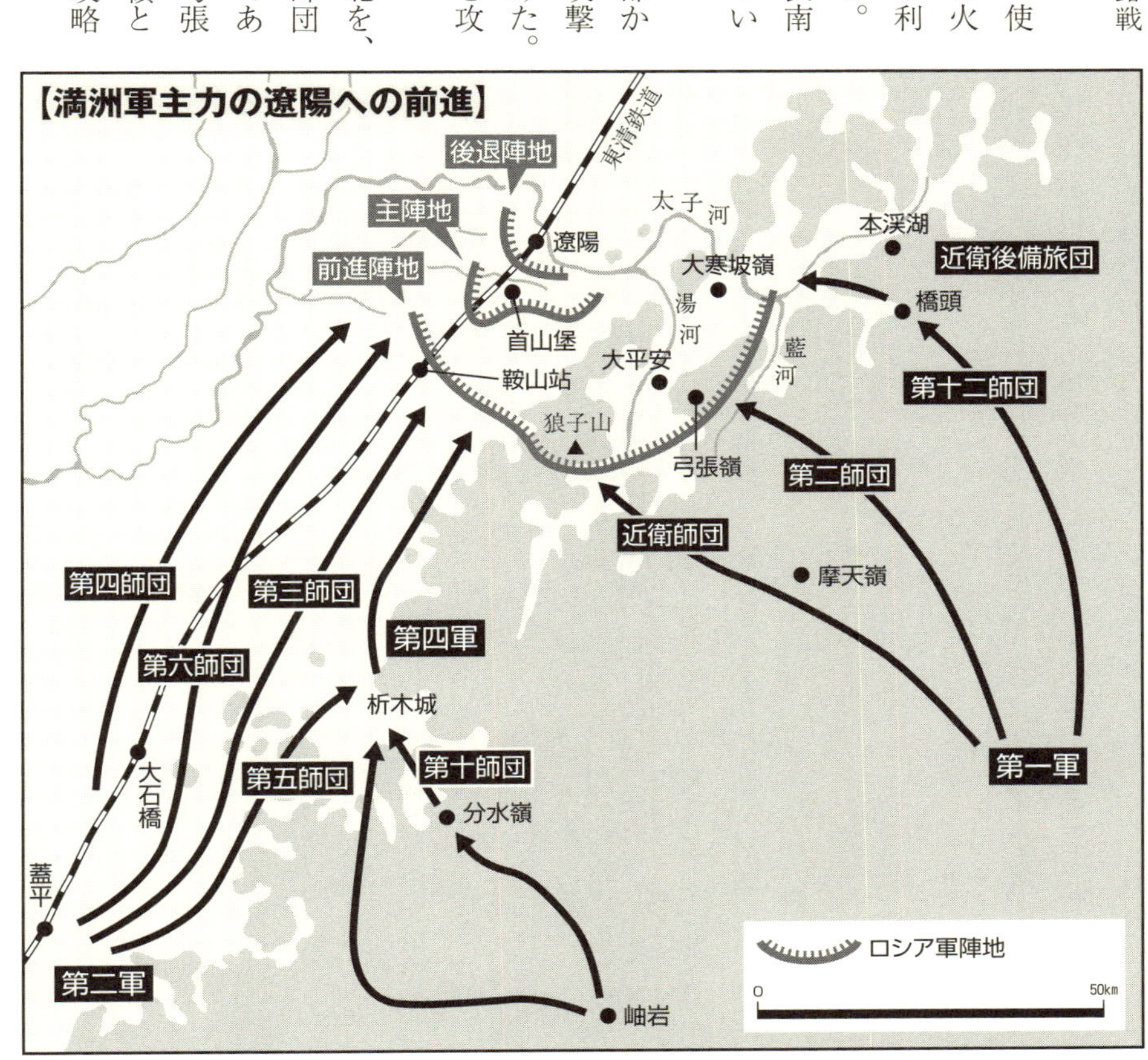

決戦を求め、遼陽に前進する満洲軍主力だったが、補給線の関係から第二軍と第四軍を東清鉄道に沿った形で前進させざるを得ず、第一軍は、戦力に比して広大な正面を受け持つことになった。

同日、指揮下各師団の参謀長を軍司令部に招致し、参謀長会議が開かれた。実施部隊である師団が軍の意図を十分理解し、準備する必要があるという藤井参謀長の発案からである。夜襲を行う以上、当時は夜襲がいかに破天荒なものであったかが理解できよう。先述した藤井の発言は、この会議の際のものである。これを見ても、

会議では、近衛師団と第十二師団の参謀長は夜襲に賛成したが、肝心の第二師団参謀長・石橋健蔵大佐は反対した。石橋大佐は第五師団参謀長として出征した北清事変の際に、夜襲が支離滅裂になり失敗した経験を有していたのだ。また、日露戦争においても遼陽会戦以前には、金州城で夜襲を行った第二軍第四師団（攻撃したのは二個大隊）が、夜襲に失敗したのみならず同士討ちで大隊長一名が戦死している。

結局、藤井は結論を出さずに会議を終わらせたが、この際、もし夜襲を行うなら隷下のどの旅団を主力にするかと石橋に尋ねた。石橋の答えは「松永」であった。藤井は、では「松永」に相談してみてはどうかと、石橋に提案した。松永とは歩兵第三旅団長の松永正敏少将。彼は戦前から旅団の教育の重点を、行軍、射撃、夜間演習に置いていたのである。そしてその松永の意見は、夜襲に賛成であった。

一方、第二師団司令部でも、石橋の部下である二人の参謀、宇宿（うじゅく）中佐と山田少佐が、独自に夜襲案を申し出ていた。しかし師団長の西寛二郎中将は、そのような無責任なことはできないと反対した。もっとも、松永少将の、夜間攻撃なら見込十分だが、昼間攻撃なら見込み少なしの意見具申と、石橋参謀長が会議から帰着後に報告した軍の企図に基づき、しぶしぶながらも夜襲に同意する。

夜襲に決す

この段階での第二師団の配置は、藍河沿いに、右翼（北）に歩兵第十五旅団（岡崎生三（おかざきせいぞう）少将）、左翼に歩兵第三旅団を展開させており、その攻撃正面は大規模部隊の移動に使用できる道路が二本しかなかった。またそのうち北側の弓張嶺に向かう道路沿いのみに野砲が放列（砲撃陣地）を布置（展開）できる場所があった。さらに弓張嶺南西山稜の

手前には、並行してもう一つの稜線が走っている（その北端は第十五旅団が一個中隊で前哨を設けていた）。

　このため第二師団の当初の計画は、まず最初の稜線を第一日目に夜襲で奪取、ついで二日目に弓張嶺南西山稜を同じく夜襲で攻略するつもりだった。攻撃を漸進的に進めることで夜襲に伴う混乱をなるべく少なくしようとしたのである。この二段夜襲計画が軍司令部に報告されて認可を受けたのが十五日。その決行は十七日から十八日にかけてと予定された。

　しかし二段夜襲計画は、初日の夜襲によって弓張嶺の敵主力が警戒するであろうし、また敵が積極的ならば、反撃を誘発して、二日目の本戦の前に戦闘展開自体が妨害されるおそれもあった。このため、参謀たちは二段夜襲計画には内心反対であった。というよりも二段夜襲は、夜襲に反対していた西師団長と参謀たちの妥協案であったのだ。

ところで軍司令部での参謀長会議が行われた前日の八月十三日から、激しい雨が降り続き、このため攻撃は十九日もしくは二十日へと延期されることになった。この降雨のなか、第二師団は偵察を繰り返していたのだが、この結果、地形を熟知することで一挙に二つの稜線を攻略する一段夜襲に、より実行の可能性が見えてきた。

　これまで述べてきたように、夜襲への反対理由は常に、大規模部隊だと混乱を惹起するものであり、それは戦闘間よりも、移動、展開、攻撃前進の際に、地形に起因するものであり、そもそも戦闘にさえならないと考えられていた。であるならば、地形を熟知すれば、そのリスクは低くなる。

　この一段夜襲への〝決心変更〟のために、またもや師団司令部の幕僚会議は紛糾したが、ここでもまた、松永少将の意見を聞いてみようということになった。松永の主張は一段夜襲であった。

なにか、夜襲を行いたいがために松永少将がダシにされているようだが、しかしそれは違うだろう。地形や敵情という、情報は共有できても、その立場によって、それぞれの認識を共有することは難しいのだ。

　参謀は、――理想論ではあるが――指揮官のような心理上の重圧が低いため、理論的に物事を考えられるが、師団長は、その責任上、考え方はどうしても保守的にならざるを得ない。また同じ指揮官といっても、より前線に近く、幕僚が副官しかいない旅団長は、状況を常に自分の目で見て判断し、隷下の部隊を自分の手足の如く動かすことを期待されている。実兵指揮に練達した旅団長は、その職務に対する自信ゆえに大胆な策を用いようとする。

松永少将は、戦前からの訓練で、隷下部隊が夜襲に適合するように育てている。また、前線の感覚という視点からは、これまでの戦いでロシア軍が盛んに夜襲を仕掛けてきたことも念頭にあって、夜襲に積極的だったとも考えられる。例えば七月の摩天嶺（まてんれい）の戦闘では、四日に旅団規模、十七日にのべ一個師団以上のロシア軍が、夜間から早朝にかけての攻撃を行っている。ちなみにこのときの防戦で、野砲を山上に上げて砲撃させるという型破りなことを行い、ロシア軍の攻撃を頓挫させたのが、第二師団の前衛だった歩兵第十五旅団長の岡崎生三少将である。第一軍作戦主任参謀の福田雅太郎中佐の回想では、岡崎もまた夜襲に賛成していたという。

かくして八月十六日夜、第二師団は一段夜襲が可能であることを軍司令部に報告。軍司令部はこれを裁可し、翌十七日に、第二師団の師団総力を挙げた弓張嶺への夜襲が決定した。すなわち攻撃開始日昼間に、砲兵による攻撃準備射撃（これは翌日に昼間攻撃があるように見せかける欺瞞であろう）を行い、夕刻までに第二師団諸隊は、攻撃（夜襲）発起地点に展開。ついで深夜から未明にかけて前方稜線と弓張嶺を一気に占領するのである。

さて、これまで夜襲に決するまでの経緯を述べてきたのは、それが当時としてはいかに前代未聞の戦術だったかを説明したかったからなのだが、しかしそうした新しい戦術を現場で臨機に採用するさいの意志決定にも注目してほしい。

まず大事なのは軍参謀も師団参謀も、認識を共有化しようとしたことだ。

軍参謀長の藤井茂太少将は、司馬遼太郎の小説『坂の上の雲』での高い評価と異なり、優柔不断で、参謀たちの意見をまとめる能力に乏しかったことが指摘されている。しかしこの場合は、そうした性格ゆえに師団参謀長会議を開き、かつ結論を一旦先送りして〝現場〟の意見を聴取させることで、参謀たちに認識を共有させることに成功した。

さらに実行の可否の判断基準になったのは、攻撃を実施する部隊の自発性と、最前線ゆえの状況認識を重んじたことだった。常に前線の松永正敏少将の意見を聞いている。現今の用語を使用するなら「戦場の霧」は最前線のほうが薄いのである。ただしそうした判断は、あくまで全体の枠組みのなかで、上級司令部が責任をもって下すべきものだ。

それがなければ単なる〝マル投げ〟である。実際、第二師団の夜襲に応じて第十二師団も夜襲が可能かとの軍司令部の問い合わせに、同師団は（当初の師団参謀長の意見とは逆に）偵察の結果、不可能と答え、軍司令部はこれを承認、払暁攻撃に切り替えている。

夜襲が決定した翌日の十八日には、第三旅団隷下の歩兵第四連隊の将校ほぼ全員が、松永正敏少将とともに、前哨から敵陣を望見し、攻撃進路や各隊の目標を確認した。この打ち合わせには、当時は独立した指揮官とは認められない小隊長までもが参加した（もう一つの第二十九連隊は別の日に打ち合わせを行ったと思われる）。午後三時には全中隊から、将校に指揮された斥候が攻撃進路と攻撃地点の偵察のために出発した。きわめて綿密な偵察行動である。これは夜襲のための当たり前の準備行動ともいえるが、実際に最前線で戦闘（Combat）を行う単位にまで認識の共有を図ることとなった。

この間、数日、断続的に雨が降り続いて攻撃が延期されたことはすでに述べたが、それはさらに豪雨となって川を溢れさせ、道路を泥濘化させて攻勢準備を阻害した。満洲軍総司令部は、総攻撃の開始をさらに遅らせて二十六日に変更した（第一軍の攻撃開始は二十五日）。

第二師団はツイていた。攻撃開始日が延びたことにより、さらに夜襲のための準備が行えるからだ。

歩兵操典

第二師団の各部隊に攻撃命令が下達されたのは、八月二十五日朝のことであった。

歩兵第四連隊第二中隊（第一大隊）附の多門（たもん）二郎中尉は、このとき数えで二十七歳。明治三十三（一九〇〇）年の少尉任官以来の古参小隊長で、本人曰く「中隊の重鎮！　中隊長の相談役！　小隊長の阿兄株（あにいかぶ）！　悪くないね……」（『日露戦争日記』）という立場だが、夜襲の命令に自らの戦死を思い描き、いささか動揺していた。一方、普段ならばすぐに怠けて、将校や下士官にどやされる兵卒も、黙々と夜襲の準備をし、何度も何度も銃剣を研いでいた。

【日露戦争当時の日本軍の一般的な突撃要領】

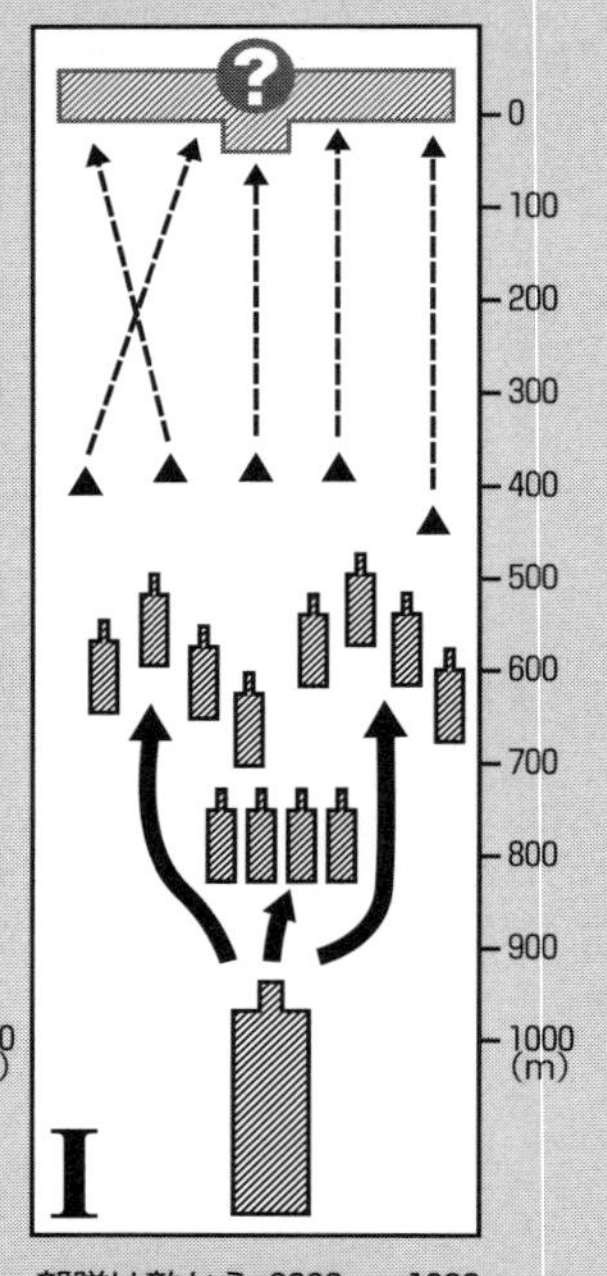

部隊は敵から 2000 ～ 1000 m程度の距離で戦闘展開し、攻撃前進を開始する。主力前方には捜兵を出し、探索射撃により敵の火線を明らかにする。

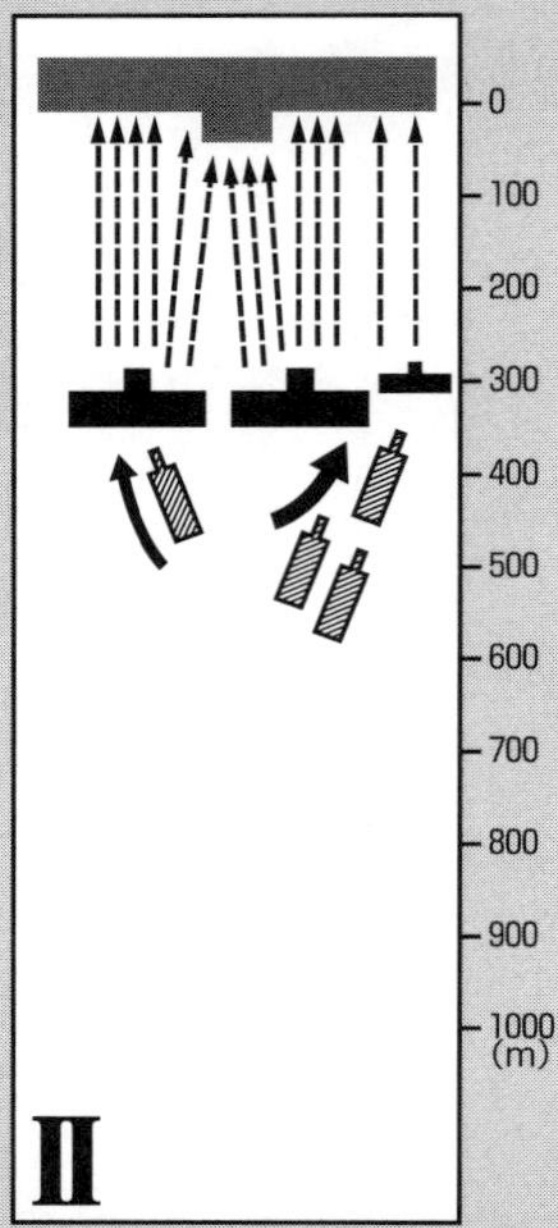

600 ～ 300m程度の距離で最大に火力を発揮できるように各隊とも順次火線を増強する。

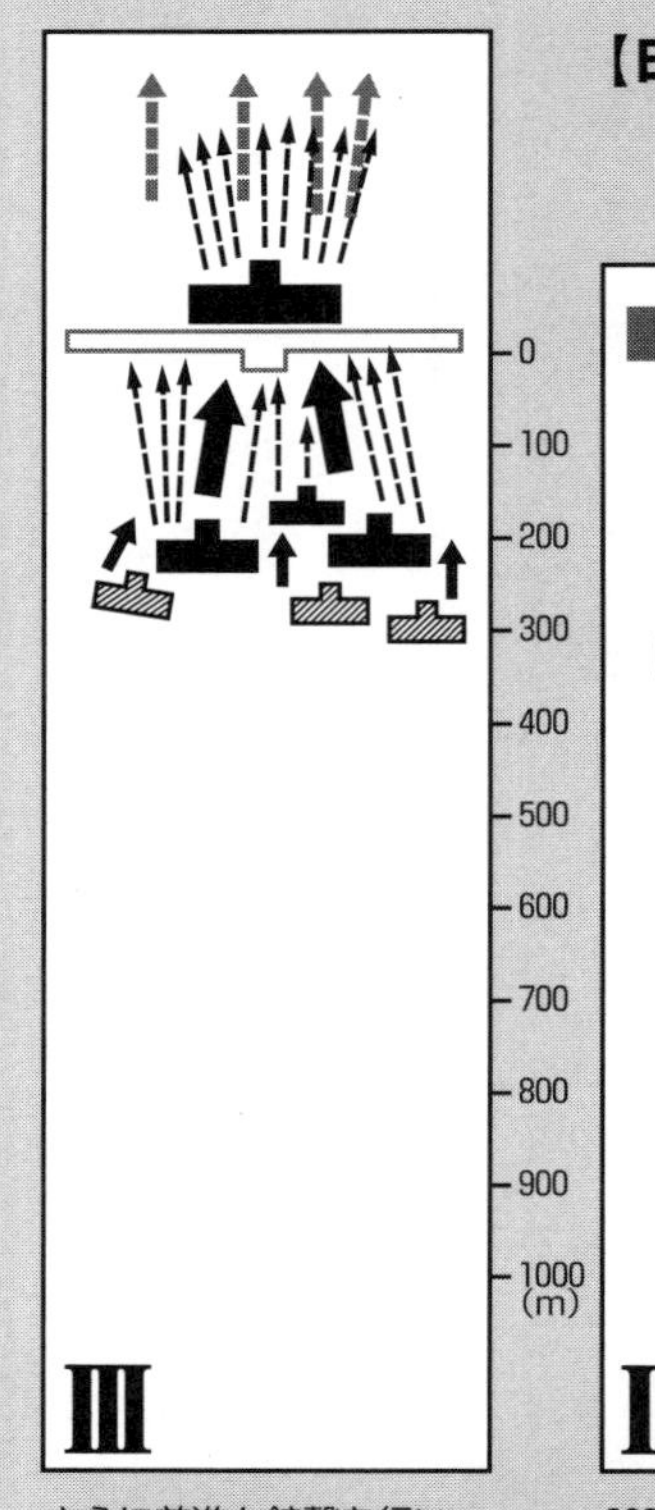

さらに前進と銃撃を行い、敵が崩れるかその兆しを見せたら、一斉に銃剣突撃を行う。敵が敗走し、自軍が所定のラインまで到達したら一斉射撃による追撃射などを行い、敵を破砕する。

【敵軍】

不明な散兵線

明確な散兵線

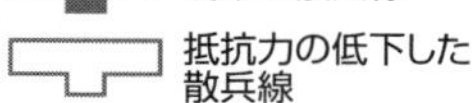
抵抗力の低下した散兵線

敗走

【自軍】

捜兵

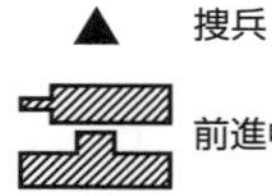
前進中の部隊

散兵線

前進

突撃

射撃

第一線の将兵にとってみれば師団夜襲であろうが、これまで訓練してきた夜襲であろうが変わりはない。問題なのは夜襲の要領が、銃剣突撃による「白兵戦」であることだった。

当時の日本陸軍の歩兵操典（明治三十一年版）は、ドイツ軍の一八八九年版歩兵操典を翻訳した明治二十四年版の小改正で、小銃火力と散開戦闘を重視していた。第二部「戦闘」第一章「普通の原則」には、

「第十三　歩兵戦闘は火力を以て決戦するを常とす、而して充分火力を発揚するには散開隊次に如くもの無し」

とあり、また第三十では

「――射撃は歩兵の主なる戦闘手段とす、――（中略）――許多の場合に於いては近距離より優勢なる射撃を決勝点に聚注し、突撃を為すの時期に至れば、敵兵は既に其の陣地を去るか若しくは僅かその陣地を防守するに過ぎざるものとす」

と、ある。

さらに、この歩兵操典の戦術思想に輪をかけたのが直近の戦争であるボーア戦争[*4]の教訓であった。Ｇｅｗ98歩兵銃とリー・メトフォード歩兵銃という完成した手動式連発銃を大量に用いたボーア戦争では、小銃射撃と散開戦闘[*5]がより重視され、銃剣突撃が軽視されるようになったのだが、日本陸軍もそれに倣っていたのであった。

対するロシア軍は、歩兵戦闘の根幹を銃剣突撃に置いていた。ロシア軍は、前装銃時代の十八世紀の名将アレクサンドル・スヴォーロフの箴言「弾丸は愚にして銃剣は智なり」（目のない銃弾はどこに飛ぶかわからないが、人間が操る銃剣は確実に敵を倒す、の意）を金科玉条とし、戦術教範の『諸兵連合支隊戦闘規定』では「決戦は火戦によらずして密集部隊の銃剣によるべき」としていた。さらに射撃も中隊による一斉射撃をもっぱらとしていたのである（ロシア兵が各個射撃を行うようになったのは遼陽会戦以後という）。これを作戦次元で考察すれば、ロシア軍は、この密集隊形により、戦力の優位を活かせず、部隊を小部隊に分割する必要がある山地の戦闘を苦手とし、平地では、日本軍に容易に側背に廻られ、退却せざるを得なくなることを意味する。だが、戦術・戦闘の次元で見れば、ロシア兵は強かった。なぜなら攻撃する日本軍は、最終的には白兵戦にもつれ込むからだ。ロシア軍陣地に乗り込んだ日本兵は、白兵

突撃と追撃射撃のために密集したところを、隣接した別の陣地からの一斉射撃に撃ち白まされ、ついで陣地を奪回しようとするロシア兵の銃剣の林の前に駆逐された。

ともかくも、自らが習熟してきた火戦によらず、敵が得意とする白兵で戦わなければならない第二師団の歩兵たちにとって、弓張嶺への夜襲は、死を決せざるを得ない戦闘だったのである。

八月二十五日午後四時三〇分（当時はまだ二十四時間制を用いていない）。多門二郎中尉の所属する第一大隊は、宿営地を出発した。すでに敵味方識別のための幅一〇センチばかりの白布を左腕に巻き、合い言葉も示達された。第三旅団が「仙台」、第十五旅団が「越後」。もっともこの合い言葉、仙台城内に兵営があるとはいえ、旧会津藩領に徴集地の多くを持つ[*6]歩兵第二十九連隊には不評で、将兵は「仙台」と問いかけて「会津」と答えるなどしてふざけていたという出典不明のエピソードがある。なるほど恐怖と緊張を紛らわすためには、たしかにふさわしい挿話だ。

ここで、簡単に両軍の兵力と配置をまとめてみよう。

第二師団の前面に蟠踞するロシア軍は、第9歩兵師団第1旅団長のリヤビンキン少将を指揮官とするリヤビンキン支隊である。同支隊は、弓張嶺の峠を抜けた次溝（じこう）に本部を置き、弓張嶺以北に第36歩兵連隊第3大隊、弓張嶺西南に右から第34歩兵連隊第4大隊、第33歩兵連隊第3大隊、第34歩兵連隊第2大隊、第33歩兵連隊第1大隊、同第2大隊を配置していた。また予備として四個大隊を控置（第34歩兵連隊の三個大隊と、第36歩兵連隊の一個大隊）し、これを野砲一六門、騎砲（騎兵用の軽砲）四門が支援する。さらに弓張嶺西南山稜前面の稜線南部（第二師団から見て手前の稜線）には、第33歩兵連隊の乗馬猟兵中隊とオレンブルク・コサックの一個小隊が前哨線を形成していた。なお第36歩兵連隊は、本来第2旅団の所属である。

対する第二師団の兵力部署は、右翼部隊が歩兵第十五旅団主力（歩兵第三十連隊主力欠）。左翼が歩兵第三旅団。師団予備は歩兵第三十連隊（第二大隊欠）で、左翼隊の後方に続行。砲兵は野砲兵第二連隊（一個大隊欠）が、第十五旅団に協力。また第十二師団から配属された野砲兵第十二連隊の第五中隊（山砲六門）が歩兵第三旅団に協力するとなっていた。

これを大隊数に換算すれば、一〇個大隊の防者を一二個大隊で攻めるということになる。

突撃

歩兵第四連隊は、現在ならば出撃準備陣地ともいえる小哨[*7]についた。ここで食事をし、日没まで大休止をとる。各中隊は、命令にしたがい、突撃要領を打ち合わせた。

第二中隊では、敵陣二〇〇メートルで第三小隊を基準に右に第二小隊、左に第一小隊と横隊を形成することとした。多門中尉は、各分隊から銃剣道の上手な兵を選抜し、それを護衛兵とした。突撃の初動に戦死しないためである。

午後八時、第四連隊は出撃準備陣地を出発。やや遅れて第二十九連隊も出発。上翁家堡子（じょうおうかほし）から南西に走る道路上に展開した。前面の稜線を越えると弓張嶺西南高地の麓だが、まず手前の稜線のロシア軍警戒部隊を駆逐する必要があった。

右から第四連隊の十中隊、一中隊、二十九連隊の十二中隊、第四連隊八、五中隊が前衛となり先発した。午後一〇時、第八、五中隊が敵の前哨線に接触。激しい銃声と吶喊の声が響き渡る。

待機する主力は、見えないながらも銃声の方角を窺う。数日前までの雨がウソのように晴れ渡り、旧暦で七月十五

■弓張嶺夜襲 日露両軍の参戦部隊

【ロシア軍】

●リヤビンキン支隊の編合

部隊	備考
第9師団第1歩兵旅団司令部	リヤビンキン少将
第33歩兵連隊	
第34歩兵連隊	
第36歩兵連隊第2大隊	（第2旅団より）
第36歩兵連隊第3大隊	（第2旅団より）
騎兵中隊	（オレンブルクコサック騎兵連隊より）
野砲兵中隊	（砲兵第9旅団より）野砲×16門
東部シベリア第1山砲中隊	山砲×4門

※ロシア軍第9師団の歩兵連隊は4個大隊編制。
日露両軍とも歩兵大隊の小統数は、ほぼ同数。

【日本軍】

●第二師団の戦闘部署（8月25日）

部隊	備考
師団司令部	西寛二郎大将
・右翼隊	
歩兵第十五旅団	岡崎生三少将
歩兵第十六連隊	
歩兵第三十連隊第二大隊	
騎兵小隊	騎兵第二連隊第三中隊の1個小隊
工兵小隊	工兵第二大隊の1個小隊
・左翼隊	
歩兵第三旅団	松永正敏少将
歩兵第四連隊	（第二大隊欠）
歩兵第二十九連隊	
騎兵分隊	騎兵第二連隊第三中隊の2個分隊
歩兵第四連隊第二大隊	左翼掩護ののちに予備
・予備隊	
歩兵第三十連隊（第二大隊欠）	
・砲兵隊	
野砲兵第二連隊（第二大隊欠）	野砲×18門
野砲兵第十二連隊第五中隊	山砲6門
・その他、師団直轄諸隊	

日の満月が辺りを照らしていた。当時の日本軍は銃剣を黒染めにしていないから、叉銃線の銃剣が月光に照り映え、凄絶な光景であった。

行軍を再び始めると、今度は第一大隊の前衛である第一中隊が敵に接触。時刻はちょうど一二時であった。この敵を排除すると諸隊は、高家溝集落沿いに再展開する。目前の山塊が目標の高地である。この再展開のさなか第二十九連隊では一個中隊が行方不明になった（おそらく第十二中隊であろう）。

右翼の第十五旅団の前進は、道路状況も良く、敵もほとんどいないことから順調であった。

旅団の前進路は唖叭嶺子という集落で二股に分かれている。真っ直ぐ進めば弓張嶺の峠、左折すると高家溝に至る。この二股の中央、すなわち南西方向に登ると弓張嶺の最高所である。このため行軍縦隊は、目標に正対するためにやや左に旋回しながら展開する必要があった。

【弓張嶺の夜襲（Ⅰ）―8月25日午後10時頃の態勢―】

【日本軍】
- 集結中の部隊
- 行軍中の部隊
- 展開した部隊
- 集結中の山砲兵
- 行軍中の野砲兵
- 旅団司令部
- i 歩兵連隊
- A 砲兵連隊

【ロシア軍】
- 集結中の部隊
- 陣地
- 展開した部隊
- 騎兵
- 砲兵
- i 歩兵（狙撃兵）
- AB 砲兵旅団
- O.S.S オレンブルク・コサック
- J 乗馬猟兵
- O.S.gA 東部シベリア山砲兵

※Ⅰ=ローマ数字は大隊号、アラビア数字は中隊号、(-)は編制欠如 ½ は部隊の2分の1を表す。例：Ⅱ/4 i=歩兵第四連隊第二大隊、12/29i=歩兵第二十九連隊第十二中隊、16i (-7,8)=歩兵第十六連隊、第七、第八中隊欠如。

弓張嶺夜襲のため、8月25日夕刻、第二師団諸隊は一斉に行動を起こした。戦闘は翌午前零時過ぎに、まずロシア軍前哨を突破する必要がある左翼の第三旅団から始まろうとしていた。

第十五旅団長・岡崎少将は、前衛の第十六連隊第二大隊を左転する主力の翼側掩護とし、主力は十六連隊の第一大隊を右、第三大隊を左と部署した。午前二時三〇分頃である。爾後、地形の関係から、第一大隊は中隊縦隊を並列させて、第三大隊は中隊横隊を重畳させて前進する。公刊戦史である『明治卅七八年日露戦史』の戦況図には比較的きれいな隊形で表示されているが、地形が単純であることと、月明かりがあったことから、後述する第三旅団よりは行動が容易だったと推定できる。

午前四時頃、第一線は、ロシア軍下士哨*8にぶつかり、これを駆逐。後退する敵に追尾するように攻撃前進を開始した。だが、ロシア軍陣地からの射撃は猛烈で、少なくない損害が発生した。下士哨付近は緩斜面で上方から狙いやすかったこと、月が、前進する日本軍の正面から照らす形となり、照明代わりに使用できたからだったと思われる。月光と地形は、今度はロシア軍に味方した。

しかし展開掩護の任を終えた第二大隊が前進してくると、今度は日本軍が優位になった。陣地上で立ち上がって一斉射撃を繰り返すロシア軍めがけ、第十六連隊の将兵は銃剣突撃を止め、射撃戦を繰り広げた。公刊戦史は「月光ニ籍(か)リ」と記述している。陣地上のシルエットを狙い撃ったのであろう。ついで一斉に突撃を敢行。ロシア軍陣地を奪取した。時刻は（予定どおり）日の出一時間前の午前五時と記録される。

一方、第三旅団の攻撃正面は、支尾根が突き出た、複雑でかつ峻険な地形であった。また月明かりが遮られる谷沿いを前進したため、第十五旅団のようには整斉とは前進できなかった。

最左翼の歩兵第二十九連隊は、前進する出鼻を射撃され、午前四時過ぎには、第三大隊の第一線中隊（第九、十中隊）は、射撃に曝されて損害を増やすよりはと、主力の展開前に突撃を開始した。

多門二郎中尉の第二中隊は、中隊本部と第三小隊が道を誤り、第一中隊に続行してしまった。多門中尉は折良く現れた大隊副官（彼も大隊本部とはぐれていた）が連れていた予備の一個小隊を指揮下に入れると、独断、本来の目標に向かって前進した。

松永少将は、混乱が発生するのを見越し「機に臨み変に応じては……各信ずる所を果敢決行し……」と、訓示していたとされる。多門中尉は咄嗟にこれを思い出し独断専行を決意したのだ。

「多門中尉はこれよりこの三個小隊を指揮してこの高地に向かって突撃する」「前へ」

多門中尉指揮する三個小隊が前進を開始したのと相前後し、第四連隊の二個大隊に所属する各中隊は各個に前進を始めていた。だが、右翼方向の突出したロシア軍小陣地から激しい銃火に曝された。この危機を救ったのが、多門中尉と同じく独断専行した一人の中尉であった。

松永少将は、第四連隊右翼の苦戦を見て、予備の第四連隊第二大隊を投入した。このとき最初に戦場に駆けつけた第二大隊副官・三浦眞（しん）中尉は、三〇名ほどの兵と共にロシア軍陣地に無言で斬り込み、ついで、第十五旅団の左翼に廻り込もうとしている一団のロシア兵（第34連隊第1大隊の先鋒）を発見すると、独断で、このロシア軍に殴り込んだ。三浦中尉は、胸に銃剣が刺さったまま奮戦を続け、ついには昏倒するが、[*9] 彼の独断は、師団の危機を救ったことになる。

この日の日出（にっしゅつ）は午前六時。その一時間前の午前五時を境に第二師団は、ほぼ所命の線まで進出した。だが、ここからロシア軍の陣地奪回のための逆襲（当時は「回復攻撃」と称されていた）が始まる。急速に明るさを増す濃く青い夏空の下、四個大隊による逆襲は激烈であった。稜線を挟んだ、場所によっては数メートルの距離で行われた銃撃戦を制したのは、しかし日本軍であった。

密集して一斉射撃を繰り返すロシア軍に対し、日本軍は各個射撃で応戦し、ロシア軍をうち負かしたのである。松永旅団の教育重点が、射撃だったことを思い出していただきたい。そしてその射撃とは、ボーア戦争を教訓とした矢継ぎ早の各個射撃だったはずだ。ロシア軍は射撃の指揮を執る将校の多くを失い、戦闘能力を喪失し、後退した。

残るのは毛石溝（もうせきこう）集落北東にある陣地であった。第二十九連隊第一大隊、ついで師団予備の第三十連隊第三大隊が、この敵を攻めるが、昼間強襲はきわめて困難であり、手持ちの弾薬が尽きる寸前に砲兵の支援を得て同地のロシア軍を駆逐した。すでに日は中天に達しようとしていた。

追撃の好機ではあった。がしかし第二師団は、すでに力尽きていた。突撃からロシア軍の逆襲阻止の間、第一線部

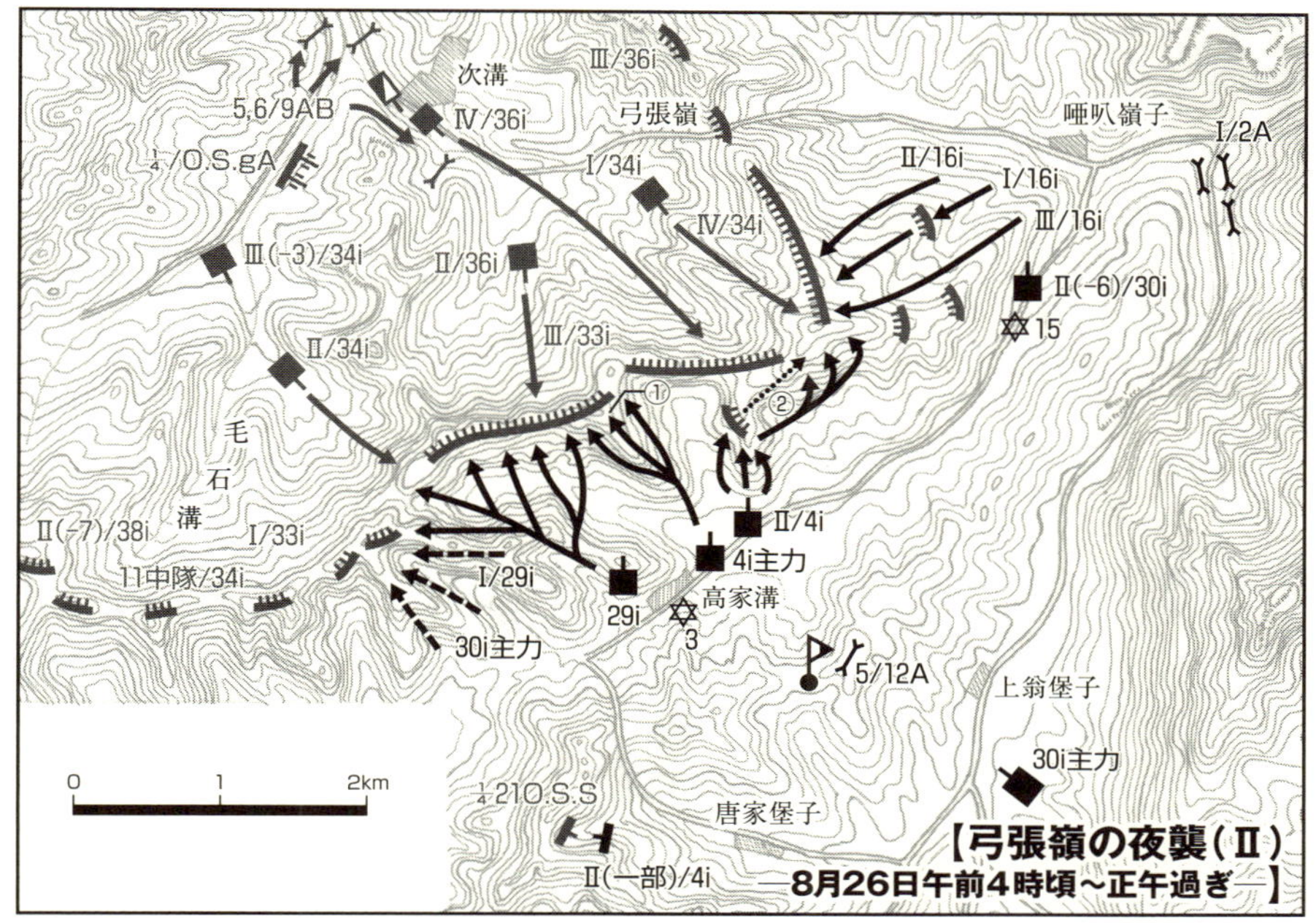

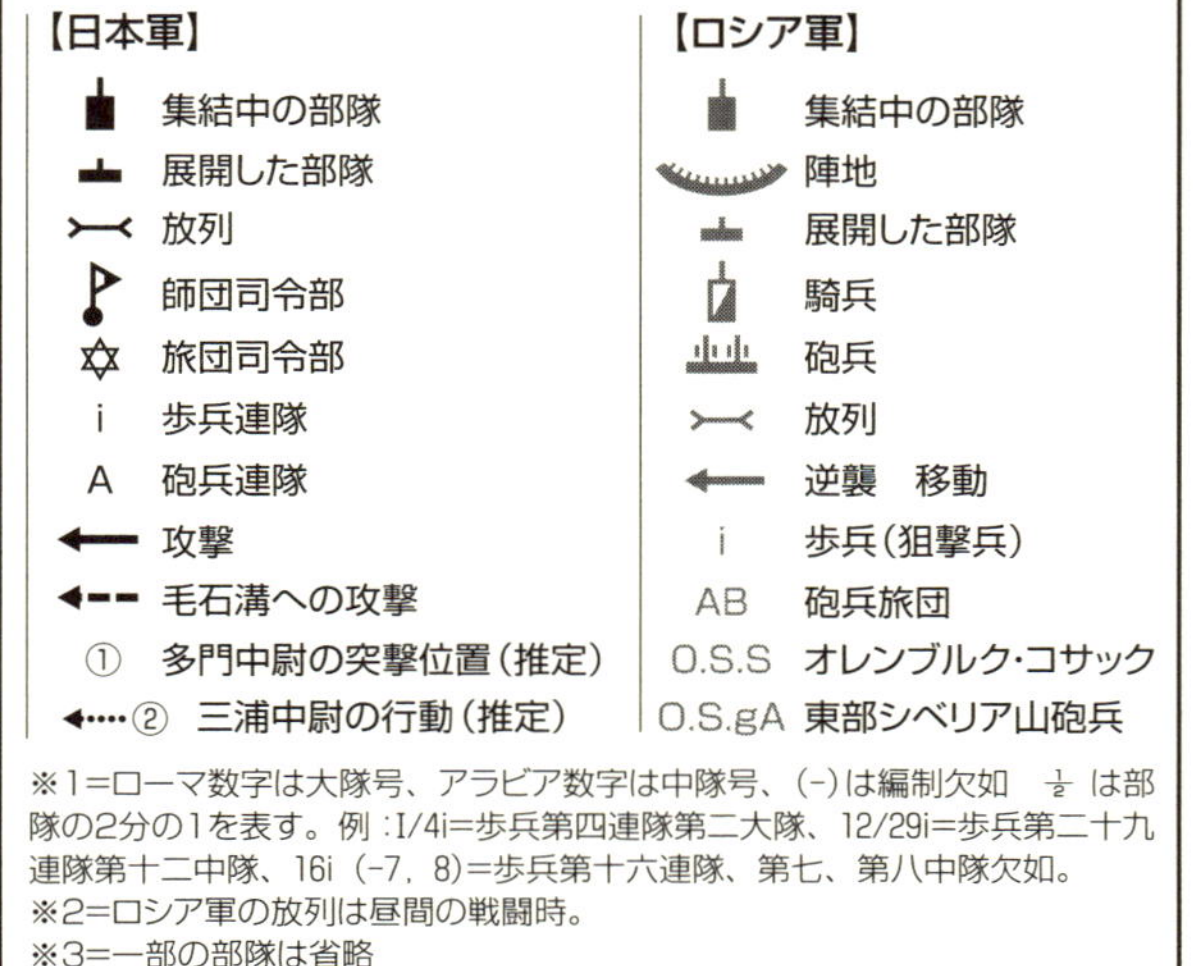

8月26日午前5時を目指して行われた夜襲であったが、実際には第一線各部隊が状況に合わせて射撃を交えながら各個に突撃を開始した。ロシア軍の逆襲により第二師団は多くの損害を出したが弓張嶺を占領。一方、それに引き続く毛石溝高地に対する強襲は、なかなか成功しなかった。

隊は多くの将兵を失っていた。たとえば第四連隊では連隊長・吉田中佐戦死、第一大隊長・堀内少佐と第二大隊長・小野少佐が負傷後死亡、第三大隊長・板橋少佐負傷。多門二郎中尉が所属する第二中隊は、多門中尉が顔面貫通銃創で負傷した以外、小隊長一名が戦死、中隊長ともう一人の小隊長は負傷後に死亡している。第二中隊は将校がいなくなってしまったのだった。実のところ、この二十六日にロシア軍の反撃で第一軍は苦戦しており、そうした点から言っても昼間強襲ではなくて、夜襲（他の師団では払暁攻撃）を選んだことは正解だったのである。

夜襲幻想

日露戦争勝利ののち、弓張嶺の夜襲は、日本陸軍において模範となった戦いとされる。だがそれは現実を離れ、彼らの「幻想」となり、夜襲そのものが神話となった。太平洋戦争の日本陸軍は、ひたすらこの〝必勝〟の夜襲に頼りそして敗れてゆく。

弓張嶺の勝利の理由は、いくつもあるが、その後の日本軍の夜襲と違う点を挙げるとすれば、準備の綿密さ、月明かりという照明効果、火力の適切な使用、夜襲のみではなく昼間戦闘にいたるまでの作戦のデザインが挙げられる。事実、これらに欠けた夜襲は、日露戦争においても失敗しているのである。その当事者が、実は第二師団であった（奉天会戦のさなかに行われた蘇牙屯（そがとん）の夜襲）。

とくに作戦のデザインという意味においては、払暁時に予備兵力を着実に前線に増強することで逆襲を阻止し、天明後は、砲兵の使用で勝利を確実なものにしている。多門中尉は、勝利の理由を、ロシア軍の第一線兵力が少なかったからと、身も蓋もない分析をしている。日本軍は、攻撃側の利を活かし、高地に広い正面で展開するロシア軍に対し、戦力を集中することで局所での優位を勝ち取ったのである。

また師団夜襲といっても、実際には大隊長・中隊長が臨機に目標への突入を行っている。日本陸軍では、フランス軍の教範を使用していた時期から独断専行を認めていた。さらに本来は独断専行権を持たない小隊長クラスも、指揮能力を高める演習を繰り返しており、その戦術能力は高かった。これによって夜間行動で必ず起きる混乱は、最小限に抑えられた。

結論をいえば、少なくともこのときの第二師団は、「可能性の術」である軍事行動において、それを保証する「適合性」を十分以上に持ち合わせていたのである。

こののち、遼陽会戦の後半において太子河を渡河した第二師団は、再び黒英台（こくえいだい）で夜襲を成功させる。一方、ロシア軍はそれに対して、八個連隊を使用して夜襲を敢行した。日露戦争後半から第一次世界大戦を経て、火力の増大とともに軍隊の夜間利用は本格化し、大規模夜襲もまたしばしば行われた。日本陸軍はこのトレンドを創りだしたといえる。

この結果、日本陸軍は、寡弱な戦力であっても勝利を得るために夜襲を称揚し、ついには「必勝の戦術」とするまでになる。そこに存在したのは「夜襲」ならば勝てるという前提のもと、その方法論を分析し、かつ洗練するという思考法であった。具体的には、「静粛夜襲」「敢為前進」「周辺視」[*10]といった肉体的な鍛錬である。

だが、夜間の利用や夜襲が常用されれば、その対抗手段も登場する。例えば第一次世界大戦の英軍の「SOS射撃」[*11]に範を採ったアメリカ軍の「最終防護射撃」が代表例であろう（詳しくは「補章　戦術解説1」を参照のこと）。日本陸軍にとって真に分析しなければならなかったのは、「夜襲の方法」ではなく「夜襲とは何か」、ということだったはずだ。その意味で、昭和の日本陸軍は肉体的には勤勉でも知的には怠惰だったといわざるを得ない。

かくして弓張嶺の頂に朝日とともに輝いた栄光は、ガダルカナルの闇よりも暗い密林のなかで朽ち果てたのである。

●註

＊1＝とはいえ、二〇一一年五月二日に行われたウサマ・ビン・ラーディン襲殺のようにテロ、ゲリラ集団といった非正規武装グループに対しては「寝込みを襲う」類の夜襲は、現在でも行われているし、有効でもある。

＊2＝長南政義『新史料による　日露戦争陸戦史』。

＊3＝前掲同書。
＊4＝一八九九年～一九〇二年。イギリスによる南アフリカ、トランスヴァール共和国の併合戦争。近代的なゲリラ戦と対ゲリラ戦が行われたこの戦争では、戦闘の局面で熾烈な小銃戦闘が発生した。
＊5＝ただし当時の散開隊形は、第一次大戦後半以降の疎開隊形にくらべればよほど密集した隊形ではあった。
＊6＝日露戦争後に会津若松に転営し、文字どおり会津連隊となる。
＊7＝多門二郎の『日露戦争日記』では呉家嶺としているが旅団の前進経路から外れるため間違いであろう。
＊8＝下士官を長とする分隊規模の哨所。
＊9＝三浦中尉は奇跡的に一命をとりとめ、のちに少将にまで累進する。
＊10＝「静粛夜襲」は、夜襲の終始を無言で行うこと。「敢為前進」は夜間、障害物を低姿勢で越えながら躍進すること。「周辺視」は、夜間において物を見る方法。
＊11＝防御地区前方にあらかじめ砲撃区域を設定し、夜間にその区域で聴音哨等が敵の攻撃を察知したら、すかさず弾幕射撃を行う射法。

●主要参考文献

長南政義『新史料による日露戦争陸戦史　覆される定説』（並木書房、２０１５年）
瀬戸利晴『日露激突　奉天会戦』（学研パブリッシング、２０１１年）
前原透『日本陸軍用兵思想史』（天狼書店、１９９４年）
大江志乃夫『日露戦争の軍事史的研究』（岩波書店、１９７６年）
多門二郎『日露戦争日記』（芙蓉書房出版、２００４年）
参謀本部編『明治卅七八年日露戦史　第三巻』
参謀本部編『明治卅七八年戦役　露軍之行動』

「兵器」としての
用兵思想は、
戦いにどう寄与したのか

第二章 盧溝橋事件

一木清直の戦いと〝ドクトリン〟の勝利

盧溝橋事件とは、本来、近代史上の重要事件として、政治史あるいは外交史として語られるべきものである。しかしながら、この時期、日本陸軍は新しい戦争に向けて、用兵思想を確立し、現代で言う「ドクトリン（Doctrine）」を完成させたところであった。

ドクトリンとは、——序文でも触れたが——簡単に言えば、用兵思想を具体化し、軍隊の戦い方を規定するもので、日本語では「教義」の訳を当てる。本来は宗教用語だ。現在のアメリカ軍では、ドクトリンを、要旨「行動の準拠とすべき基本的な原則」と定義し、尊重すべきものだが、「適用に際しては判断力を要する」とする。

むろん当時の日本陸軍に「教義（ドクトリン）」の用語はない。しかし「主義」あるいは「根本主義」と呼ばれる言葉が、ドクトリンとおなじ意味を持っていたという。[*1]

事件当日に部隊を率いた一木清直（いっききよなお）[*2]少佐の前職は、このドクトリン編纂に重要な役割を果たす歩兵学校教官であった。したがって彼が指揮する一個大隊の戦闘は、当時の日本軍がどのような用兵思想を持っていたのかを、戦術次元で考えるうえで重要な戦いだったと位置づけられるのである。

盧溝橋事件勃発から日中戦争への流れ 昭和12年7日8日～9月2日	
7月8日	盧溝橋での戦闘始まる
9日	停戦協議、夜まで散発的な戦闘が続く
10日	竜王廟での戦闘
11日	停戦協定が成立
12日	日本、盧溝橋事件を「北支事変」と命名
13日	北平の大紅門において、中国軍が日本軍を襲撃（大紅門事件）
20日	宛平県城内からの射撃に対し日本軍は砲撃で応酬
25日	北平近郊の廊坊駅での戦闘（廊坊事件）
26日	北平で中国軍が日本軍を襲撃（広安門事件）
27日	日本、3個師団の動員・派兵を決定
29日	通州で中国軍保安隊が日本軍守備隊と居留民を襲撃（通州事件）
8月13日	上海で日本海軍陸戦隊と中国軍の戦闘が始まる。（第二次上海事変）
9月2日	日本、「北支那事変」を「支那事変」へ改称。日中戦争へと拡大

【北平（北京付近）の日中両軍配置 ―昭和12年7月―】

日本軍〈支那駐屯軍〉

❶歩兵旅団司令部
　歩兵第一連隊本部
　歩兵第一連隊第一大隊
❷歩兵第一連隊第三大隊
❸歩兵第一第一大隊の
　1個小隊
❹軍司令部
　歩兵第二連隊本部
　歩兵第二連隊第一大隊
　歩兵第二連隊第二大隊
　歩兵第一連隊第二大隊
　戦車隊
　砲兵連隊
　騎兵隊
　工兵隊
　憲兵隊
❺歩兵第二連隊第三中隊
❻歩兵第二連隊第七中隊
❼歩兵第二連隊第八中隊
❽歩兵第二連隊第九中隊の
　1個小隊
❾歩兵第二連隊第三大隊

※日本軍の部隊名は「支那駐屯」を省略。中国軍の「特務」は歩兵、砲兵、工兵、騎兵などからなる諸兵科連合部隊。

中国軍〈第29軍〉

❶第143師司令部
　第143師第1旅
　第143師独立第29旅
　第143師独立第31旅
❷第143師第2旅
❸第29軍司令部
　第37師第111旅
❹第37師司令部
　第37師第110旅
　第37師独立第25旅
　第37師特務団
❺第38師司令部
　第38師特務団
　騎兵第9師
　第29軍特務旅
❻独立第39旅
❼第37師第111旅第219団本部
　第37師第111旅第219団第3営
❽第37師第111旅第219団の2個営
❾第38師第112旅

日本陸軍は、中国華北地方の権益拡大とそれに伴う邦人保護を目的に、昭和14年4月支那駐屯軍を強化。支那駐屯歩兵旅団を新たに編成して北平に派遣し、北平周辺や天津などを中心に部隊を駐屯させていた。一方、中国は、こうした日本の動きに対抗するため、第29軍を主力に、華北から内蒙古地域に部隊を配置していた。

北京悪月

昭和十二（一九三七）年七月七日夕刻。前年に中国側の反対を押し切って増強された日本陸軍・支那駐屯軍に所属する支那駐屯歩兵第一連隊第三大隊第八中隊は、北平（当時の北京の名称）南西の豊台の駐屯地を出発。夜間演習のために永定河の東岸、盧溝橋の北に位置する竜王廟付近の演習地に向かった。演習科目は、対ソ戦を目的とする「敵陣地に対する夜間接敵・黎明攻撃」。

この日の北平付近の気温は摂氏三四度。この年、訓練や演習は例年になく多かった。*3 連日の暑さのなか、演習地に向かう第八中隊の将兵たちは、自分たちが日中戦争、そして太平洋戦争のきっかけとなる「盧溝橋事件」の当事者になるとは夢にも思っていなかった。

だが、何か事件が起きるかもしれないという予感はたしかにあったのだ。前年に部隊が豊台に駐屯してから、中国軍（第29軍第37師〈師団〉の隷下部隊）とは何度もいざこざを起こしていたし、当日も演習地のある永定河の堤防上で、中国兵が築城工事を行っている。なにより、前の週にはなかったトーチカがいつの間にか存在していた。かてて加えて「七夕の夜に何かが起きる」という噂も流れていた。中隊長の清水節郎（せつろう）大尉は、部下に中国軍を刺激するなと注意していた。

七月七日に演習を行っていたのは、第八中隊のみではなかった。やや離れた場所で、夕刻から同じ第三大隊に所属する第七中隊も演習を行っていた（科目は、薄暮接敵・夜間攻撃）。検閲を行った大隊長の一木清直少佐は、気性の激しい軍人として知られていた。しかし彼はこのときなんとなく胸騒ぎがして、演習終了後の講評で喧しいことを言う気になれず、「七夕の日云々」などと話しはじめてしまった。そのうえ中隊長の穂積松年（まつとし）大尉に、

「演習を今晩やったが、これが明日にも実際の役に立つかも分からん」

とも語っている。*4 ちなみに昭和十二年の七月七日は太陰暦に直すと五月二十九日になる。五月。中国の暦では、な

ぜか凶事が多い、いわゆる悪月と呼ばれる月であった。

警急呼集

豊台の第三大隊本部に演習中の第八中隊から「支那軍より射撃を受く、兵一名行方不明」の報告が伝令によってもたらされたのは、大隊戦闘詳報では「午後十一時五十七、八分頃」と記録されている。

第八中隊の演習後段（払暁攻撃）を検閲するために、一旦官舎に戻って休憩していた一木少佐は、すぐさま北平の警備司令部に電話し、「豊台駐屯隊（第三大隊と、機関銃中隊、歩兵砲隊）は、直ちに出動善処せんとす」との意見を具申した。

大隊の全力出動とはおだやかではない。しかし蘆溝橋付近には中国軍約三個大隊が存在し（38ページ図および表参照）、行方不明の兵は、中国軍に拉致されている可能性が高い。そのうえ第八中隊は、自衛用にわずかの実包しか持っていないのだ。[*5]

北平警備司令官を務める支那駐屯歩兵旅団長の河辺正三少将は、当日は出張中で、牟田口廉也連隊長が警備司令官の代理であった。

大隊戦闘詳報に載る牟田口の命令は、一木大隊長の具申を許可したうえ、要旨「戦闘準備を整えたのちに、蘆溝橋城（蘆溝橋東岸にある城市。宛平県城（えんぺいけんじょう）のこと）の営長（大隊長）と交渉すべき」と命令した。ただし、「（中国軍は射撃していないというから）有無をいわさず証拠を握れ――中略――斥候を派遣して後の交渉の材料に薬莢などを拾い集めておけ」と付け加えたと、牟田口は回想している。しかし証拠を握るために潜入した斥候が中国軍に接触すれば、そのまま戦闘に雪崩れ込む可能性が高い。だがこれに対しては牟田口も一木も無自覚であった。

大隊に警急呼集がかかったのが、八日〇〇：〇七。同二〇分には大隊命令が下達され、午前一時すぎに、部隊の準備状況を確認した一木大隊長は、通信班長の小岩井中尉などとともに現場へと先行した。〇一：五〇には、機関銃中隊長の中島大尉が率いる大隊主力が出発。

出動には、部隊の編組から、弾薬と糧秣の分配をはじめ、様々な業務が必要とされる。即応態勢をとる国外駐屯軍とはいえ、おおむね二時間での出動は、一木大隊の練度の高さだけでなく、日本軍の戦馴れした姿を垣間見せる。

この間、当事者の第八中隊は宛平県城東方の西五里店の集落まで後退していた。行方不明だった兵（志村二等兵）も、中隊に復帰していた。〇二：〇三、一木大隊長は、ここで第八中隊と合流。すでに志村二等兵の無事が確認されてはいたが、連隊長の意向もあり、大隊主力の到着（〇二：四五）を待って、宛平県城の東端から約六〇〇メートルの位置にある一文字山と通称される丘を占拠し、さらに斥候を出すことに決した。

蘆溝橋付近は、点々と揚柳が生え、畑と荒れ地、そしてところどころに砂利取り場が交わる平坦な地である。そのなかで高さ三〇メートルほどの一文字山は、唯一の制高点として四周を見渡すことができる場所であった。

〇三：二五、発砲事件のあった竜王廟付近でさらに三発の銃声が響いた。これが決定的な一撃となった。一木大隊長は、最悪の事態を考えて、宛平県城に対する払暁攻撃を準備。大隊主力が宛平県城東北角を攻撃できるように部隊を配置し、第八中隊を竜王廟北方に迂回させ、不用意に戦闘を起こさない距離で待機するように命じた。

中国軍第37師第110旅の編制（昭和12年7月）

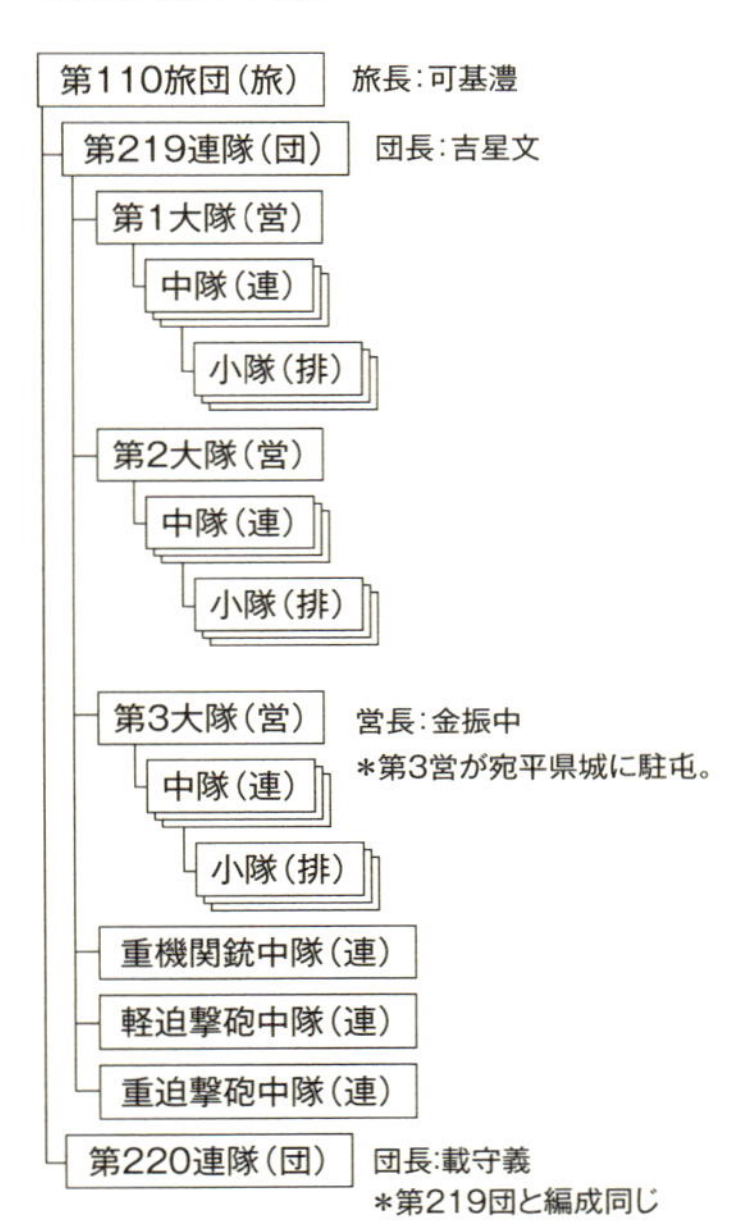

支那駐屯歩兵第一連隊 豊台駐屯隊（昭和12年7月8日）
支那駐屯歩兵第一連隊第三大隊基幹

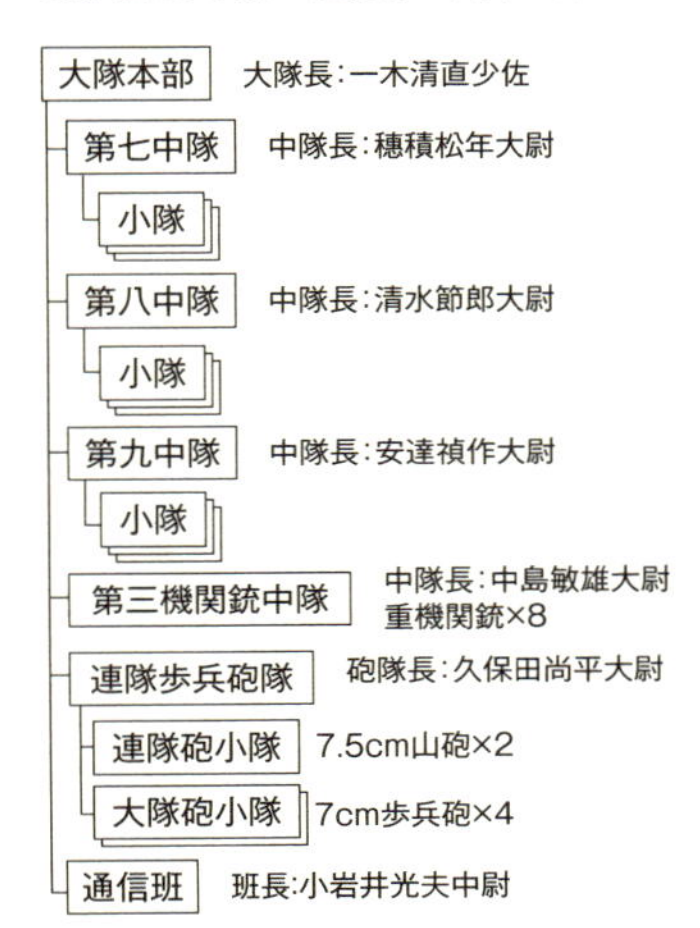

※大隊は平時級制のため3個中隊で構成されている。
第九中隊の1個小隊は警備のため豊台に残置、
駐屯隊通信班は連隊通信班から分遣。

国民革命第29路軍

盧溝橋事件で日本軍と干戈を交えた中国軍第37師（師団）が所属する第29軍（国民革命第29路軍）は、チャハル省を基盤とする西北系軍閥の軍隊であった。

彼らが、一九三五年（昭和十）に、国民党軍の軍隊として京津（北平＝北京・天津）地区に移駐してきたのは、日本陸軍が満州国の緩衝地帯として華北地方を国民党政府から切り離そうとした一連の「華北分離工作」と、それに対する国民党政府の抵抗の結果、半ば独立した国民党の地方政権として誕生した冀察政務委員会（河北省［冀州］とチャハル［察哈爾］省、北平・天津両特別市を領域とする）委員長に軍長（軍司令官）の宋哲元が就任したからである。

第29軍は、国民党軍（蔣介石の直系軍に対し傍系軍または雑軍と呼ばれた）であるとともに日本陸軍の格下同盟軍として日本陸軍の顧問を受け入れていたのだが、京津地区の政治的に先鋭化した市民・学生を兵士にしたことや、戦力向上のために直系軍から将校を受け入れたことで徐々に抗日意識が高まり、盧溝橋事件の時点では、もっとも戦意の高い中国軍の一つであった。

すなわち、主力をもって敵陣の突角部を攻撃するとともに、迂回部隊をもって永定河東岸の中国軍陣地（堤防陣地）を側面攻撃しながら南下させ、宛平県城の中国軍の退路を遮断するという構想である。

だが〇三：二五の発砲は、先に一木大隊が派出した斥候に対するものだったのだ。[*6]

「やってよろしい」

ここで、時間を事件発生時にまで一旦さかのぼらせる。

従来から北平地区での日中間の揉め事は、日本側は支那駐屯軍司令部が指揮する北平陸軍機関（通称・北平特務機関）が担当しており、同機関員のうち三名は中国国民党第29軍の軍事顧問を兼ねていた。

北平陸軍機関の機関長松井大佐は、事件の第一報を旅団副官の小野口大尉から受けると、零時三十分頃より、中国側との交渉を開始する。松井大佐は、すでにこの段階で発砲者を第29軍第37師の第110旅（旅団）第219団（連隊）第3営（大隊）と断定している（以下中国軍の部隊名称は煩雑になるので日本語で統一する）。

第219連隊も第3大隊も本部は宛平県城にあったから、北平での交渉と並行して、第29軍顧問の桜井徳太郎少佐と北平陸軍機関補佐官・寺平忠輔大尉が現地での交渉のために派遣されることになった。さらには、連隊本部から連隊附佐官の森田徹中佐も派遣されることとなった。これが〇三：三五である。なお森田中佐には旅団命令として、交渉をおこなうため、機関銃小隊を配属した歩兵中隊を城内に入れるようにという注意が付されていた。

軍使の武装部隊帯同とは、日本側に事態を平穏のうちに収束させる意図があったのか怪しいが、北平警備司令部、すなわち旅団司令部と連隊本部は、密偵や憲兵情報で、これが第29軍全体の動きではないことを掴んでいたうえに、日本の軍人たちの多くは「支那人は威さなければ言うことをきかないが、威せばなんとかなる」という考えに骨がらみになっていた。のちに戦争を拡大させてしまう「対支一撃論」と同じ理屈だ。それでもこの時点までは、交渉による解決であった。出発時に連隊長の意図を確認した森田中佐に対し、牟田口は「予は飽く迄も交渉に依り解決せんとす」と答えている。

しかし先の〇三：二五の発砲が事態を一変させる。

〇四：〇〇になると西五里店に野戦電話が設置できたことにより、一木と牟田口は直接の会話が可能となった。この電話で一木大隊長は、再度、発砲された状況を報告する。

「二回も発砲するは純然たる敵対行為なりと認む、如何にすべきや」（連隊戦闘詳報）と問い合わせた。

牟田口連隊長は森田中佐が交渉のためにそちらに向かっていること、中国軍全体の動きではない点は安心できるという全般状況を伝えた。

一木大隊長は「（宛平県城の中国軍を）やったほうがいいと思います」と進言した。

しばし沈黙ののち電話口から聞こえてきたのは「やってよろしい」という言葉であった。そのあと牟田口は送話口から顔をはなすと「軍人が敵から撃たれながら、如何にしたらよいかなぞと、聞く奴があるか」と呟いた。

牟田口と同席していた北平公使館附武官補佐官の今井少佐は、牟田口が軽率に攻撃を許可したと感じた。

のちに一木は、「まさか連隊長が〝やってよろしい〟と仰有るとは」と回想しているが、こうも簡単に攻撃が許可されるとは思ってもみなかったのであろう。

「ほんとうにやってよろしいのでありますか」

「やってよろしい」

「それなら重大だから、時刻を合わせます。（ただ今の時刻）午前四時二十分」

電話を切った一木は、馬に乗ると一文字山の大隊指揮所に馳せ戻った。

旭日ハ燦トシテ輝ク

「勇躍」という当時の慣用句がふさわしい勢いの一木大隊長であったが、しかし、すんなりと戦闘が始まったわけではなかった。指揮所に戻る途中、宛平県城に交渉に向かう桜井少佐と行き合い、彼から宛平県城への攻撃を止めるように言われたのである。桜井少佐がこれから交渉に向かう場所で、かつ住民が居住している場所を攻撃するのは、たしかにまずい。一木は、桜井少佐の示唆もあり、永定河堤防陣地を攻撃することに決心を変更した。どちらにしても堤防陣地を攻撃すれば、とりあえずは宛平県城を孤立させられるのだ。

このように見ると、一木清直少佐は戦いたくて仕方がないだけの人物に見えるのが、これこそが、戦争の本質の一つである「流血の惨事」を主宰する第一線の軍人に必要とされるメンタリティであろう。一木は、政治を理解しなければならない高級軍人ではなく、ましてや外交官でもなかった。たしかに国外駐屯軍の将校として、外交的な判断は求められようが、そうした教育は、帝国陸軍においては一部の将校（公使館等勤務の武官）にしかなされていない。

一方で一木は、安易な猪突猛進型の軍人ではなかった。彼は、第一次世界大戦後の軍人として、火力の重要性を――日本陸軍という限界のなかではあったが――理解していた。

日本陸軍は歩兵を「軍の主兵」とする「運動戦」の軍隊であり、その歩兵は日露戦争以来の「白兵主義」をモットーとしている。このためよく知られるように、火力を軽視する傾向が強い。実のところ、こうした火力軽視は、陸軍内部でも問題となっており、すでに昭和六（一九三一）年頃に、火力を無視して現実から遊離した演習が行われていると、指摘されている。[*7]

しかし一木大隊長は、攻撃目標を変えたすぐあと、すなわち大隊戦闘命令を下達した〇五：〇〇以前に、歩兵砲隊長の久保田大尉に対し、砲撃目標の変更と、それに伴う一部の砲の陣地変換を命じている。この日、夜明けが始まる黎明は〇二：三〇。日出は〇四：五〇であった。夜半から雲が多くなり、あたりは暗かったが、いつ雲が切れて辺りが明るくなるかわからない。早く部隊の展開正面を変更し、攻撃を開始したいという状況のなか、一木大隊長は、まず歩兵砲隊の配備と目標の変更を行った。火力を重視していなければ行えない処置である。

ちなみに、彼らが訓練していた新しい『歩兵操典』では、「第五編　大隊教練」の「通則」において、

「大隊は戦術単位にして若干の歩兵中隊、重火器等を統一使用し――後略――」

と定義されている。同操典編纂中に歩兵学校教官だった一木の真骨頂であろう。

ともあれ、堤防陣地に向けた一木大隊は、第九中隊が右第一線、第七中隊は左第一線、両中隊の間に機関銃中隊主力という、当初の部署はそのままに、前進しながら展開正面を堤防陣地に向けるようにした。まるで騎兵のような行動ではあるが、先述したように時間がないからだ。また第八中隊には伝令を出して、行動の変更を命じた。歩兵砲隊の射撃目標は、竜王廟および堤防陣地のトーチカと鉄道橋東橋頭。予備をとらなかったのは、堤防陣地の敵がさして多くないと判断したためと考えられる。なお、第七中隊は宛平県城から瞰射される可能性（この段階では、交渉が始まり射撃をしない合図として白旗が掲げられていた）があるため、鉄道土手を遮蔽物に前進することとした。

命令下達後、一木は、自らが大隊を誘導すべく先頭に立って、

「前進方向斜め右（前へ）」

と、号令をかけた。

攻撃前進を開始した大隊主力であったが、未だ歩兵砲隊が射撃を開始しない。実は、大隊が前進を開始した直後に連隊本部から一文字山に到着したため、牟田口連隊長の攻撃許可を知らない森田中佐が、必死に射撃を止めさせていたのだった。事情を知った一木少佐は小岩井中尉を派遣したが、射撃まで少し時間がかかると考え、部下にその場で

【中国軍第219連隊(団)第3営(大隊)の配備
—7月7日 金振中大隊長の証言に基づく—】

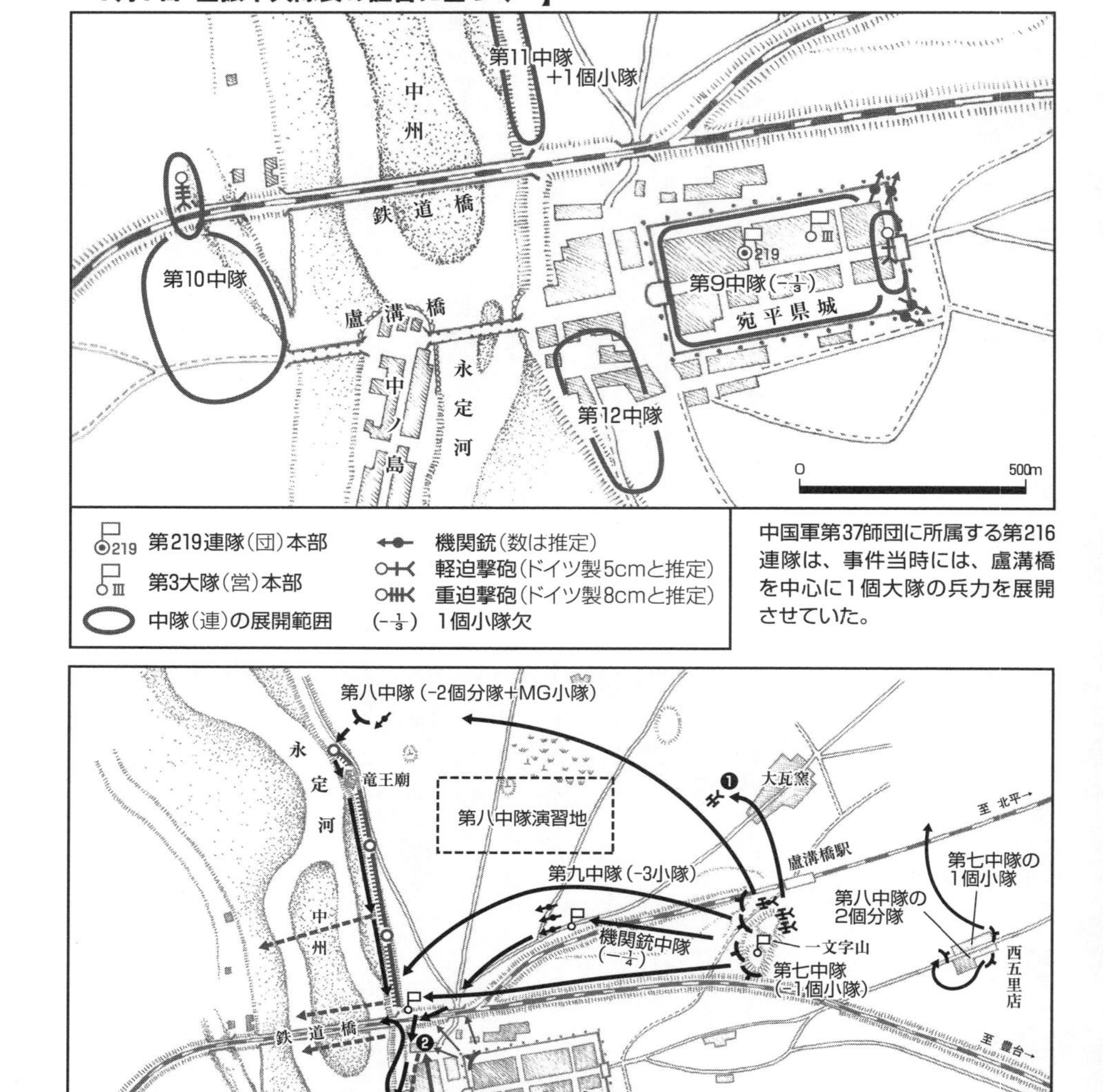

中国軍第37師団に所属する第216連隊は、事件当時には、盧溝橋を中心に1個大隊の兵力を展開させていた。

【一木大隊の堤防陣地への攻撃
—7月8日03:25頃~06:00頃—】

一木大隊は、一文字山に本部を置き、まずは堤防陣地を攻撃しようとした。❶堤防陣地のトーチカを破壊するために一文字山の東から移動した歩兵砲小隊。❷日本軍の側面を衝くために逆襲をかけてきた中国軍を阻止撃退した第七中隊。

朝食を採ることを命じた。兵士たちは、遮蔽物に寄りながら背負袋から乾パンを取り出して齧りはじめた。敵陣前三〇〇～四〇〇メートル。本来なら小銃の射撃がもっとも盛んになる距離で、戦場には妙な間が空いた。

これを断ち切ったのが、迂回部隊である第八中隊だった。[*8] これまで隠密裡に敵陣に近接してきた第八中隊ではあったが、竜王廟北にあるトーチカの手前で、さすがに中国軍に見つかってしまったのだった。

中隊に与えられていた命令は、主力の攻撃に呼応して攻撃を開始することであったから、中国語ができる第一小隊長の野地少尉が、制止する中国軍将校を誤魔化しながら中隊を前進させた。止まれと叫んでいた中国軍将校は、身を翻してトーチカの中に消えた。野地少尉は、咄嗟に号令をかける。「伏せ！」

トーチカからけたたましい射撃音。ブルーノＺＢ26軽機関銃、通称チェッコ機銃が火を吹く。幸い銃眼が東向きなので被害はなかった。中国兵は塹壕から身を乗り出して射撃を浴びせる。それを配属の重機関銃が薙ぎ払った。第八中隊は難なく堤防陣地最北端のトーチカを奪取した。堤防陣地の中国軍は、一斉に射撃をはじめた。

これを機に河村少尉が指揮する四一式山砲（連隊砲）がようやく射撃を開始した。

「目標、竜王廟左約二分画（にぶんかく）敵のトーチカ」

「距離一四〇〇」

各砲一発ずつ放たれた初弾は試射で、二発とも近弾となった。続けて撃たれた三発の効力射が命中。さらに九二式歩兵砲（大隊砲）も砲撃をはじめる。

最前線の一木少佐は前進命令を下そうと、部隊を確認するために後ろ（東）を振り向いた。そのときちょうど雲が切れ、鮮やかな朝日が戦場を照らしてすべての状況を明らかにした。大隊戦闘詳報は記す。

「時正に午前五時三十分、此時暗雲を破り旭日は燦として輝く」

もっとも事実はそう劇的でもないようだ。機関銃小隊長の佐竹曹長や、連隊砲小隊の観測手山田二等兵の回想では、すでに朝日は出ていたようなのである。おそらく一木少佐の戦場心理にもとづく心象風景か戦闘詳報の過剰な修飾であろう。さらに大隊は整斉と前進を開始したというよりは、砲撃をきっかけに各中隊が各個に前進を始めたようである。けれど、満を持していた各中隊の突進速度は異常なほど速かった。

第八中隊は、堤防陣地を側面から攻撃したことで、塹壕内を縦射することができ、堤防陣地の中国軍中隊は、この結果、ほぼ全滅した。とはいえこの速すぎる前進によって、支援の歩兵砲隊は、射弾の誘導が困難となり、しばしば味方を撃ちそうになった。

野地少尉は軍刀で、清水大尉はハンカチで、周囲の兵は帽子で、前線を表示しようとした。第八中隊に連絡将校として派遣された本部附の亀正夫中尉は、敵味方の銃弾が飛び交うなか、馬を疾駆させて前線を指示した。それでも野地少尉と、第七中隊の指揮班長阿部准尉、同第一小隊長の山本曹長は、味方の砲弾の爆風で転倒するほどだった。もっとも日本陸軍の突撃要領は、「(味方の) 最終弾に膚接して」敵陣に飛び込むことだったから、結果としてこれは理想的な歩砲協同となった。

穂積大尉指揮する第七中隊は、攻撃の最後の段階で、宛平県城よりの射撃をうけた。同城内では桜井少佐と寺平大尉、中国軍の金振中大隊長等が交渉中であったが、事ここに至っては、金大隊長も激昂する部下を抑えられなかったのだ。

このため、第七中隊の第三小隊長・鹿内准尉が城内から狙撃されて戦死。終始、中隊の最先頭にいた第八中隊の野地少尉も、同じく狙撃されて重傷を負った。

とはいえ、一木大隊が堤防陣地と鉄道橋東岸橋頭および蘆溝橋東岸橋頭を占領するまでに要した時間はわずか三〇分程度。まるで演習のような戦闘であった。だが、ここから真の激戦が始まるのである。

戦闘綱要

第八中隊は堤防陣地を攻撃中に、永定河に飛び込んで逃走する中国兵を多数見ていた。さらに第七中隊が攻撃した宛平県城の西側からも、鉄道橋と蘆溝橋を伝って多くの中国兵が逃げ出していた。

一木大隊の将兵は、この敵に対し、追撃射撃を行った。なかには指揮官たちが姿勢を低くしろと注意するのにもかかわらず、立ち射ちで射撃する兵もいた。宛平県城城外の中国兵は完全に戦意を失っている。追撃戦に移行すべき時期であった。

一木は、第七中隊には鉄道橋を、第八、第九中隊には永定河を渡河させ、西岸に渡ることを命じた。

当初、第七中隊長の穂積大尉は、敗走する中国兵にそのまま追尾するかたちで蘆溝橋を渡ろうとしたのだが、一木大隊長は、鉄道橋を渡るように指示した。いわゆる「並行追撃」のかたちで「其の退路を遮断し」、「速やかに敵を捕捉して之を殲滅」[*9]しようと考えたのであろう。一木大隊長の優れた判断力が窺える。また、最右翼で渡河する第九中隊には、永定河西岸の中国軍陣地の側面を衝けるように部署した。大隊ほぼ全力を渡河させたのは、宛平県城からの射撃に対し、すこしでも距離をおきたかったからであろう。

だが、新たな命令を下すわずかの間に、宛平県城北西角、蘆溝橋中央の「中ノ島」と呼ばれる中洲、永定河西岸、さらに南西の長辛店（ちょうしんてん）方向からの中国軍の射撃が激しくなった。中国軍も第219連隊の主力を増援に送り込んでいたのだ。状況は、追撃よりも敵前渡河の様相を呈しはじめた。

それでも一木はこの変化に対して決心を変更しなかった。戦意ある敵がいる以上、これを撃破しなければ、当初の目的である宛平県城の孤立化はできないからだ。「追撃」は、第一線諸隊の渡河こそ順調だったが、蘆溝橋中央の「中ノ島」と呼ばれる中洲からの射撃と、鉄道橋西端に配置された、たった一挺の軽機関銃のせいで、あやうく大失敗に終わるところだった。

とくに中ノ島に存在したトーチカの機関銃は、側防火器として猛威を振るった。第七中隊に続行した大隊本部は、軽機関銃の射撃を避けるため橋から飛び降りたところを、このトーチカに射竦められ、橋脚の北側に釘付けにされてしまった。そのうえ、電話線が野戦電話ともども水に浸かり、一時は、連隊本部はおろか歩兵砲の支援も呼べなくなった。加えて渡河した麾下中隊との連絡も絶たれた。

八日の戦闘で、一木大隊は四〇名の死傷者を出すが、ほとんどの死傷者は、この渡河追撃戦で発生している。ここまで果敢だが堅実な指揮を執ってきた一木少佐ではあるが、まるで人が変わったような無謀さに見える。

仮に永定河を渡らなくても、たとえば、部隊を永定河堤防から鉄道土手に沿って展開させ、鉄道橋東橋頭付近の鉄道分岐点に観測所を設ければ（実際にも観測所はここに置かれた）、蘆溝橋と永定河を火制でき、かつ宛平県城からの射撃にも対応できたはずだ。

しかし、一木は人が変わったわけでも、勝利に奢ったわけでもなかった。一木が「決心変更」をしなかったのは、彼が日本陸軍の用兵思想に忠実だったからだ。

日本陸軍の各種教範のうち、用兵思想を具体化した、現在ならドクトリン文書と呼ばれるものは、蘆溝橋事件当時、『統帥綱領（昭和三年改訂）』と『戦闘綱要』（昭和五年制定。後に『作戦要務令』となる）の二つであった。このうち前者は極秘文書で、大兵団の指揮運用（統帥と称した）に用いられ、後者が師団の指揮運用（実際には各兵科の共通教範）のためのものである。一木少佐をはじめ一般の将校（と上級下士官）はこれに準拠して戦う。

『統帥綱領』も『戦闘綱要』も、「東亜の大陸において速戦速決（ママ）」を目指したもので、運動戦による敵軍の包囲殲滅を〝作戦・戦闘〟の最大の目的としていた。一木が、第八中隊を迂回させ、また中国軍の退路遮断に拘ったのも、この思想の表れと言える。

軍隊が実際に用兵思想を全軍に普及させるためには、徹底した教育訓練が必要なのは言を俟たないが、とくに日本陸軍の教育は、教範の内容を理論的に分析して理解するよりも、「教範の精神」と称される曖昧なものを口伝的に仕込まれる傾向が強かったようだ。ちなみに『戦闘綱要』の後継教範である『作戦要務令』は、ドクトリン文書に必要とされる「判断基準」が不明瞭なのが特徴という指摘がある。[*10]

こうして日本陸軍の将校たちが教育課程で叩き込まれた思想は、与えられた任務を第一とするとともに、他を顧慮することなく常に積極果敢に先制主動の位置に立て、という思考方法であった。『戦闘綱要』の「……常に主動の位置に立ち……」（綱領第九）が極大化していくのである。これは現実において、任務分析も状況判断も恣意的になることを意味していた。つまり、軍隊の諸行動に絶対必要な「可能性」と「適合性」を失うということである。[*11]

だがその反面、日本陸軍の将校たちの判断と行動、すなわち指揮速度は、多くの場合、敵よりも圧倒的に速かった。それはそうであろう。極論すれば、相手を考えず、やりたいようにやるのだから。つまり一木の無謀とも言える敵前での渡河も、堅実な指揮振りも、だから同根のものであり、日本陸軍の用兵思想に忠実なものだったのである。

さて、一旦は、分断されてしまった一木大隊ではあったが、大隊本部の将校・下士官による決死行によって、第一線中隊、連隊本部、そして歩兵砲隊との連絡を回復することができた。歩兵砲が「中ノ島」の中国軍を制圧する（トーチカは最後まで破壊できなかった）。一方、渡河した各中隊は、独断で連携をとりながら、蘆溝橋西岸部に中国軍を圧迫し、橋頭堡を確保した。一木大隊長は、西岸に渡り、再び前線で指揮を執った。午前九時半を過ぎると、戦いは日本軍有利で膠着状態となった。

一〇：五五。連隊本部から亀中尉が、東岸への撤退命令を持って戻ってきた。一木はこれを肯んぜなかった。表面的には、この状況のほうが、交渉するにしても宛平県城を攻撃するにしても、有利な態勢にあるという判断だが、実際には、現在交戦中の敵から離脱し、負傷者を抱えての昼間渡河撤退など不可能だからだ。

これに対して連隊本部は、一木の行動を追認した。連隊のこの処置は、一見、現場を理解したものに見えるが、その背景には以下の事情が存在した。

まず、当初、交渉による事件の解決を望んでいた牟田口であったが、一木に攻撃命令を下したのちは、宛平県城の攻撃占領は必至と考えていた。現在の兵力で、宛平県城を攻撃占領するためには、一木大隊を東岸に呼び戻さなくてはならない。これが撤退命令を出した理由である。

つぎに、撤退命令を撤回した理由だが、城内の交渉団と連絡が取れないことと、城内住民の避難が困難であること、さらには一木からの昼間渡河撤退は不可能との報告により、宛平県城への攻撃開始時間を繰り下げるしかなかったこと（予定では一四：〇〇、次いで一八：〇〇まで延期）が挙げられる。また通州で演習中のところを急遽呼び戻された第一大隊や、天津の戦車隊が戦場に向かっていることも大きな理由であった。

というのも、牟田口のもとには、支那駐屯軍の対中強硬派参謀（和知鷹二（わちたかじ）中佐と参謀部附鈴木京（たかし）大尉）が早朝、飛

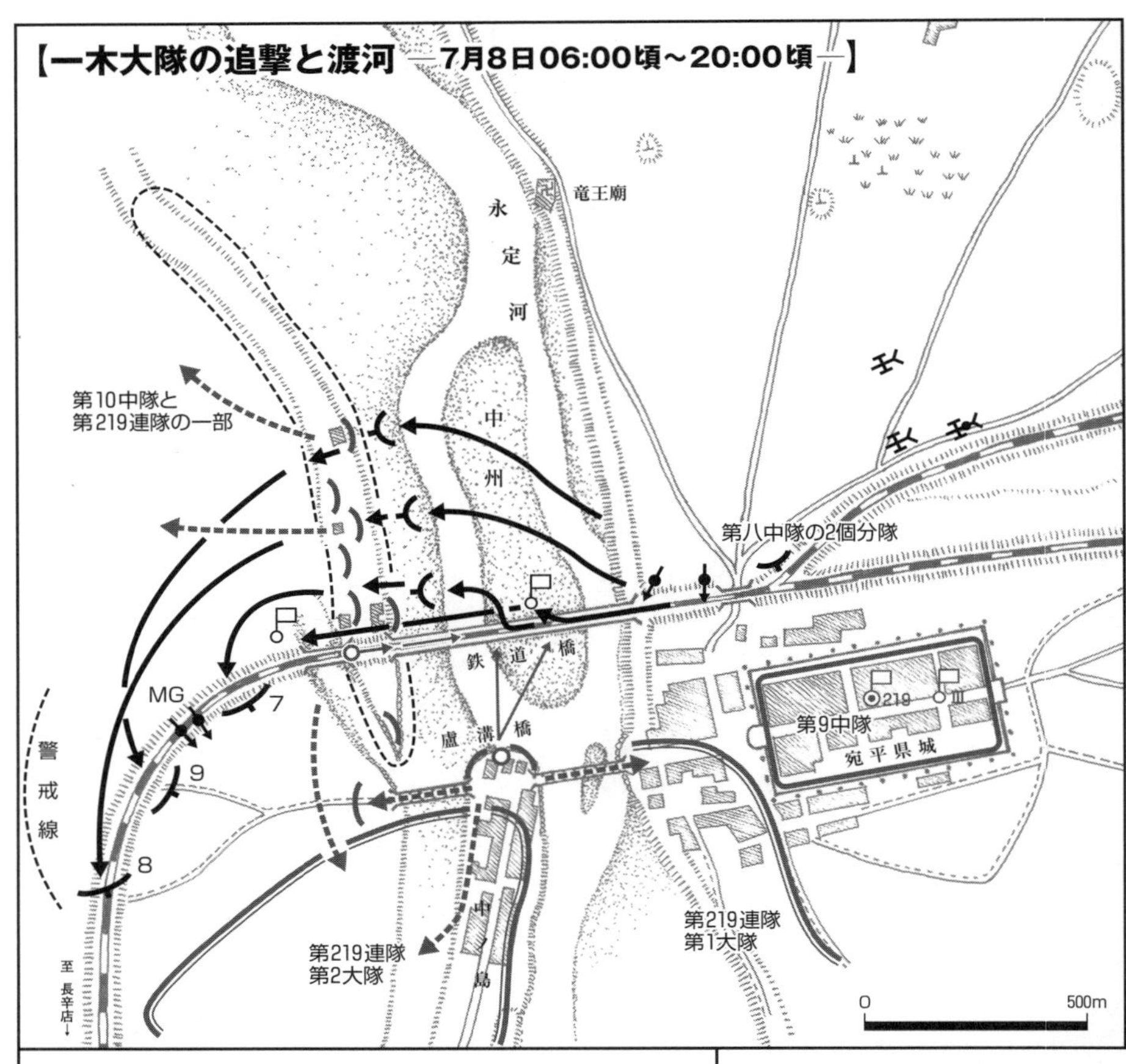

【日本軍】

- 部隊（数字は中隊号）
- MG 機関銃中隊
- 大隊本部
- 機関銃小隊（2挺）
- 大隊砲小隊（2門）
- 連隊砲小隊（2門）
- 攻撃
- 大隊主力、17:00以降の撤退待機位置

【中国軍】

- 部隊
- 増援部隊
- Ⅲ 第3大隊（営）本部
- 219 第219連隊（団）本部
- トーチカ
- 本文に出てくる軽機関銃
- 激しい射撃
- 敗走

一木大隊は、敗走する中国軍を追撃。さらに激しい抵抗のなか永定河を渡河。鉄道線まで進出し、橋頭堡を確立した。

行機で駆け付けており、彼らは、盧溝橋での「戦闘」を奇貨として、付近の中国軍を撃滅することで、日本軍の威力を中国側に見せつけようと考えていたのだ。つまり増援部隊を使用して所在の中国軍を「包囲殲滅」するには、永定河を渡る必要があり、さらにそのためには、一木大隊が現態勢、すなわち永定河西岸に橋頭堡を確立した状態であることが望ましかったからだ。

もっともこうした判断は、日没までに援軍が到着することが前提となっている。このため一木自身は、日没後の撤退も選択肢にいれ、一六：〇〇頃より、撤退のための待機陣地の偵察を行っている。これもまた指揮官としての優れた判断だと言えよう。

結果として日没までに増援部隊は到着せず、桜井少佐たちの安全も確保できないことから宛平県城への攻撃はさらに延期され、一木大隊は撤退することになった。

一度は叩いた中国軍であるが、その後、徐々に戦力を回復していた。このまま西岸にいても膠着状態のまま孤立してしまうし、第一大隊の到着が遅れている以上、この場に留まる意味はない。大隊戦闘詳報は撤退理由を、「依然状況に変化なきときは――中略――行動の自由を確保する目的を以て……」としている。

一七：〇三、一木大隊長は、日没後の後退準備の命令を下達。

二〇：二五、後退開始。

二三：四〇、大隊は蘆溝橋駅南側に集結を完了。一木少佐は、牟田口大佐に復命し、大隊は連隊の直接指揮下に復帰した。

この戦闘における大隊出動人員は五一〇名。うち戦死一〇名、負傷三〇名。

一木大隊は不慮の発砲事件から緊急に出動し、戦闘準備を整えた約三倍の敵に勝利をおさめたのであった。

ドクトリンの勝利

日本軍の勝利の理由は、第一に一木清直少佐の優れた指揮手腕が挙げられる。ただし彼の指揮が日本陸軍の用兵思想を体現した以上、それはドクトリンの勝利であった。

ではなぜ、状況判断過程に致命的な欠落のある日本陸軍のドクトリンが勝利を得られたのであろうか。

身も蓋もない言い方をすれば、相手が弱かったからである。どんなに愛国心が強かろうと、外国から新兵器を導入しようと、それだけでは現代の戦争は戦えない。必要とされるのは、高度の専門教育を受けた知的プロフェッショナルである将校団の存在である。中国軍は当時の言葉で「素質劣等」な軍隊であったのだ。そしてこれまでの研究によると、当時の日本軍の用兵思想は、「素質劣等」な敵との戦いを前提としたものであることが明らかになっている。[*12]

つまり、この時点で、日本陸軍のドクトリンは、最も重要な条件である「適合性」を有していたのだ。

殲滅戦を根底に置いたこの用兵思想は、しかし作戦次元以上において、戦争を速戦即決で終わらせる魔法の杖でないことを日中戦争初期において露呈させてしまう。だが、少なくとも戦術次元以下では有効で、歩兵用重火器を巧みに運用しさえすれば、中国大陸の戦いでは「無敵皇軍」の名を欲しいままにすることができたのである。

もっとも——致命的な欠点があろうとなかろうと——、一つの用兵思想とそれに基づくドクトリンは、兵器と同じように戦いの道具でしかない。つまり、いつまでも有効であることはあり得ないのだ。

だが当時の日本陸軍将校団は、ドクトリンを普遍的かつ不変な「原理（principle）」と理解していた。字義どおり宗教的な教義と同義だったのである。ドクトリンが戦いに合致しなくなったとき、その軍隊にどのような運命が待っているのか。太平洋戦争において最初にそれを経験するのが、一木清直その人であった。

●註

＊1＝片岡徹也・福川秀樹編著『戦略・戦術用語辞典』、片岡徹也編『軍事の事典』、*Department of Defense Dictionary of Military and Terms*, 1994.

＊2＝「いちき」ではなく「いっき」と読む。関口高史「一木清直とガ島戦の真実」『歴史群像１４２号』。

＊3＝新「歩兵操典」（昭和十二年に草案として仮制定、昭和十五年に制式となる）の普及訓練と、同検閲のため。また本年度の支那駐屯軍入営兵の体力に不安があったためともされる。

＊4＝『偕行社記事特号昭和16年7月号』「座談会蘆溝橋事件の回顧」。以下、回想や台詞は、同書および『支駐歩一会会報（第11号）』を主に使用。

＊5＝小銃弾は一挺につき三〇発で、これを後盒（腰の後ろに付ける弾薬ポウチ）に収納。軽機関銃弾は、一挺につき一二〇発で、ハトロン紙でパッケージングしたまま。

＊6＝将校斥候として捕虜獲得を目的に派遣された清水大尉以下六名。ただし第八中隊から豊台に事件を急報した伝令が、第八中隊の西五里店への移動を知らぬまま演習地に戻って撃たれた可能性も高い（秦郁彦『蘆溝橋事件の研究』）。

＊7＝葛原和三「『戦闘綱要』の教義と硬直化」『軍事史学』平成十六年七月号。

＊8＝前進してきた一木大隊が一旦停止し、さらに再度動く気配をみせたことから、堤防陣地の中国軍が射撃を始め、これが戦闘開始の合図になった可能性もある。

＊9＝『戦闘綱要』第四編第一章第二百三。

＊10＝田村尚也『各国陸軍の教範を読む』（イカロス出版）。

＊11＝片岡徹也「日本陸軍の用兵思想」「客観と主観」『決定版　太平洋戦争①』（学研パブリッシング）など。

＊12＝前原透『日本陸軍用兵思想史』（天狼書房）、片山杜秀『未完のファシズム』（新潮社選書）など。

●主要参考文献

秦郁彦『盧溝橋事件の研究』（東京大学出版会、１９９６年）
片山杜秀『未完のファシズム』（新潮社選書、２０１２年）
前原透『日本陸軍用兵思想史』（天狼書店、１９９４年）
片岡徹也・福川秀樹編著『戦略・戦術用語辞典』（芙蓉書房出版、２００３年）
片岡徹也編『軍事の事典』（東京堂出版、２００９年）
田村尚也『各国陸軍の教範を読む』（イカロス出版、２０１５年）

葛原和三「「戦闘綱要」の教義と硬直化」『軍事史学』（平成16年7月号）
片岡徹也「日本陸軍の用兵思想」「客観と主観」『決定版　太平洋戦争①』（学研パブリッシング、２００８年）
『戦闘綱要』（昭和４年制定　復刻版　池田書店１９７７年）
『歩兵操典』（昭和３年制定）
『歩兵操典』（昭和15年制定）
「戦闘綱要編纂理由書」『偕行社記事六百五十五号附録』（偕行社、昭和４年４月）
『戦闘詳報　盧溝橋事件に於ける　支那駐屯歩兵第一連隊第三大隊』（復刻私家版）
『偕行社記事特報　支那事変一周年記念号』（偕行社　昭和13年7月）

帝国陸軍“悪戦愚闘”の象徴はなぜ発生したか？ドクトリンに内包された状況判断プロセスの欠陥

第三章 ガダルカナル島 一木支隊の全滅

一木清直の戦いと、〝ドクトリン〟の敗北

ノモンハン、インパール、そしてレイテとならぶ〝悪戦愚闘〟の戦場として、日本の近代史に記憶されるガダルカナル島。

兵力の逐次投入と何度も繰り返される誤った敵情判断。その緒戦を戦い、白兵突撃によって全滅した一木支隊。彼らは、いわば帝国陸軍の無謀の象徴として語られてきた。

だがしかし、それは事実なのであろうか。ガダルカナル島の戦いを叙述した『戦史叢書南太平洋陸軍作戦〈1〉』は一木清直大佐の攻撃方法についてこう述べる「わが陸軍が常套戦法としていた、いわゆる二線の攻撃部署（部隊を二つに区分して、重ねて配置すること：筆者注）をもってする夜間攻撃の範例」と。

たった九〇〇の兵力を絶海の孤島に送った経緯と〝無謀な白兵突撃〟が実行されるにいたった本質を考える。

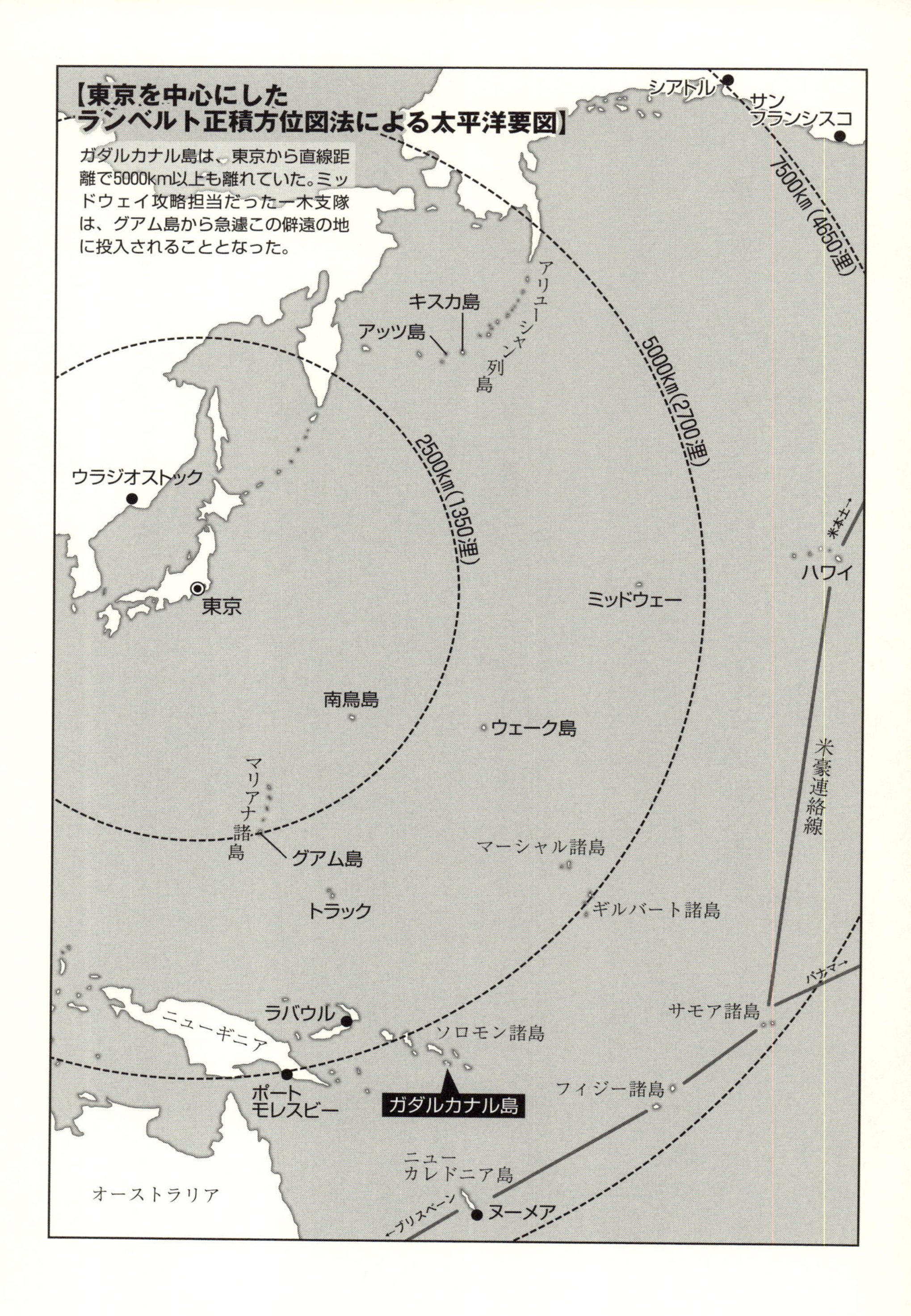

【東京を中心にした
ランベルト正積方位図法による太平洋要図】
ガダルカナル島は、東京から直線距離で5000km以上も離れていた。ミッドウェイ攻略担当だった一木支隊は、グアム島から急遽この僻遠の地に投入されることとなった。
シアトル
サン
フランシスコ
7500km(4650浬)
アリューシャン列島
キスカ島
アッツ島
5000km(2700浬)
2500km(1350浬)
ウラジオストック
東京
米本土
ハワイ
ミッドウェー
南鳥島
ウェーク島
マリアナ諸島
グアム島
米豪連絡線
マーシャル諸島
トラック
ギルバート諸島
パナマ
ラバウル
ニューギニア
サモア諸島
ソロモン諸島
ポート
モレスビー
ガダルカナル島
フィジー諸島
ニュー
カレドニア島
オーストラリア
ブリスベーン
ヌーメア

「歩兵第二十八連隊編制成ルヲ告ク　仍テ今軍旗一旒ヲ授ク　汝軍人等協力同心シテ益々武威ヲ発揚シ以テ国家ヲ保護セヨ」
「敬デ明勅ヲ奉ズ　臣等死力ヲ竭シ誓テ国家ヲ保護セム」

軍旗

昭和十七（一九四二）年六月五日、中部太平洋を進む輸送船『善洋丸』の船上では、旭川歩兵第二十八連隊の軍旗祭が執り行われていた。

軍旗旗手・伊藤致計少尉が奉持する連隊旗は、明治三十三（一九〇〇）年十二月二十二日に授与され、日露戦争において二〇三高地に掲げられた軍旗である。その戦歴を物語るように、すでに布地はなく、縁飾りの紫の房だけが太平洋の風にたなびいていた。

昭和十四（一九三九）年のノモンハンの戦いを経て、昭和十五年には旭川駐屯地に帰還していた歩兵第二十八連隊に、二度目の歩兵学校勤務を終えた一木清直大佐が連隊長として着任したのは、昭和十六年七月のことである。一木大佐は、言うまでもなく盧溝橋事件の現地部隊指揮官だった人物である。陸軍将校団の機関誌『偕行』の同月号には、彼を主役に盧溝橋事件を回顧した関係者の対談が掲載されている。

翌十七年五月五日、連隊には一木支隊としての戦闘序列が発令され、五月十四日に駐屯地を出発。宇品、サイパン島を経由して一路、東に向かった。目指すはミッドウェー島。海軍からの要請を受けて、陸戦隊と協同し、ここを急襲・占領するのである。

支隊とは簡単に言えば、特定の任務を行うために独立して行動する部隊である。また、独力で戦闘を終始できるように、多くの場合、師団と同じように諸兵種連合とされる。このため、日本陸軍では諸兵種連合部隊を指揮できる教育を受けた連隊長以上が指揮官となる例が多い。

しかし一木支隊は、このとき歩兵一個大隊に、工兵中隊と、歩兵用重火器および速射砲中隊を配属しただけの編成であった。無論、これでも支隊と言えるのだが、しかし、諸兵種連合部隊とは言えず、したがって本来は大佐が指揮する必要もない。実際、一木支隊と同時に編成されたアリューシャン作戦担当の北海支隊は、一木支隊と同規模の部隊であり、少佐が指揮官である。おそらく、こうした変則的な編成となった背景には、軍旗を奉じる部隊を投入することで、海軍主体の作戦に少しでもモノが言えるようにするためだったのではないかと考えられる。軍旗とは、日本軍にとってそれだけ重い存在なのだ。

だが一木支隊は、軍旗祭当日（現地時間）に起きたミッドウェー海戦の敗北から、グアム島に引き返すこととなった。七月十一日、ミッドウェー攻略作戦は正式に中止と決定。支隊の将兵たちは、思い思いに土産物を買い、八月六日夜、内地帰還のため『ぼすとん丸』と『大福丸』に乗船し、翌七日、両船はグアム島をあとにした。

旭川の留守部隊に一木支隊帰還の連絡が入ったのは八月八日のことだった。留守部隊副官の曽我少佐は、支隊は八月十五日頃に函館に到着すると考え、輸送調整と軍旗出迎えのために函館駅の停車場司令部へと赴いた。しかし、輸送列車の予定はなく、宇品の船舶司令部に問い合わせても、一木支隊を乗せた輸送船の入港はなかった。

グアム島到着時をもって、第二艦隊指揮下から大本営直轄となっていた一木支隊が、内地帰還のためにグアム島を発ったその日、アメリカ第1海兵師団が、はるか南のソロモン諸島、ガダルカナル島とツラギ島に来襲したからだ。

一木支隊は、輸送船に乗船している大本営直轄部隊ということから、ガダルカナル島奪回のために急遽、同島へと派遣されたのである。[*1]

戦略奇襲

ミッドウェー海戦に敗れたとはいえ、日本軍、とくに海軍は攻勢を諦めたわけではなかった。攻勢の重点は、中部太平洋方面から、外南洋（陸軍の呼称は〝南太平洋〟）での「米豪遮断」、つまりアメリカとオーストラリアの連絡線を断ち切ることに変更された。ただし、ミッドウェー海戦の敗北によって、これまで計画されていたフィジー、サモア攻略（F・S作戦）は一旦中止となり（七月五日）、ポートモレスビーの攻略が優先されるとともに、将来のフィジー、サモア方面への進攻作戦の準備として、ニューヘブリディース諸島とニューカレドニア島の攻略が必要とされた。このためにガダルカナル島に飛行場が建設されたのである。

だがこれがアメリカ軍の反攻を呼び込むことになる。日本海軍がアメリカ～オーストラリア間の連絡線（米豪連絡線）を戦略上重視したのと同じ理由で、アメリカもまたそれを重視していた。アメリカ側から見ればソロモン諸島の基地化は、米豪連絡線に側面から突き付けられた鋭利な刃物となるのである。ミッドウェー海戦の勝利によって、ハワイの防衛が確立されたことで、アメリカ軍は相応の戦力をこの戦域に投入できた。この結果、彼らは、なけなしの艦隊と師団規模の陸上部隊をもって、ツラギとガダルカナル島を攻略できたのである。

一方、日本海軍は、ソロモン諸島――それも前進根拠地であるラバウルから一〇〇〇キロも離れている――に、わずか五〇〇名ほどの戦闘部隊しか配置していなかった（ガダルカナル島には二四七名）。これは陸海軍統帥部が、連合軍の本格的な反攻を昭和十八年半ば以降と、信じ込んでいたためでもある。

とはいえ、戦争は彼我相互の物理的な応酬の中で推移する。自軍が重要と考える場所は多くの場合、敵にとってもそうであり、そこに手を出した以上、相手がなんらかの対応策を講じるのは当たり前だ。最前線にほぼ無防備の建設部隊を配置する日本海軍には、戦闘組織としての資質に重大な欠落を感じるのである。さらに、統帥部が敵の本格的な反攻を昭和十八年半ば以降と想定したことは、致命的とも言える誤断を生み出した。アメリカ軍のソロモン諸島攻勢を、威力偵察ないしは限定的な攻撃と判断してしまったのだ。このため、アメリカ軍に取られた主導権を奪回しようと、当座、使用可能な兵力を次々とガダルカナル島へ投じた。現在にいたるまで強く批判される〝兵力の逐次投入〟が始まるのだ。

これは、おそらくアメリカ軍の本格的な反攻という戦略上の問題を戦術原則一般に当てはめてしまったからだろう。戦術次元ならば、いち早く兵力を投入して主導権を奪回するのは基本だ。そのうえ、「運動戦」の軍隊として、自主的かつ素早い判断を求められる日本陸軍は、衝動的ともいえる行動に走りやすい。

用兵思想の研究家である前原透氏（終戦時に陸軍少尉、自衛隊を陸将補で退官）は、ガダルカナル島へ反射的に陸軍部隊を派遣した理由を、その著書である『日本陸軍用兵思想史』のなかで以下のように指摘している。

「陸軍の統帥部の考え方に、またその頃の参謀達の通念として、この事態を太平洋上に生起した戦略的遭遇戦と認識したことがあった。明治以来の典則における遭遇戦の要訣の第一は『先制』である。ここでは敵に先制されたと感じ、即座の反応として、『攻撃・攻撃』で『奪回』しなければならぬとなった」

さらに続けて前原は、『作戦要務令』第二部第二章（遭遇戦）第九十二条を引用している。文言は次のとおりだ。

「――前略――一旦占有せる土地は尺寸と雖も敵に委すべからず」

ちなみに、『作戦要務令』の同章第六十九条にはこうもある。

「遭遇戦に在りては――中略――状況明確ならざるを常態として且つ先制獲得の好機は瞬時に経過すべきを以て――中略――多くの情報を待ちて始めて処置せんとするが如きは多くは失敗に終わるものとす。故に各級指揮官は機を失せず其の企図を確定し断固たる決意を以て迅速に処置せざるべからず」

衝動的な兵力の投入は、理由がないことではなかったのである。

もっとも、一木支隊を乗せた輸送船がグアムを出航した翌日の八月八日に大本営陸海軍部連絡研究が開かれ、大本営陸軍部（参謀本部）の作戦参謀井本熊男中佐は、その業務日誌に「（ソロモン諸島の奪回には）陸海軍共に所要の兵力を集結したる後、攻勢に出づるを可とする方向に一致せり（傍点筆者）」と記している。さらにその翌日、陸軍省軍事課でも、以下のような意見があった。

「補給増援至難な遠い絶海の孤島に、陸上の決戦が生起する算なしとしないこの場合、ノモンハン事件の再現を見るようなことはないか。小兵力とはいえ軍旗を奉ずる一木支隊の戦闘加入は、今後の作戦指導をいちじるしく硬直化させることはないか。この際、再検討の要はないか」（戦史叢書『南太平洋陸軍作戦〈1〉』軍事課長・西浦進大佐の証言。傍点は筆者）

昭和十七年の夏といえば、まだ全般的な戦略態勢は日本軍が有利な状態にあった。そのうえ陸軍は、開戦前にはラバウルへの部隊の投入さえ「兵力運用の限界」として反対していたのだから、戦略次元における新たな判断と柔軟な行動はあって然るべきだったろう。

だが現実はそうはならなかった。陸軍統帥部がアメリカ軍の反攻を「戦略次元」で捉えていたのかそれ以下で捉えていたのかは、実のところ重要ではない。なぜなら陸軍の軍人たちは——これまた、しばしば指摘されているように——、それが戦略どころか政略であろうとも、戦術教範である『戦闘綱要』や同書を改定した『作戦要務令』の綱領第一に掲げられた「軍の主とする所は戦闘なり。故に百事皆戦闘をもって基準とすべし」で事を処していたからだ（傍点筆者）。

このような視点で見れば、アメリカ軍のソロモン諸島への攻勢は、日本陸軍に内在する戦略も戦術も混淆する、あるいはすべてを戦闘に収斂させてしまうという思想的欠陥によって、結果として見事なまでに現在の概念で言う「戦略次元」での奇襲になったと言えよう。

そして、日本陸軍の内部には、ガダルカナル島の戦いを惨劇へと拡大させる因子がさらに存在していたのである。

敵情判断

一木支隊は八月九日夜に、トラック泊地において第十七軍隷下に編入される命令（この時点では内報）を受けた。第十七軍とは、前述したF・S作戦のため五月十七日に編成された軍である。このときはラバウルに司令部を置き、ポートモレスビー攻略の準備を進めながら、隷下の各部隊の集結を待っている状態であった。

十二日夕刻、一木支隊はトラック泊地着。

十三日夜、第十七軍と海軍南東方面部隊（第十一航空艦隊・第八艦隊基幹）は、諸情報を検討した結果、アメリカ軍の行動が活発でないこと、飛行場がアメリカ軍の規格では完成していないことから速やかにガダルカナル島飛行場を奪回することとした。また、一木支隊を乗船させている輸送船の船足が遅い（最高速度九・五ノット）ため、これでは〝戦機〟に投ずることができないと、支隊を二個の梯団に区分した。まずは第一梯団として、一木大佐が直卒する約九〇〇名を駆逐艦六隻で輸送することに決したのである。この結果、連隊砲や速射砲（配属の速射砲中隊はドイツ・ラインメタル社製三・七センチＰａＫ36を装備）は、駆逐艦に上陸用舟艇（大発）の搭載準備ができていないことから、第二梯団として輸送船で運ばれることになった。加えて小銃弾も一人二五〇発、糧食も七日分に制限された。

十四日、一木大佐は第十七軍高級参謀・松本博中佐から、軍命令の伝達と軍司令官の意図の説明を受けた。

松本中佐は、敵情が不明であり、最悪の場合は一個師団が存在する可能性があること、攻撃が失敗したら飛行場の近くを占拠して、飛行場の使用を封じることが必要と述べた。[*2]

一木大佐はしかし、軽装備の九〇〇名での攻撃命令に関しても楽観的で、

「ツラギもうちの部隊で取ってよいか」

と、旺盛な功名心を見せる。一木大佐は、ミッドウェー攻略戦のときから行動を共にしている第二水雷戦隊司令官の田中頼三少将に対し「夜襲と銃剣突撃で勝敗を決する」と常々語り、それは部下たちも同様だった。[*3] ガダルカナル戦での一木大佐は、極度に楽観的で、それゆえに無謀な、まるで戦後一時期の戦争映画に登場する愚物の悪役として出てきそうな人物のようだ。

だが、果たしてそうなのであろうか。二つの視点から一木の考えに迫ってみたい。

■一木支隊の編成

- 一木支隊　支隊長：一木清直大佐
  - 支隊本部　（歩兵第二十八連隊本部）
  - 歩兵大隊　（歩兵第二十八連隊第一大隊）大隊長：蔵本信夫少佐
    - 大隊本部
    - 歩兵中隊
    - 機関銃中隊　重機関銃×12
    - 大隊砲小隊　70mm 歩兵砲×2
  - 連隊砲中隊　75mm山砲×4
  - 速射砲中隊　37mm速射砲×6
  - 工兵中隊　（工兵第七連隊第一中隊）
  - 通信隊　（連隊通信中隊の1/3）
  - 衛生隊　（第七師団衛生隊の1/3）
  - 輜重隊　（輜重兵第七連隊より1個中隊）
  - 独立速射砲第八中隊　37mm対戦車砲（ドイツ製）×6
  - 船舶工兵中隊　（船舶工兵第三連隊第二中隊）

■第一梯団の編成

- 一木支隊先遣隊　支隊長：一木清直大佐
  - 支隊本部　（歩兵第二十八連隊本部）
  - 歩兵第一大隊　大隊長：蔵本信夫少佐
    - 大隊本部
    - 歩兵中隊
    - 重機関銃中隊　重機関銃×8
    - 歩兵砲小隊　70mm歩兵砲×2
  - 工兵中隊

まず一つ目は、その戦術である。

夜襲と白兵戦闘は、当時の日本陸軍の定型化された戦術であり、とくに白兵主義は、日露戦争以後、戦闘の「根本主義」と称されていた。現在では「無謀」「時代錯誤」と評されるこの戦術は、本来、大火力と物量を用いる軍隊に対して、夜暗を利用して接近し、白兵によって一挙に勝敗を決しようとする目的のもとに編み出されたものだった（補章　戦術解説Ⅰ「白兵夜襲VS.最終防護射撃」参照）。

もっとも、ノモンハンの戦い以後は、ソ連軍相手には通用しない戦術というのが――非公式ながら――、陸軍上層部の共通認識であったようだ。その一方で、陸軍は、ソ連軍とアメリカ軍では軍隊の精強度が違うとも考えていた。陸軍の対米戦研究が本格化するのは、信じられないことに昭和十八年になってからだから（補章　戦術解説Ⅱ「日本陸軍の対上陸戦術」）、この時期、日本陸軍はアメリカ陸軍（海兵隊も）を、ソ連軍に比べれば「素質劣等」であり、それゆえに大火力と物量に頼る軍隊と判断していたのである。また一木大佐は、第二章「盧溝橋事件」で述べたように、火力の重要性も理解しているうえ、堅実さと大胆さの二つを併せ持つ指揮官であった。むしろ火力の重要性を理解していたからこそ、夜襲と銃剣突撃を重視したともいえるのだ。なお、一木支隊の数少ない生存将校の回想をまとめると、一木清直大佐は「スパッとした気性で訓練に熱心。細かい事によく気がつき、ユーモアのある」人物だったようだ。[*4]

もう一つは、過度の楽観論である。これは日本軍全体が、敵情をどのように捉え、そして判断していたかに関わってくる。

ツラギを含めガダルカナル島にアメリカ軍が上陸したとき、日本軍は当初、威力偵察と考えたが、すぐにその戦力は海兵隊一個師団（編制定数で約一万五〇〇〇名）と正しく判断し、その兵力は実際よりもやや少ないものの一万前後と見積もっていた。その後、八月八日の深夜から翌日にかけて戦われた第一次ソロモン海戦や、第十一航空艦隊の連日の空襲により、アメリカ海軍は甚大な被害を被り、ガダルカナル島の海兵隊は孤立していると日本海軍は判断するようになった。さらに、航空機と潜水艦の偵察により、海兵隊の戦意は低いとも判断された。偵察手段を持たない陸軍は、この情報を信じるしかなかったのだが、この時点での敵兵力は、八〇〇〇～七〇〇〇と下方修正されている。

これは揚陸時間と輸送船の積載数から推定した数字だとされる。もっとも、これではさすがに一木支隊全力（約二〇〇〇名）であっても彼我の兵力がかけ離れすぎている。

一木支隊がトラックに到着する八月十二日、第十七軍司令部では、参謀長の二見少将が一木支隊の即時単独投入に反対。松本高級参謀を筆頭に、越次（こしじ）、大曾根参謀たちは、即時奪回を主張していたが、軍司令官の百武（ひゃくたけ）中将は、二見参謀長の意見に傾いていた。

翌日、二見参謀長は第十一航空艦隊参謀長の酒巻少将を訪れて、海軍側の意見を質（ただ）した。海軍の判断によるとガダルカナル島の敵兵力は、七〇〇〇以下で戦意は低く、それも一部は引き揚げているかもしれない（十二日に行った第八根拠地隊先任参謀の航空偵察による）、さらに飛行場は使用されている兆候がない、というものであった。この結果、同日夜に一木支隊の即時投入が決定するのである。

そしてその命令を伝達するのは、即時奪回派の松本中佐なのであった。先述した松本中佐が一木大佐に伝えた軍司令官の意図は、戦後、戦史室の調査に対する松本中佐の証言である。内容は正しくても、当時の雰囲気や会話のニュアンスを再現しているとはいえない。[*5]

一木大佐の状況に対する楽観は、いわば、この時点での日本陸海軍全体を覆っていた〝空気〟を反映したものだったといえよう。

八月十六日〇五：〇〇（日本時間）、一木支隊は六隻の駆逐艦に分乗してトラック泊地を出発。一路ガダルカナル島を目指す。

この間、一木支隊は、大本営に報ぜられたソ連駐在武官からとされる、「米軍のガ島方面の作戦目的は日本軍の飛行基地破壊であって、この目的を達成した米軍は目下日本海空軍の勢力下にある同島よりの脱出に腐心している」という情報と、第八艦隊または第十一航空艦隊による八月十八日付けの「敵は高射砲、戦車若干及び機銃多数を有し、内二、〇〇〇は飛行場西側にあり」といった報告に接したとされる。七〇〇〇以下の敵は、いつの間にか二〇〇〇にまで減じてしまっていたのだ。

一木大佐の傍にいた榊原中尉は駐ソ武官情報に接したことを否定しているが、「アメリカ軍の目的が飛行場破壊にあるらしい」ということは聞いたという。[*6]

後述するように、一木大佐の戦闘指導は、追撃戦闘に準じたものだったのだが、状況判断が「退却するかもしれない二〇〇〇の敵」であるならば、その戦闘指導そのものは間違ったものではなかったのだ。

戦争を通じて、日本軍全体の情報処理と敵情判断には、信じられない疎漏さがある。たしかに各国の軍隊が先入観に囚われて敵の意図や戦力を見誤ることはよくあることなので、それは戦争や軍隊にとって普遍的な事象かもしれない。だが日本軍の場合、一つの戦いのなかで何度も同じことを繰り返すのである。その背景にあるのもまた、彼らの用兵思想上の欠陥であったといわざるを得ない。

日本陸軍の将校たちは、「敵情はわからないことが多いから、行動は任務を基礎として敵情如何にかかわらず自主積極的にすべきだ」と教育・訓練で叩き込まれている。とくに『戦闘綱要』が『作戦要務令』に改訂されるとこの傾向が強くなり、『戦闘綱要』にあった「最も有利に」という文言は「積極的に」と書き換えられ、「敵情判断」「先入主」といった言葉は削除されている。あまつさえ『作戦要務令』の解説書には「徒に打算観念に捉わるるが如きことなからしめられたり」とある。[*7]

このような思想を持つ以上、情報を客観的に精査し、合理的な判断を下すことは難しいだろう。結果、見たいものを見、信じたいものを信じ、誤断を重ねるのであった。

予想される敵兵力が二〇〇〇に減ってしまったのも、自分たちが九〇〇名しか投入できないから、二〇〇〇でなければ困るといった気分が根底にあったのではないかと勘繰りたくなるのである。

最後の火制線

八月十八日二一：〇〇頃、一木支隊主力の九〇〇名は、首尾よくガダルカナル島タイボ岬付近へと上陸した。既述のとおり上陸用舟艇の準備がなかったため、折畳舟（せつじょうしゅう）を数隻ごとにロープで舫（もや）って、それを内火艇（ないかてい）で曳航するという、泥縄的な手法が採られたが、そこは上陸作戦に慣れた日本陸軍のこと、さして混乱もなく二三：〇〇までに上陸を完了した。

ここから目指すルンガ飛行場へは、約二五キロの距離である。支隊がタイボ岬付近を上陸地に選んだのは、ソロモン諸島内の狭水道を通らずにすみ、飛行場までは比較的平坦な地形でかつ、米軍の側面を衝けると考えたためである。もっとも、平坦な地形といっても一木支隊に渡されたのは、航空写真に海図と飛行場付近の素描図でしかなかった。

一木支隊は、意気揚々と行軍を開始し、まずベランデ川を胸まで浸かりながら渡渉し、海岸道を西へと進んだ。海岸道といっても砂地であるため、歩兵砲や機関銃など重火器部隊の隊員は砂に足を取られて苦しんだ。仮に速射砲を揚陸できたとしても、ドイツ製のＰａｋ36は分解しての人力搬送ができないので、おそらく上陸地点に残すしかなかったであろう。

第十七軍も一木支隊も、ガダルカナル島にアメリカ軍が戦車を持ち込んでいることは承知してはいたが、一木支隊の将兵は、そのことをさして心配してはいない。というの

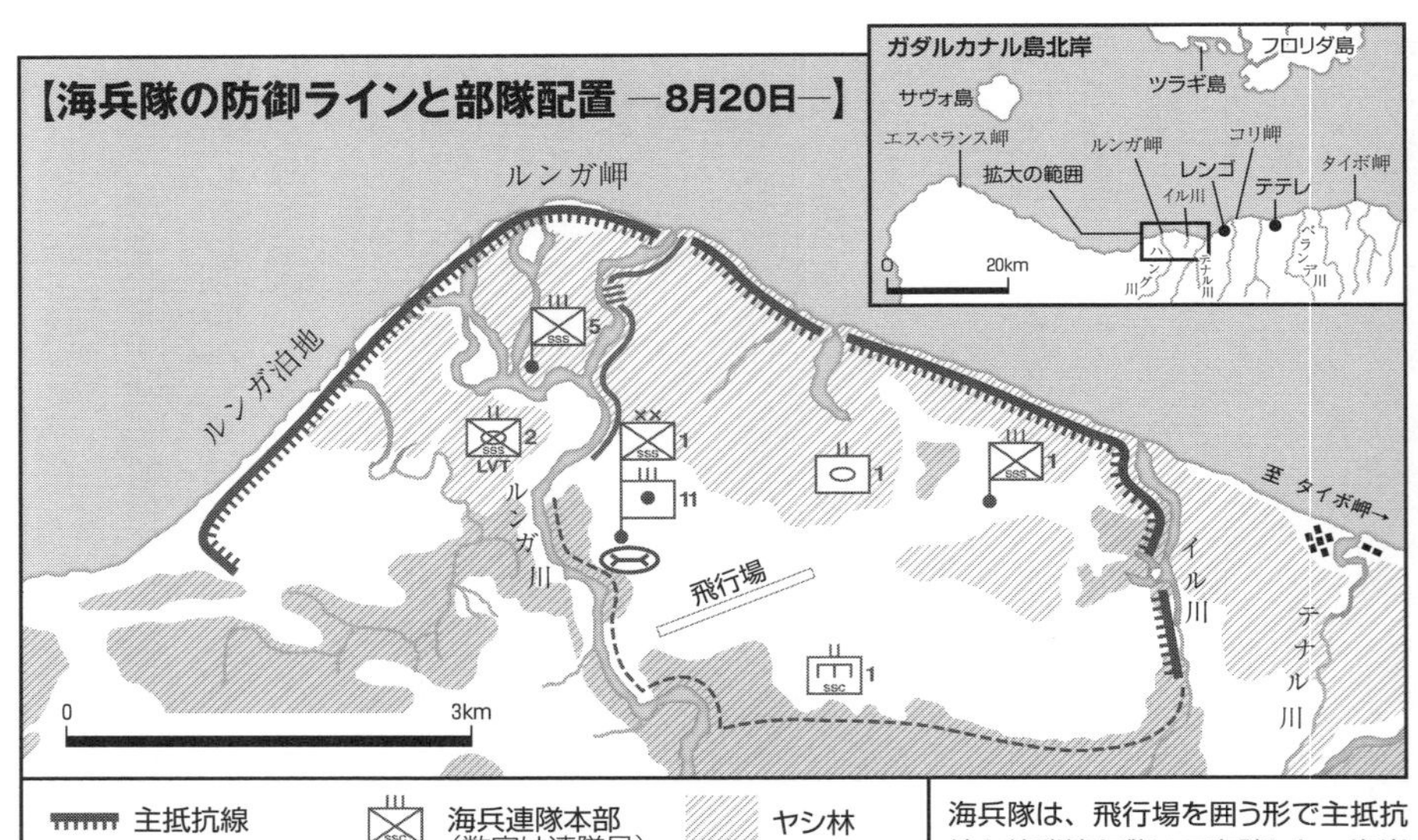

海兵隊は、飛行場を囲う形で主抵抗線と前哨線を敷いて布陣した。海岸線に設けられた主抵抗線から、日本軍の逆上陸を警戒していたことがわかる。南側はジャングルが深いことと兵力不足により、警戒のための前哨線を設けただけだった。

も、日本陸軍、とくに歩兵部隊にとって、対戦車戦闘とは、機関銃で歩兵と戦車を分断し（歩戦分離）、工兵が対戦車肉薄攻撃を行うのが基本だったからであろう。

　精強で戦意旺盛ではあっても、そのほとんどが初陣である一木支隊の将兵たちは、さすがに実戦での行軍にいささか疲労困憊ぎみでタイボ岬西方のテテレに到着（十九日〇四：三〇）。ジャングル内で大休止に入った。行動を秘匿するため、行軍は夜間のみとしていたからだ。

　このとき遠く、ルンガ岬の方から砲声が聞こえた。駆逐艦『陽炎』が艦砲射撃を行っていたのである。

　海軍も、一個中隊の陸戦隊をガダルカナル島に送ったが、彼らはガダルカナル島の残存海軍部隊との連絡が任務で、陸海軍とも端から統一された行動をとるつもりはなかった。

〇八：三〇、一木大佐は、本部通信班長の渋谷大尉以下二一名と将校斥候四組計一九名、あわせて四〇名を先発させた。イル川（日本名：中川）付近に情報所を設けるとともに、将校斥候群はイル川を越えてその前方の飛行場方面を偵察することが目的である。そしてこの小部隊は、同じく偵察に出た海兵隊の一個中隊（第1海兵連隊A中隊）の伏撃に遭った。

　海兵隊側の記録では、四名の将校に率いられた三〇名ほどの日本兵が戦闘隊形もとらずに前進してきたとある。斥候群は敵との接触を予期せずに行軍していたようだ。指揮官の渋谷大尉はノモンハン戦の経験者だったから、これは油断というほかない。

「斥候群交戦中」との報告が支隊本部に入ったのは一四：三〇、一五：〇〇に一個中隊の救援隊を送ったが、一七：〇〇、情報所要員および斥候全滅の知らせが届いた。

　海兵隊は、日本兵の死体から、陸軍部隊が上陸していることを知った。

　一方、一木支隊は再び行軍を開始し、斥候群の生存者を収容するとともに救援隊と合流、コリ岬の西にあるレンゴの集落で再び大休止をとった。すでに日が変わって二十日〇二：三〇のことだ。目指す飛行場までは、直線距離であと一〇キロ足らずである。夜が明けると、海軍の第十一設営隊宿営地付近と思われる地区に敵が活発に行動している様子や、ルンガ岬に敵の舟艇が航走しているのが遠望できた。
ここで一木大佐は重大な決心をする。
日本陸軍が常套的な戦術としていた、二線の攻撃部署による夜襲を行うことにしたのだ。
一〇：〇〇に下達された命令の要旨は以下のとおりである。
第一　方針
支隊は本夜半を利用し、行軍即捜索即戦闘の主義を以て一挙に第十一設営隊付近を奪取。爾後の飛行場方面に対する攻撃を準備す。
第二　攻撃部署
第一線攻撃部隊
第一大隊（第三中隊欠）
第十一設営隊付近を攻撃。
第二線攻撃部隊
第三中隊　工兵中隊
第一線攻撃部隊（が）第十一設営隊付近（を）奪取と同時に超越（し）、ヤモリ川付近を奪取確保。
予備隊
軍旗小隊　機関銃中隊　大隊砲小隊　予備隊は支隊本部後方を前進。特に機関銃中隊及び大隊砲小隊は適時第一線部隊の攻撃に協力すべく準備。
第三　攻撃要領
一八〇〇現在地出発。二二三〇迄に中川の線に進出。第十一設営隊付近陣地に攻撃を準備し、〇二三〇攻撃前進。〇三三〇突入。黎明時を利用し一挙に戦果を「ヤモリ」川方向に拡張す。
（第四から第六まで略）。

第七　その他

　天明迄装塡を禁止する。

すでに海兵隊と戦闘を交えていながら、それに対する処置は全く感じられない命令だ。とくに「第七　其の他」にある「天明迄装塡を禁止する」という命令は、事ここにいたってもまだ、静粛夜襲を行う計画だった。これは無謀を通りこしている。

　しかし、一木大佐に与えられた敵情は、「退却中の敵兵力約二〇〇〇」であり、「攻撃方向は敵陣の側面」なのである。その前提を考えれば、積極的な行動を良しとする日本陸軍にとって、一木大佐の下した命令は、あながち間違ったものではなかったといえよう。

　一木大佐が与えられた、敵は退却中という情報をもって敵の状況を見れば、舟艇が行き来していることは、補給ではなくて撤退中の裏付となる。である以上、昨日の斥候群の全滅は敵の後衛尖兵による伏撃と判断できる。そしてこれから自分たちがぶつかるのは敵の後衛部隊主力であり、であるならば、敵の中心、つまり敵が活発に行動する地域である第十一設営隊跡付近に、一挙に突入するのが、軽装備の我としては、最も成功の算が高い方策である、と考えたのではないだろうか。また、命令には、「捜索」の文言がある。これは先に将校斥候群が敵に伏撃されたことからあえて挿入したと考えられる。追撃戦闘において怖いのは、敵の後衛が仕掛ける伏撃なのだ。——繰り返しになるが——敵が退却中という前提に立てば、一木支隊長は、積極果敢であっても無謀ではないのである。

　一八：〇〇、一木支隊はレンゴを出発。

「行軍即捜索即戦闘」としたため、その移動は敵との接触を予期して、場合によっては屈身と匍匐も併用したものであった。

　二〇：〇〇、テナル川に到達。このとき、支隊本部に先遣の工兵下士官斥候から、「道案内人として捕えた住民が逃亡、これを射殺した際に前方に信号弾が上がった」との報告が入る。だが、一木大佐はそれも意に介さなかった。

二二：三〇頃、尖兵がイル川東岸約一〇〇メートルの地点で短い銃撃を受けた。これは海兵隊の聴音哨だった。アメリカ軍は夜間、防御陣地前方に聴音哨を派出し、さらにそこから集音マイクを出して敵の接近を探知する。一木支隊の尖兵はこの聴音哨から後退する敵を追尾してイル川の東岸に到達した。

照明弾が打ち上げられた。白い光が戦場を照らし、敵陣からの射撃が激しくなった。一木支隊の将兵は、右手に着剣した小銃を持ち、左ひじで体を半身に起こして突撃の姿勢を取る。それを敵陣からの機関銃弾が掃射して行く。地面に這いつくばり、肘とつま先を交互に動かして前進する最低姿勢の匍匐であっても、地面すれすれに飛ぶ機関銃弾は情け容赦なく日本兵の肉体に射ち込まれた。

このとき、海兵隊が作成した射撃図には、機関銃の主射線が他の射線よりも太く記されていたであろう。図上の太い線は、地面すれすれを銃弾が飛ぶ接地射の範囲である。

日本陸軍が、第一次大戦の戦訓から、火力を避けるために夜襲を常用するようになったのに対し、アメリカ軍は、夜間においても防御火力を有効に発揮できる「最終防護射撃」という戦術を編み出していた。この戦術の本質は、敵のいそうな場所に弾をバラまくのではなく、確率論的に敵の攻撃を撃破することを目論んだものである（補章　戦術解説Ⅰ「白兵夜襲VS.最終防護射撃」参照）。本来ならば狙って撃つ機関銃でも、夜間は弾幕射撃を行う。現在では文字どおり「突撃破砕射撃」と呼ばれる。

そしてアメリカ軍の陣地防御は、この最終防護射撃を用いて、主抵抗線（ＭＲＬ）前面において火力で敵を破砕することを基本とする。[*8] 加えて上陸によって築かれた海岸堡は半円形の全周防御陣地を形成する。アメリカ軍の海岸堡には本来、弱点となる側背など存在しないのだ。

第１海兵師団は、この時点では兵力と資材の不足で、南のジャングル地帯には、薄い警戒線を引いただけだったが、地形的に開けた東と西には強固な陣地を構築していた。

一木支隊は、イル川（アリゲーター・クリーク）を主抵抗線とする海兵隊の防御陣地に正面からぶつかったのだった。第１海兵師団は、飛行場の西側を第５海兵連隊、東を第１海兵連隊の担当とし、一個大隊を予備に、中央に砲兵連隊

（第11海兵連隊）を置いて日本軍を待ち構えていたのだ。

全滅

当初、一木大佐は擲弾筒の集中射のもとに渡河を命じたが、どうにもならなかった。ここで、イル川河口部に東西に走る長い〝土手〟を見つけた。ここを突撃路に使用できると判断した一木大佐は、突撃を発起させた。二十一日未明である。

土手に見えたのは、イル川河口部の砂州であった。イル川は、満潮時以外はこの砂州によって河口を塞がれている。つまり、そこを突進すれば、当面する敵陣の右側面をすり抜けられると、一木大佐は判断したのであろう。

だが、川を渡ることができるこの砂州は、当然ながら火力ポケットとなっていた。陣地北側の海兵隊の火器は、ここを側射できるように配置されていた。機関銃の射撃だけでなく、三七ミリ対戦車砲のキャニスター弾[*9]や自走砲の砲撃も交えた側射により一木支隊の将兵は折り重なって倒れた。

一木大佐は諦めなかった。『作戦要務令』には、突撃が頓挫しても「百方手段を尽くして――中略――突撃を反復すべし。縦い後方部隊なきときと雖も幹部と兵との勇気に依り」突撃を復行し目的を達成せよと書かれている（第二部第三章第百四十四条）。

一木大佐は、機関銃と大隊砲に海兵隊陣地を制圧させ、なおも突撃を続行させた。一部の将兵は、鉄条網の間隙を縫って第2大隊の陣地を抜けた。しかし、それでどうにかなるような状況ではなかった。夜が明けようとしていた。黎明とともに、機関銃や三七ミリ砲の死角に迫撃砲と榴弾の集中射が浴びせられ、一木支隊は戦闘力を失った。予想だにしなかった火力と、瞬間的ともいえる大損害に、おそらく一木大佐をはじめ生存将兵のほとんどは麻痺状態に陥っていたはずだ。

夜明けとともに海兵隊の逆襲が始まった。逆襲により主抵抗線前面の敵を撃破し、そこを完全に確保しなければな

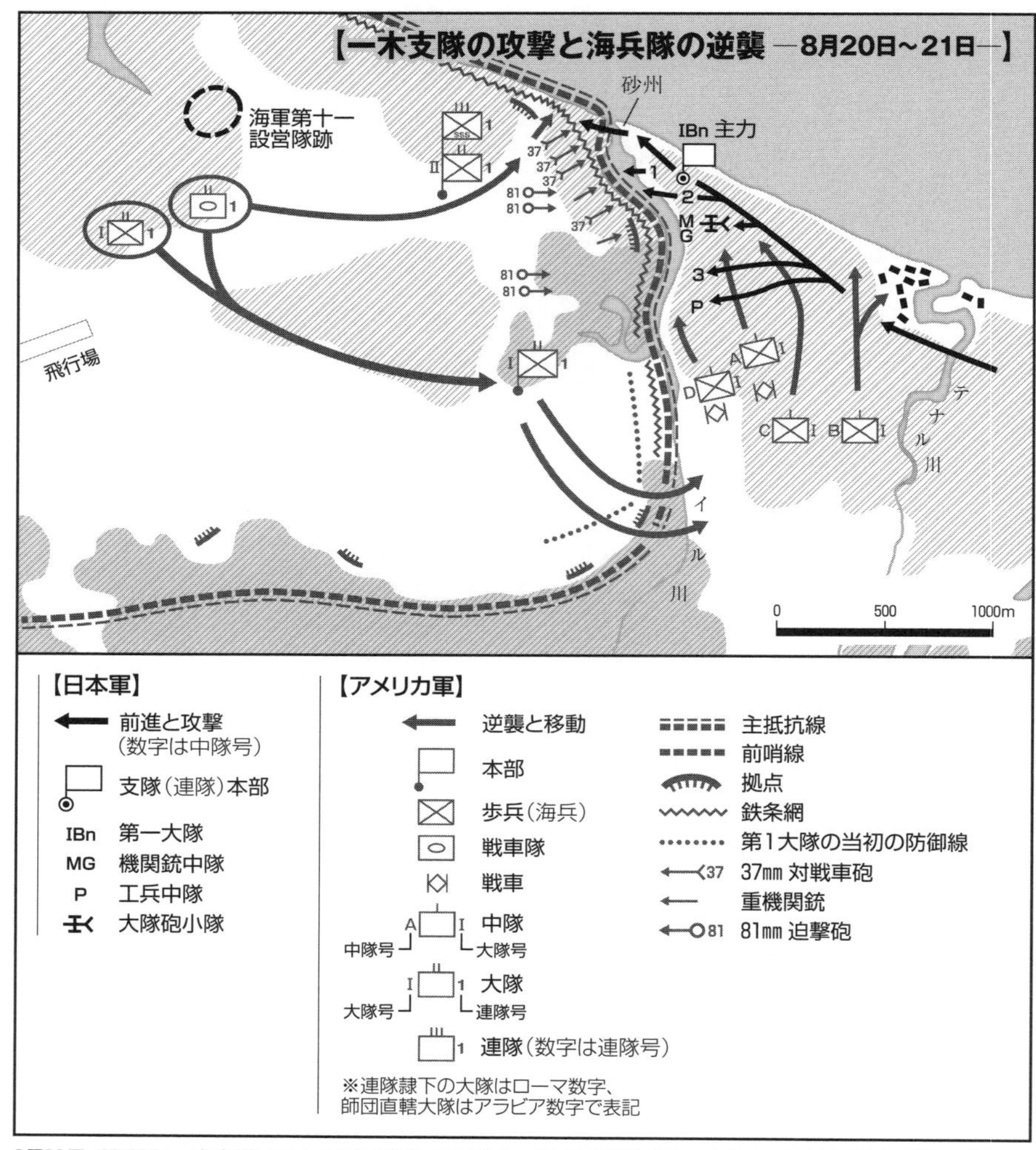

8月20日、20:00に一木支隊はテナル川に到達。22:30頃、イル川東岸約100mの地点で銃撃を受けて戦闘が始まった。イル川東岸に展開した一木支隊は重機関銃と歩兵砲の支援を受けて渡河を試みるが、海兵隊の防御銃火によって阻止される。翌21日の夜明けまで一木支隊は突撃を繰り返したが、夜明けとともに海兵隊の逆襲が始まった。第1海兵大隊は、一木支隊の側面と背後を衝き、午後には戦車を投入して、一木支隊を包囲殲滅した。

らないからだ。師団予備の第1海兵連隊第1大隊が投入され、午後にはM3軽戦車も出動した。すでに一木支隊には機関銃もなく、対戦車戦闘を担うべき勇敢な工兵たちはイル川正面で全滅していた。

海兵隊は、火力による拘束と、機動打撃部隊の逆襲によって、一木支隊の残余をイル川東岸河口部に追い詰めて、模範的な「包囲殲滅」を行ったのだった。

ガダルカナル島における一木支隊の戦いは、従来言われているような時代遅れの装備や一木大佐の無謀な指揮によって敗北したわけではなかった。歩兵学校教官を長年務めた一木清直大佐は、日本陸軍の用兵思想に忠実だっただけなのだ。

その用兵思想とは、一言で言えば、国力の低い日本が「東亜の大陸」において戦争を「即戦速決」で終わらせるためのものだった。そしてそのために必要がないと判断したものを捨ててきた用兵思想であった。だがその結果、兵器や装備だけでなく「合理的な状況判断」という軍隊の行動にとってもっとも重要な事柄までスポイルしてしまったのである。さらに明治後半から大正を経て昭和に続く「根本主義」とされた白兵戦闘への〝信仰〟は、悲劇をより一層拡大させた。一木支隊の敗北は、物量によるものではなく、用兵思想の敗北であった。

一木支隊の戦死者七七七名、戦傷者約三〇名、生存者は上陸地点に残置された者も含めて一二八名。

一木大佐は、軍旗を奉焼し自決したことになっている。だがその最期を見た者はいない。

〝白兵信仰〟を生み出した日露戦争において二〇三高地の頂上に掲げられた軍旗は、二度と再び旭川の地に戻ることはなかった。

●註

＊1＝七日に一木支隊に発令されたのは、「直ちにグアム島に引き返し乗船のまま待機。使用予定東部ニューギニア」という趣旨の参謀総長指示。

＊2＝防衛庁・戦史室への証言。戦史叢書『南太平洋陸軍作戦〈1〉』。

＊3＝駆逐艦『陽炎』水雷長・高田敏夫少佐、航海長・市来俊男大尉の証言（亀井宏『ガダルカナル戦記　第1巻』）。
＊4＝支隊本部通信掛・榊原義章中尉、第一大隊附・坂本克己軍医中尉、配属速射砲中隊小隊長・乾源治郎少尉の証言（亀井宏『ガダルカナル戦記　第1巻』／同『ミッドウェー戦記』／乾源治郎『私のガダルカナル』）。
＊5＝だからといって、必ずしも松本元中佐が虚偽を述べているわけではないであろう。念のため。
＊6＝亀井前掲書。
＊7＝前原透前掲書。なお具体的に述べると『戦闘要綱』の「第一篇　戦闘指揮」の「第一章　戦闘指揮の要則　第五条」にある「状況を判断するには――中略――最も有利に我が任務を達成すべき方策を定むべきものとす」が、『作戦要務令』の「第一部　第二篇　指揮及連絡　第八条」では「状況を判断するには――中略――積極的に我が任務を達成すべき方策を定むべきものとす」と変更されている。また解説書の書名は、教育総監部校閲『作戦要務令注解』。
＊8＝海兵隊の戦術教範を入手することはできなかったが、ガダルカナル戦をはじめ、海兵隊の地上戦闘は、ほぼ陸軍と同様の戦術を採ることや、上陸作戦などは陸軍と海兵隊で共通の教範を使用していることから、本章では「FM100-5OPERATIONS」の一九四一年版を参照した。
＊9＝弾頭に一二二発の散弾が内蔵されている対人用砲弾。

●主要参考文献
防衛庁防衛研修所戦史室編『戦史叢書　南太平洋陸軍作戦〈1〉』（朝雲新聞社、1968年）
防衛庁防衛研修所戦史室編『戦史叢書　大本営陸軍部〈4〉』（朝雲新聞社、1972年）
亀井宏『ガダルカナル戦記　第1巻』（光人社、1975年）
前原透『日本陸軍用兵思想史』（天狼書房、1994年）
菅原進『一木支隊全滅』（私家版）
乾源治郎『私のガダルカナル』（私家版）
『作戦要務令』（復刻・池田書店、1979年）
『昭和四年度第一次演習　参謀演習旅行記事』（偕行社）
陸軍少将田辺聖『作戦要務令原則問題ノ答解要領　第一部』（兵書出版社、昭和14年）
Historical Branch, G-3 Division, Headquarters, U.S. Marine Corps. *History of U.S. Marine Corps Operations in World War II Pearl Harbor to Guadalcanal.*　＊web版
FIELD SERVICE REGULATIONS　FM100－5 OPERATONS（1941).　＊web版

日露戦争時、第一軍の黒木為楨司令官と藤井茂太参謀長【第一章】

盧溝橋の当時の様子【第二章】

牟田口廉也大佐【第二章】

日本軍によって占拠された盧溝橋、7月11日【第二章】

昭和17年6月5日、輸送船「善洋丸」船上で行われた一木支隊の軍旗祭。 この日は、郷土、旭川の北海道招魂祭の例大祭の日でもあった【第三章】

1942年（昭和17年）5月、ミッドウェー島への出征を前に北海道護国神社へ参拝する支隊の将兵たち。後ろ姿は一木大佐【第三章】

1942年8月21日、海岸部で殲滅された一木支隊【第三章】

一木清直大佐【第三章】

戦局に「決定的な意義」を与えた、
戦車中隊の挺進攻撃

第四章

兵は「機動」にあり

島田戦車隊　スリム殲滅戦

機動戦（Maneuver warfare）といえば、例えば敵側背、あるいはその深奥部への大胆な突進をイメージするであろう。だがしかしそれは機動の手法でしかない。「機動」とは簡単に言えば、自らの「運動」によって敵を不利な体勢に追い込むことである。

また機動戦には広大な――例えばロシアのステップのような――空間が必要と思われることが多い。しかし、Maneuverには、「策略、策動、巧妙な措置」といった意味もある。つまり、軍隊を運動させる余地のない空間であっても、またその運動が敵の正面からの攻撃となっても、火力や兵力という力ではなく、策略、策動あるいは巧妙な措置によって、敵を出し抜き我が目的を達成するのであれば、それは機動戦になるのである。そしてそれは、むしろ機動戦という言葉よりも、孫子の名言「兵は詭道なり」に倣い「詭道戦」と称したほうがよいかもしれない。

太平洋戦争初頭、シンガポールを目指すマレー半島の密林で、島田豊作という戦車中隊長が行った戦いは、そうした戦いであった。

マレー半島に上陸した第二十五軍は、マレー半島の東西両岸を南下したが、幹線道路と鉄道が走る西岸が主攻軸であった。一方、イギリス軍にとって英領マレーの首都クワラルンプールの防衛は、マレーの戦いにおいて重要な局面で、トロラックとスリムは、その前衛に位置していた。

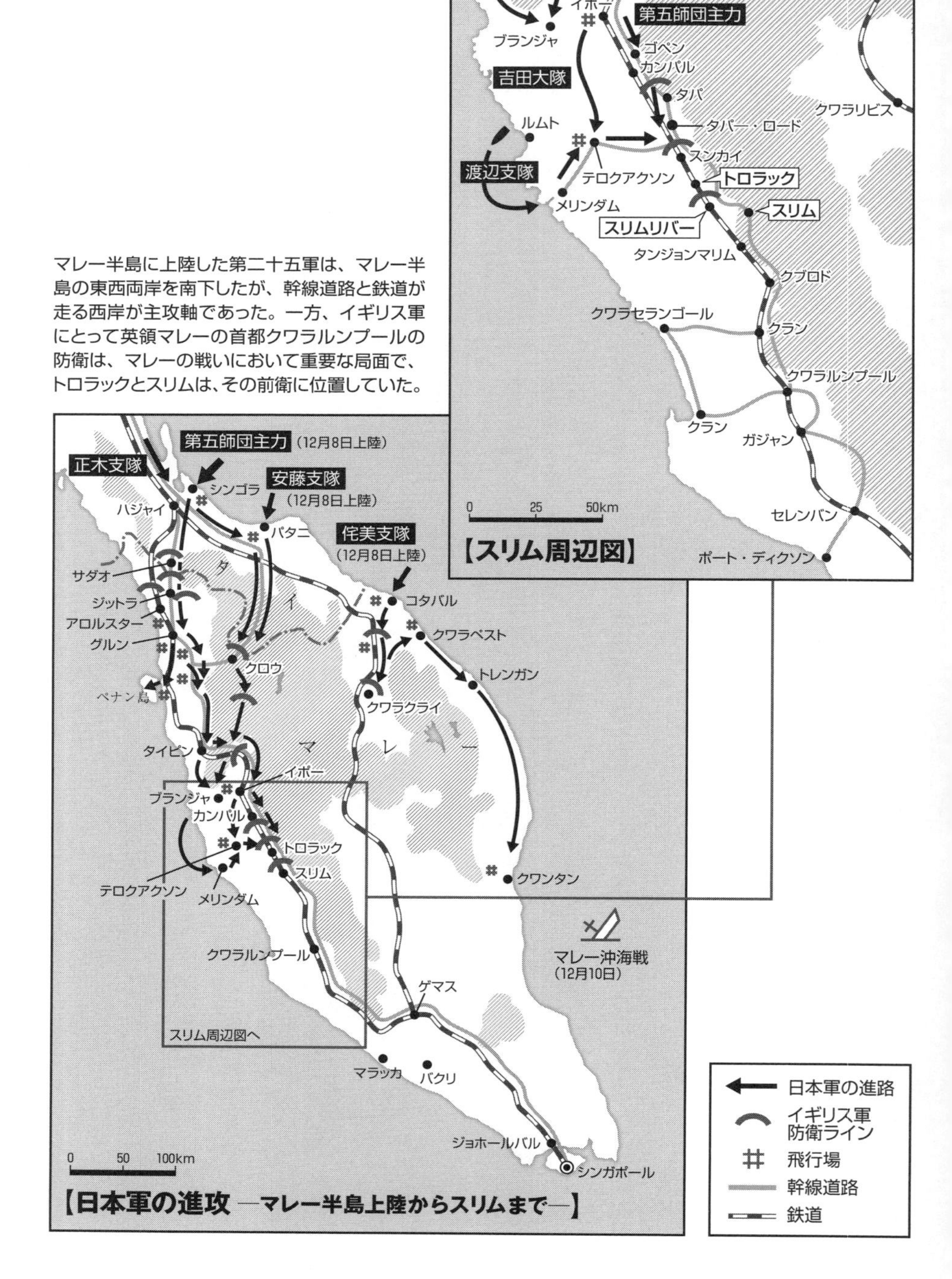

戦線へ

熱帯雨林気候に属するマレー半島は、一月でも日中は三〇度を超える日が多い。朝に摘み取った擬装用の草木は、昼にはしなびてしまう。それでも戦車に椰子の葉は手放せなかった。偽装というよりもむしろ日除けとして有用だったからだ。

戦車第六連隊第四中隊長の島田豊作少佐が、配属を命じられた第五師団歩兵第四十二連隊の本部へと出頭したのは、開戦からすでに一か月が経とうしている昭和十七（一九四二）年一月六日のことである。その著書[*1]によると時刻は「午後三時」であった。これは後述する理由から、現地時間（日本標準時で一七：〇〇）の可能性もある。なお日本標準時とマレー半島の時差は二時間[*2]となっていた。どちらにしても島田は、うだるような暑さのなか、中部マレー、トロラック（トロラク）北方の連隊本部へと到着した。

彼は、斥候からの報告を受けるなどして忙しく指揮を執る連隊長の安藤忠雄大佐から攻撃の腹案を聞くと、すぐに最前線へと向かった。指揮官としてはまず彼我の状況を確認しなければならないし、とくに戦車の行動には地形の偵察が絶対に必要であったからだ。さらに島田は、戦車隊指揮官として、ある秘策を心中に温めていた。そのためには身を挺して最前線を観なければならないのである。

島田は、陸軍士官学校四十五期生、このとき二十九歳。もうすぐ三十歳になるところであった。二十二歳の初陣から、何度も実戦を経験し、中国戦線で戦車隊を指揮していた彼は、ベテランの野戦将校らしく無理な戦いをしないことで部下の信頼を集めていた。だが彼は打撃兵種である戦車の究極の存在意義は――かつての騎兵と同じように――自らを犠牲にしてもなお、全軍の戦捷に寄与することであることも理解していた。

マレー戦の戦術的特徴

昭和十六年十二月八日未明、マレー半島に上陸した第二十五軍の任務は、南方資源地帯への障壁であるイギリスのシンガポール要塞を速やかに落とすことであった。しかしそれは当初、きわめて困難な作戦だと考えられていた。マレー半島は、第二十五軍主力が上陸したタイ領シンゴラから、シンガポール対岸のジョホールバルまで道路に沿って約一〇〇〇キロ。密林に覆われた山脈が南北に走り、その山脈から大小の河川が流れ、河口部には密林と低湿地が広がる。主要道路は、山脈に沿うように走っており、山際では山脈から延びる低い支尾根を突っ切る切通しが点在する。これは軍事的な観点からは、大小の河川に分断された長隘路が連続する地形といえた。

こうした地形は、日本軍が得意とする――というよりは『作戦要務令』に書かれた――包囲行動と、それによる敵軍の殲滅が著しく困難なことを意味した。これは守るイギリス軍からすれば、隘路の遠端（自軍から見て隘路の遠い端）を閉塞すれば少ない兵力でも防御が成立するということになる。

とはいえ、上陸した日本軍の攻勢は比較的順調ではあった。捜索第五連隊を基幹とした佐伯挺進隊による国境陣地（ジットラ・ライン）の電撃的突破で攻勢に弾みがつき、かつ開戦劈頭の航空撃滅戦によってマレー半島上空の航空優勢を得たことで戦いの主導権を握れたからである。

また、大部隊による包囲行動が不可能な地形とはいっても、軽装備の歩兵小部隊ならば、側面攻撃や迂回が可能な場合もある。日本軍の各部隊は主力を正面から突っ込ませ、一部を地形にかまわずに側背に向かわせるという戦法を多用してイギリス軍を後退に追い込んだ。もっともこれは、状況に合わせた工夫というよりは『作戦要務令』に記された定型的な戦い方だった。[*3] そしてこれがマレー戦の場合、図に当たったのだった。なぜなら、隘路の戦闘であるため、守る側も後方連絡線を隘路内のたった一本の道路に頼るしかないからだ。開けた地形と違い、後方に廻られたらお仕舞いなのである。

余談になるが、日本軍は、なかば地形を無視した「隘路溢出と包囲」を無意識のうちに定形化しており、これがその後のソロモン、ニューギニア、ビルマ西部といった本当の密林や山岳地帯で、迂回部隊が四分五裂したり、戦力の集中を欠いた攻撃の原因の一つになる。

さて、こうして隘路遠端の防御を破られると、イギリス軍は一挙に隘路近端または次の隘路口へと部隊を下げざるを得なくなる。日本軍に主導権を握られたことから、イギリス軍の戦闘指導は、敵軍と十分な距離をとって防衛ラインを再構築するために逐次の後退となったので、かえって第二十五軍の進撃は捗ることになった。

しかしながら、第二十五軍も隷下の各部隊も、その戦いに満足しているわけではなかった。なぜなら、イギリス軍の大部隊を捕捉・撃滅することができなかったからだ。第二十五軍主力の近衛、第五両師団は、イギリス軍が後退の際に行った橋梁や道路の破壊により、自動車編制の機動力を活かせなかったのである。そして、このままイギリス軍が戦力を温存しながら後退するということは、最終的にシンガポールの守備部隊が増加することを意味していた。

トロラックとスリムの隘路

十二月中の戦いはこうして終始したが、英領マレー（マレー連合州）の首都クワラルンプールに近づくにしたがい、イギリス軍の抵抗も激しくなった。作戦第一段階の目標としていたペラク河の橋梁群がイギリス軍によって落とされ、彼らに防備を固める時間的猶予を与えてしまったからだ。

クワラルンプールへの最も有効な接近経路は、マレー半島縦貫鉄道と並走する幅約六メートルの道路であった。この道路はカンパルからラワンまでは、東が脊梁山脈の山脚部、西が低湿地と丘陵地帯という典型的な長隘路を形成し、とくにスンカイ～タンジョンマリム間は、山に沿って曲がりくねっている。

十二月二十七日、第五師団の先鋒・河村部隊（歩兵第九旅団主力）は、カンパル北方のゴペンで有力なイギリス軍に遭遇。激しい戦闘を交えながら前進したが、カンパルにおいて攻撃に行き詰まった。このとき河村部隊には、師団砲兵とともに、戦車第六連隊の第三中隊が配属されている。

第五師団がようやくカンパルの陣地を抜いたのは年が明けて一月二日の夜のことだった。イギリス軍の後退理由は、カンパルを直接攻撃した河村部隊の力攻ではなかった。カンパル後方のタパー・ロードに脅威を与えることができるテロクアクソンへ海上機動を行った渡辺支隊（歩兵第十一連隊基幹）によるものであった。結局、ここでも日本軍はイギリス軍の大部隊を取り逃がしてしまったのだ。

第五師団は追撃目標をタンジョンマリムとして、後退するイギリス軍への追撃を開始した。歩兵第四十二連隊が、河村部隊を超越して戦闘に加入し、師団の先鋒となったのは一月二日であった。同日、島田少佐は、自らが率いる第四中隊と軽戦車中隊（第一中隊・野口大尉）を併せて指揮し、歩兵第四十二連隊の配属部隊となることを命じられた。「島田戦車隊」とはこのときに名づけられた便宜的な名称である。

進撃を始めた島田戦車隊ではあったが、しかしそれはすぐに停止してしまった。例によって橋梁破壊だ。イギリス軍は、カンパル～トロラック間で四か所の橋を破壊。追撃は、歩兵の単独行となった。第二十五軍は、自動車編制の利点が活かせないだけでなく、突破力を増強するために軍の戦闘序列に組み込まれた三個の戦車連隊、すなわち第一戦車団の第一、第六、第十四連隊を活かすこともできなかったのである。

一月五日、歩兵第四十二連隊の前衛を担う第一大隊の進撃は、トロラック西北の道路上でイギリス軍の抵抗に遭い、激しい阻止砲火のため食い止められた。ただしこれは、第一大隊長の丸谷少佐にとっては、ある程度は予測されたことでもあった。というのも、航空偵察の結果、軍司令部と師団司令部は、後退した敵の主陣地はタンジョンマリムに在るとしていたが、丸谷少佐は、地図上の地形判断から、敵は、隘路口でかつ道路が屈曲しているトロラックを中心に数線の陣地を設けるはずだと考えていたからだ。

安藤連隊長はこの意見具申を取り入れ、第一大隊に左翼のジャングルを、第二大隊に右翼の低湿地を迂回させてトロラック後方に進出させるとともに、配属された戦車と重砲（一個中隊）の協力のもと、七日払暁時に主力で道路上を突破させるという攻撃計画を策定した。

翌六日早朝、第一、第二大隊が出発。連隊は、さらに敵陣の偵察に努めた結果、第一線陣地の位置と、その陣前にコンクリート柱でできた対戦車障害物が存在することを突き止めた。やがて到着するであろう戦車隊のために、大隊砲と連隊砲がこれを射撃したが、破壊することはできなかった。

一六：三〇頃、敵陣後方で大きな爆発音が立て続けに起きた。安藤連隊長はこの爆発音を左右両迂回部隊の行動を察知したイギリス軍が、退却のために橋や道路を破壊していると判断。計画を変更して、さっそく追撃に移った。しかしこれは雷鳴を勘違いしたもので、前進を開始した第三大隊は猛烈な阻止砲撃を受けることになった。

こうした勘違いは、ひたすら強行軍を続けてきた疲労、迅速に陣地を突破しなければというプレッシャー、イギリス軍に何度も肩透かしを喰らってきたという経験が原因と思われるが、前線指揮官の心理的疲労が垣間見られるエピソードではある。

ところで、冒頭において島田少佐が連隊本部に到着した時間を「一七：〇〇頃ではないか」としたのは、彼が著作でこのエピソードに触れていないことから判断したものだ。島田の著作では、以後の行動も他の記録と時間が大きくずれている。一方、歩兵第四十二連隊とイギリス軍の記録[*4]は、時差を補正するとほぼ同じである。したがって以後、時間に関しては歩兵連隊側の記録を主に使用していきたい。

ともあれ安藤連隊長は、昼間攻撃は不可能だと判断した。だが、払暁攻撃も可能かどうかはわからない。払暁攻撃のために夜間一個大隊が前進すれば、ＳＯＳ射撃[*5]とよばれる突撃破砕のための弾幕射撃に捕まる可能性が高いのだ。

戦車夜襲

一月五日以来、歩兵第四十二連隊の第一線は、イギリス軍陣地を隔てること約一五〇〇メートルの位置にあった。第一線から敵陣を観察した島田少佐は、イギリス軍陣地の堅固さに舌を巻いた。道路はこの先やや下り、湿地に流れ込む小流が横切り、その先に鉄条網と対戦車障害物が設けられ、そこから緩い上り坂となり切通しのなかを左にカーブしている。

「すごい陣地だろう。どうせ、いずれは退却する敵だ。無理することはないよ」[*6]

第三大隊長の小林少佐が声をかけたが、島田少佐が戦いに臨み、ずっと考え続けてきたことは、どうすれば敵を退却させずに、捕捉殲滅するかということであった。

島田少佐の考えていた秘策とは、戦車の打撃力と速度を活かし、敵陣に突入したらそのまま敵中を突破、敵の後方要点を占領してしまうことだった。戦車という兵器が持つ〝ショック・アクション〟によって敵を麻痺状態に陥れ、少なくとも戦術次元での全縦深を一挙に突破しようというのである。だが、この堅陣に対してそれができるのかどうか。昼間の突入では、砲兵と歩兵の堅密な支援がなければ、戦車は速射砲（対戦車砲）の餌食となってしまうだろう。

島田は翌日の攻撃で先鋒となる予定の中隊長（おそらく第十一中隊長代理の岡本少尉）に、戦車が掩護すれば歩兵が突入できるかどうかを尋ねた。彼はしばらく考えていたが、「でも（敵の）砲弾が」と、つぶやいた。自信がないということだ。軍隊はたしかに命令で動くものだが、そこは人間の組織だ。第一線が自発的に自信を持って行動するのが最も良い結果を残す。

島田は決心した。夜襲によって戦車が真っ先に敵陣に突入し、突破するのだ。

しかし、島田少佐が連隊本部に戻ると、先に伝えられた腹案どおり、すでに行動を始めた迂回部隊に連動した払暁攻撃の命令が下達されたところであった。歩兵の考えでは、この状況においては、戦車は火力支援にしか使えないと判断したのであろう。

ここで島田少佐は、命令下達が終わっているにもかかわらず、戦車夜襲による突破と、それに引き続く歩兵主力の払暁攻撃という自案を強硬に主張した。これは軍隊にとって異例のことであるとともに、日本軍の組織文化では暴挙であった。とはいえ、任官時に戦車という新兵器に憧れながらも機甲将校としては後述するように傍流を歩いてきた島田にとって、この戦いにかける意気込みは並々ならぬものがあった。

だが彼は、安直に夜襲を行おうとしたわけではなかった。戦車という兵器は夜間戦闘能力が皆無という、当時の各国共通の認識を逆手にとり、戦車夜襲は奇襲になり得ると判断したのである。つまり、島田案の本質は、「夜襲」ではなく、「奇襲」を追求するものであったのだ。

幸いなことに、日本陸軍の〝夜襲信仰〟ともいうべきものが、この奇襲に可能性を与えた。昭和十（一九三五）年に制定された『戦車隊教練規定』でも、『戦車操典』（同十五年制定）でも、戦車の夜間行動は重視されており、その訓練も行われている。またノモンハンの戦いでは、戦車第四連隊が実際に夜襲を行っている。

さらに島田は、味方への批判になるにもかかわらず、カンパルの戦闘を引き合いに出してまで連隊長を説得した。カンパルの戦闘では、戦車は火力支援に使用されたが、戦闘には寄与することができず、あまつさえ第一線突撃中隊となった第四十二連隊の第十一中隊は、中隊長が戦死するなど大きな損害を被っている。

論理的かつ気迫溢れる島田少佐の説明に、安藤連隊長の心は傾いた。ここで島田は、最後の条件を切り出した。歩兵と工兵一〇〇名ほどの配属である。工兵に対戦車障害物の排除を、歩兵には近接戦闘が生起した場合に戦車を直接掩護してもらうためだ。

安藤連隊長は躊躇した。無謀と思われる攻撃に、部下を投じることは避けたい。だが島田は、戦車の火力支援によって、歩工兵は安全であることを強調した。

安藤連隊長は、作戦指導のために連隊本部を訪れていた師団作戦参謀の緒方中佐と相談し、ついに決断した。

〝歩兵第四十二連隊は、歩兵・工兵を配属した島田戦車隊を先鋒とし、夜襲により敵陣を突破。それに続き、払暁主力の攻撃を開始する。突破目標はトロラック〟。

緒方参謀は、

「軍司令官にも師団長にも、私から、よく申し上げておくから、思うとおりしっかりやってくれ――後略――」

と、島田の手を握って励ました。

異例ともいえる計画変更は、しかし意地の悪い見方をすれば、当初の攻撃計画自体に自信がないことの裏返しともいえる。また島田案ならば計画変更に伴う各部隊の再調整は最小限で済む。とくに一番面倒な砲兵の射撃計画と歩砲の協同要領の変更は無い。その意味で歩兵連隊側には呑みやすい案であったといえるだろう。

ちなみに『作戦要務令』では、戦車隊の運用基準を、歩兵に直接協力する場合は、当然ながら歩兵指揮官（この場合は安藤連隊長）に指揮されるが、敵後方への挺進任務では、師団長の直轄で使用するとしている。*7 もっとも師団長は後方にいるので、実際は師団の全般計画を承知している参謀が指導に当たることになる。

この時点での島田の攻撃プランは、挺進行動ではないが、さりとて歩兵直協（ちょっきょう）でもないという微妙なものであったが、緒方作戦参謀は、島田戦車隊の行動を承認している。島田は、その著書のなかで、緒方参謀とのやり取りを細かく描写しているので、緒方参謀に自らの攻撃プランの保証人になってもらったつもりだったのかもしれない。ベテランの将校らしい立ち回りと見るのは穿ちすぎかもしれないが、それだけ島田の攻撃プランと意見具申のタイミングは、常識から外れたものだったということの証左にはなろう。

ともあれ、攻撃開始予定は、翌七日未明〇三：三〇（現地時間〇一：三〇、島田の著書では午前零時ちょうど）となった。工兵の対戦車障害爆破とともに島田戦車隊主力（第四中隊と第一中隊の一個小隊）は攻撃開始。払暁時に第一中隊とともに歩兵主力が突入。突破第一目標は、敵第一線後方約四キロの砲兵陣地があると思われる三叉路。突撃隊形は、縦隊。各戦車に一個分隊の歩兵がつく。

島田は後方に待機させてあった自隊の指揮官たちを呼び寄せて敵陣を観察させ、協同する歩兵中隊長（第九中隊の

スリム殲滅戦 日英参戦部隊

【日本軍】
- 安藤部隊
  - 歩兵第四十二連隊
  - 島田戦車隊
    - 戦車第六連隊第四中隊　九七式中戦車×10　九五式軽戦車×2
    - 戦車第六連隊第一中隊　九五式軽戦車×13
  - 野戦重砲兵第三連隊の一個中隊　九五式15cm榴弾砲×4

【イギリス軍】
【トロラック地区隊】
- 第12旅団（第11インド師団）
  - 第19ハイデラバード連隊第4大隊
  - 第2パンジャブ連隊第5大隊
  - 第14パンジャブ連隊第5大隊
  - アールグレイ&サザーランド・ハイランダーズ連隊第2大隊
  - 第137野砲連隊　25ポンド砲×24
  - 第3インド騎兵連隊　装甲車
  - 第215対戦車砲連隊の1個小隊　2ポンド対戦砲×4

【スリム地区隊】
- 第28グルカ旅団（第11インド師団）
  - 第1グルカ・ライフル連隊第2大隊
  - 第2エドワード7世グルカ・ライフル連隊第2大隊
  - 第9グルカ・ライフル連隊第2大隊
  - 第155野戦重砲連隊　4,5インチ榴弾砲×16
  - 第215対戦車砲連隊の1個小隊　2ポンド対戦車砲×4

*その他、スリム鉄橋に高射砲（第47軽高射砲連隊の一部?）

諸隈中尉）および工兵小隊長（大島少尉）と細部を協定。そして命令を下達した。

日没以後、食事と整備を済ませた戦車隊は、エンジン音を響かさぬよう、ごく低速で行進し出発位置に進入した。二一：三〇頃である。この日、月の出は二三：三四だから、行進間は闇の中である。車長たちは車外に出て、白旗で合図を出しながら、約三キロの道のりを戦車を誘導してきた。

明けて七日〇二：〇〇、大島工兵小隊が、鉄条網鋏と爆破器材のみをもって敵陣に潜入する。月齢は満月にやや欠ける一八・七だったが、おりよく降り出したスコールが、工兵隊の行動を隠した。

突入セヨ。前へ

トロラック——スリム地区を守るイギリス軍は、開戦時にタイ国境からマレー半島西側を防衛していた第11インド師団であった。同師団は一個旅団近い戦力を、佐伯挺進隊のジットラ・ライン突破時に失っているが、その後ねばり強く第二十五軍の主力と戦い続けてきた。

一月四日、第11インド師団の師団長パリス准将は、トロラック～スリム間の隘路を二つの陣地帯地区（トロラック・セクターとスリム・セクター）に区分し、前者をポート・デイクソンから後退してきた第12旅団（当初インド第3軍団予備）に、後者をイポーから後退してきた第28グルカ旅団に担当させ、野戦砲兵連隊、野戦重砲兵連隊。[*8]対戦車砲二個小隊等を配属した。また、スリムの鉄橋には高射砲部隊（第47軽高射砲連隊の一部と思われる）が配置についていた。イギリス軍の歩兵旅団は、日本軍の歩兵連隊とほぼ同一規模だから、第11師団は歩兵戦力で倍、陣地防御の骨幹となる砲兵火力では、定数どおりの装備なら三倍となる。

しかしながら、第12旅団の一個大隊は移動中。第28旅団の一個大隊は、一月六日の段階で未だ展開が終わっておらず、さらに重砲兵連隊も、中隊単位で移動中であった。これは、日本軍の第三飛行団に所属する襲撃機戦隊（第二十七戦隊）の阻止攻撃の影響であろう。第二十七戦隊は、一月二日にイポー飛行場に進出すると、カンパル以南の敵を攻撃。とくに五日には一〇次にわたり出動している。

一月七日〇三：三〇、諸隈中尉指揮の第九中隊主力（第一、第二小隊）は予定されたように敵陣前一〇〇〇メートルの道路脇に進出した。計画どおりならこの時間に工兵が障害を爆破する予定であった。だが、隠密作業のため鉄条網の切断に手間取っていたのである。なにしろ音をたてずに切断しなければならないのだ。

〇四：五〇、敵陣、道路中央で巨大な火柱が立ち昇った。続いて青吊星（あおつりぼし）の信号弾。爆破成功の合図である。

島田少佐は吸っていた煙草を投げ捨てて、車内に滑り込み、勢いよくハッチを閉めた。

「各、カク、カク、時速八キロ、無灯火、車間距離十メートル、突入せよ、前へ」

〇五：〇五、歩兵の待機位置まで戦車が進出、速度は時速四キロまで落としたが、そのまま止まらずに前進する。諸隈中尉は打ち合わせどおり、戦車隊の尖兵小隊（渡辺小隊）に、工兵と第一小隊を配属させ、残りを各分隊ごとに戦車に随伴させた。

敵はまだ撃ってこない。敵陣への距離は刻一刻と短くなる。

破壊した対戦車障害物に先頭戦車が到達したとき、敵陣は一斉に火を吹いた。これに対し、島田隊の戦車も次々に発砲を始めた。姿勢を低くしながら戦車とともに進む歩兵は、「火炎のトンネルの内に位置するごとき心地」だったという[*9]。だが、敵の砲弾のほとんどは後方に着弾し、銃弾が戦車の砲塔や車体上部に当たるだけであった。戦車に当たった弾の跳弾を避けるため、諸隈中尉は戦車から離れるように部下に指示したが、島田少佐が言ったとおりに、さして損害は出なかった（諸隈中尉自身は負傷している）。

島田少佐の狙いはこれであった。奇襲効果と速度さえあれば陣前の弾幕地帯を突破することは可能であり、弾幕地帯を突破しても、奇襲効果が続けば機関銃などの直射火器は、咄嗟に図体の大きな戦車を狙ってしまう[*10]。

島田少佐は、虎頭要塞の国境守備隊で中隊長を務めている。陣地防御での火力運用に関しては、一般の歩兵将校よりも造詣が深かったのである。

各戦車は、走りながら射撃する行進射と、躍進射（行進中に目標を捕捉・照準し、停止と同時に射撃する射法）を繰り

【イギリス軍第一線陣地と島田戦車隊の態勢 ―1月6日深夜～7日未明―】

島田戦車隊は、当初はイギリス軍の第1陣地帯を突破する計画だったが、島田少佐の俊敏で大胆な決断により、戦局に大きな影響を及ぼす作戦次元での機甲突破となった。

【「スリム殲滅戦」―1月7日～8日―】

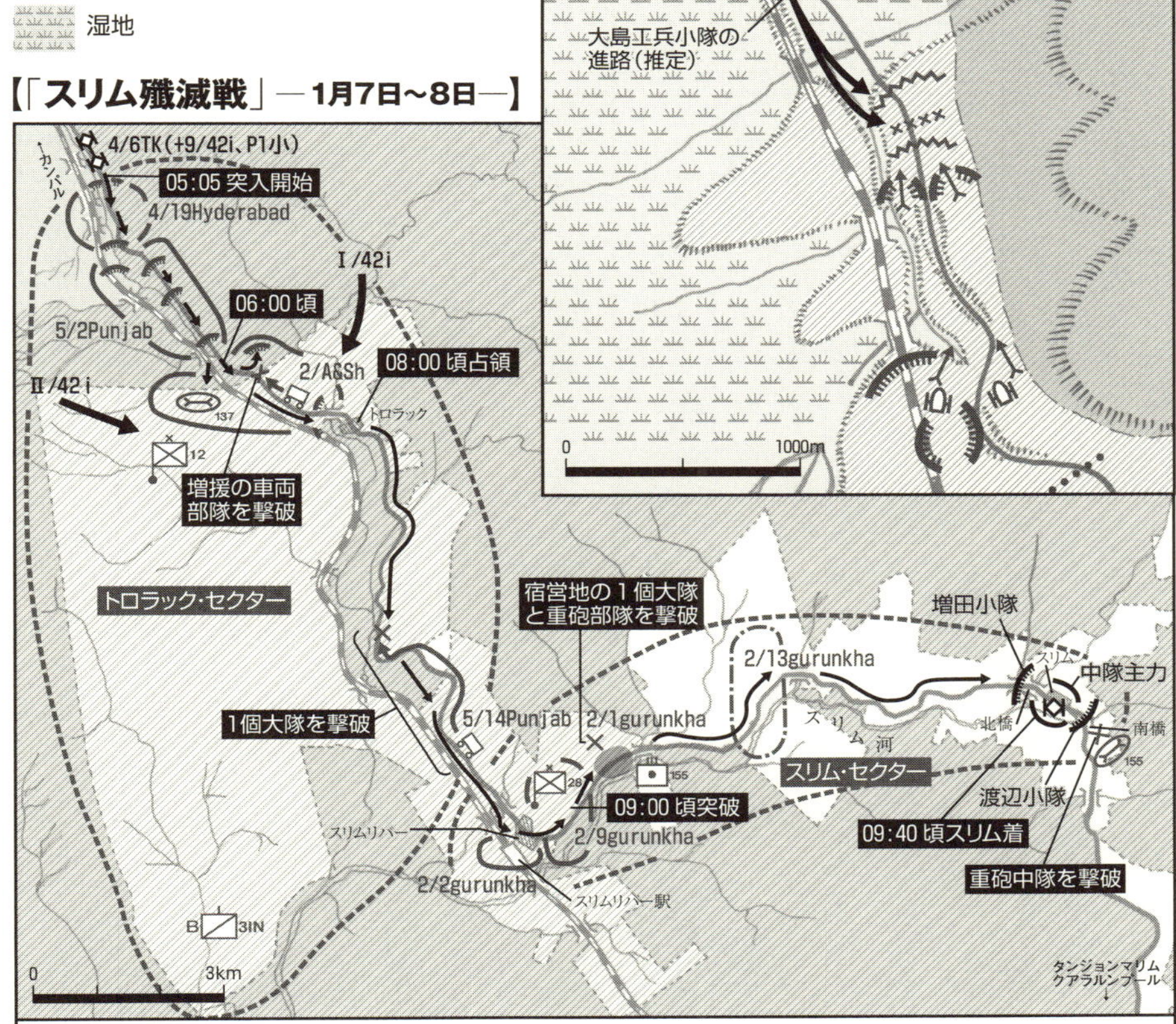

【日本軍】
- 戦車隊
- 戦車隊（縦隊）
- 集結地
- 防御
- 攻撃

4/6TK（+9/42i、P1小）
戦車第六連隊第四中隊
（歩兵第四十二連隊第九中隊及び工兵1個小隊配属）

Ⅱ/42i
歩兵第四十二連隊第二大隊

【イギリス軍】
- 旅団守備地域
- 大隊守備地域
- 展開予定
- 陣地
- 鉄条網
- 対戦車障害
- 地雷
- 砲兵陣地（数字は部隊号）
- 宿営中の部隊
- 自動車化部隊（移動中）
- 装甲車
- 対戦車砲
- 155 第155野戦重砲兵連隊
- B 3IN 第3インド騎兵連隊B中隊（装甲車）
- 12 旅団司令部（数字は部隊号）

4/19Hyderabad　第19ハイデラバード連隊第4大隊

5/2Punjab　第2パンジャブ連隊第5大隊

2/A&Sh
アーガイル&サザーランド・ハイランダーズ連隊第2大隊

2/1gurunkha
第1グルカ・ライフル連隊第2大隊

返しながら、敵陣深くへと斬り込んでいく。前を行く戦車が射撃方向を右にとれば、自車は左というように、左右均等に満遍なく五糎七（五七ミリ）戦車砲を撃ち込んだ。

地雷原は二線あった。すぐさま工兵が前に出て、道路上に置かれた地雷を処理する。諸隈中尉は、側溝に這う通信ケーブルを見つけると軍刀で切断した。

第二線の鉄条網付近で、ついに最大の敵である対戦車砲が現れた。

戦車隊の符丁で「アカ」と称される対戦車砲（速射砲）は、本来、砲兵が制圧すべきものだった。だが、これまでの戦いで砲兵の協力を得られない状況が多いことを経験していた各戦車部隊では、対戦車砲を自隊で撲滅する訓練を行ってきた。島田の中隊もその例外ではない。各車は正確な射弾を放ち、次々と対戦車砲を屠る。ついで姿を現した、ボーイズ対戦車ライフルを装備するマーモン・ヘリントン装甲車も撃破。

島田戦車隊は、敵陣地後端に達しようとしていた。島田少佐は、操縦手に走行距離を尋ねると、地図を見て位置を確認した。砲兵陣地が近いはずだ。尖兵の渡辺小隊に警戒を促した。

「渡、ワタ、ワタ、こちらは島、シマ、シマ、砲兵に注意せよ、銃砲併用せよ、終わり、送れ」

三叉路付近、進行方向右手のゴム林が敵砲兵陣地であった。探り撃ちで陣地の位置をあぶり出すと、全力を挙げて砲撃。最後は尖兵小隊に蹂躙を命じて叩き潰す。

第一日標到達まで、わずか一時間半ほどの戦闘でイギリス軍の三線にわたる防御陣地を抜いたのである。戦車の損害は、鉄条網を起動輪に巻き付けた一両が擱座しただけだった（のちに部隊へ復帰）。

日の出は〇八：二三。夜明けまでにはまだまだ間があった。島田少佐は、歩工兵を左手の台地に陣取らせ、部隊を一旦停止させた。

その直後、増援のイギリス軍が到着する。彼らは、戦闘騒音が途絶えたことから、味方陣地が日本軍を撃退したと判断したのであろう。ライトを煌々と照らしながらやってきた。島田隊はこれを十分引きつけてから一瞬にして撃破。さらに脱出を強行したトラック群も殲滅した。

ところが、未だ歩兵連隊主力の攻撃は始まらない。

奇襲は成功した。だが奇襲は〝手段〟であって〝目的〟ではない。この段階で、島田戦車隊は、敵の後方要点に進出し、退路を遮断するという最低限の目標は達成してはいた。だが奇襲によって得た、敵が混乱している状況を十分に活かしてトロラック陣地内の敵軍を殲滅するにはいたっていない。島田隊は敵中に孤立した。島田少佐は決断の岐路に立たされることになった。

遥かなるスリムの橋

歩兵連隊側の記録を読むかぎり、連隊主力は、島田隊の敵陣突入後に続いて野口軽戦車隊の支援を受けて攻撃を開始したことになっている。しかしそれでは、島田隊が敵中に孤立したことと辻褄が合わなくなる。おそらく、歩兵連隊主力が攻撃前進を開始したのは、〇七：五〇に連隊本部に入電した、第一大隊（丸谷迂回隊）からの、要旨「トロラック東南方三キロで敵を奇襲、続いて東方の敵を急襲中」という報告電からであろう。

いうなれば歩兵から見て島田隊の突破速度が速すぎたのだった。このため、島田隊の行動と、連隊側との間に大きな時間差が生まれて、島田隊が、敵陣後方で一時的に孤立するはめになったのであろう。戦車と歩兵の時間に対する感覚の違いが興味深い。本来ならば、ここで島田隊から状況を報告して連隊主力の攻撃を前倒しさせるべきだった。

だが、このとき島田隊と連隊本部は即時の連絡が取れなくなっていた。

日本軍の戦車は無線電話機を装備し、各車で音声通話が可能だったが、他の兵科と無線通信ができるのは戦車連隊本部（連隊長車または無線車）のみであった。このため諸隈中隊には歩兵連隊本部から携帯無線機を持った通信兵が派遣されていたが、どうやら突破戦闘中に壊れるか、故障するかしてしまったらしい。[*11] 上級部隊との連絡が途絶し、その指揮を受けられなくなった段階で、島田少佐が採り得る行動は三つあった。

一つ目は、反転してトロラック陣地内の残敵を掃討すること。だがこれは、攻撃中に背後を敵の増援に襲われる可能性が高い。

二つ目が、主力進出までこの場で防御である。これは現実的なようだが、いかんせん小兵力であり、そもそも戦車は陣地防御に向かない。失敗すればこれまでの成功が水の泡である。

三つ目が、奇襲効果が続いている間に、速度の遅い歩兵を置き捨てて敵中を挺進突破することである。これは無謀ではある。しかし、たとえ失敗してもなお、いくつかの橋は確保できるはずだ。つまりマレー半島の迅速な南下という全軍の作戦に寄与できるはずだ。

島田は、三つ目の行動を決断した。とはいえ、ただ単に突進しても最後は全滅するだけだ。そこで突破目標の選定が重要になる。すなわち戦車中隊単独でも一定期間固守できる地形である。地図を睨んでいた島田は、その場所を見つけた。それは遥か三〇キロの彼方、スリムであった。

スリム河が二股に分かれた場所に位置するスリムの集落は、二つの橋さえ確保すれば、橋を守るだけなので戦車でもなんとか防御ができる。敵中を突破し、トロラック、スリム・リバーを経てスリムの橋を奪取するのだ。

この判断こそが、のちに島田を戦史上の人物にする。そしてそれは単なる思いつきではなかった。

彼は、機甲将校としての教育を受けたのちに人事上の手違いから、戦車とは関係のない満洲の独立守備隊に配属され、そこで匪賊討伐、つまり対ゲリラ戦に従事した。小部隊に分散して戦う流動的な対ゲリラ戦では、下級指揮官でさえも全体における自分の任務を考え、それを独断で実行することを求められる。先に述べた国境守備隊での勤務も含め、島田が戦車隊勤務となったのは戦車教育終了後、八年の歳月が過ぎていた。それは戦車に憧れて機甲将校への道を歩み始めた彼にとっては悔しいものであった。しかし実戦にあたっての果敢な判断の背景には、そうした戦車とは関係の無い経験が活かされていたのである。

島田少佐は、連絡用に配属させていた軽戦車小隊（小隊長は、のちに占守島で戦死する丹生中尉）に、再度敵中を戻って連隊主力と連絡を取るよう命じた。前進命令を下そうとしたとき、小用を足していた第三小隊長の渡辺少尉が、側溝に通信ケーブルを見つけた。島田少佐はこれを渡辺少尉と福島伍長に切断させ、大声で叫んだ。

「行くぞ」

島田戦車隊は、トロラックの集落に突入し、そこを歩兵と工兵に占領させると（彼らにはイギリス軍から鹵獲した兵器で武装を強化させた）、突進を始めた。時刻は〇七：五〇。一方、歩兵第四十二連隊本部が、軍旗を奉じてトロラックに入ったのは〇八：一〇と記録される。

島田戦車隊は、前進開始間もなく行軍中の約一個大隊を奇襲してこれを撃破。島田が著書で述べるように「出発があと五分おくれていたら」わずかな部隊で――敵に主導権を握られた形で――この敵を迎え撃つはめになっていたであろう。

島田戦車隊のスリム鉄橋への進撃は続く。スリム・リバーでは第28旅団の司令部と二個大隊、そして砲兵を屠り、橋に仕掛けられた爆薬の導火線も切った。さらに道路周辺に宿営するイギリス軍部隊を撃破しながら突き進む。迅速な突破で、橋梁を奪取するだけでなく、これまで第二十五軍の各部隊が願ってやまなかった、敵部隊を撃破し続けながらの進撃であった。文字どおり「スリム殲滅戦」である。

こうしたイギリス軍の脆さは、奇襲効果によるものだった。第11インド師団司令部と第12旅団は、この方面に日本軍が戦車を投入する情報を摑んでいたが、第二線兵団の第28旅団にはそれが伝わっていなかった。そして最初の突破時の奇襲効果は、島田の迅速な判断でさらに拡大し、情報の不達とあいまってイギリス軍部隊に大混乱を巻き起こした。電撃戦の基礎理論を創り出した第一次大戦時のイギリス戦車軍団参謀J・F・C・フラーが言う「決定的麻痺」である。

この麻痺状態は、決定的だったがゆえに、遅れて攻撃を開始した歩兵連隊主力の前進間も続いていた。

丸谷迂回隊の無線連絡と、軽戦車小隊の連絡によって攻撃を開始した連隊主力は、スリム・リバーで掩蓋陣地に籠もる残敵を排除するのに手間取るが、司令部を潰されたイギリス軍は、島田戦車隊が爆薬の導火線を切っていたこともあり、この抵抗の間に橋を爆破することができなかった。

一方、スリム周辺の敵軍攻撃を行っていた飛行第二十七戦隊の襲撃機が、東進する島田戦車隊を発見。第二十七戦隊は、第五師団司令部へ連絡班を派遣していたので、師団司令部も島田戦車隊の突進を知った。
〇九：四〇頃、ついに島田戦車隊はスリムの橋を奪取する。この後、島田戦車隊は、重砲を破壊したさいに戦車一両を失うが（第一小隊長の佐藤中尉）、敵のただ中、翌日の夜明け近くに歩兵が前進してくるまで橋を確保した。

独立独行の戦士

スリム鉄橋で後を追って来た歩兵連隊と合流したとき、状況はこれまでの戦いと一線を画すものになっていた。所在のイギリス軍は壊滅し、タンジョンマリムまで道路は完全に解放されていた。第五師団は、追撃目標を当初のタンジョンマリムから、クワラルンプールへと変更した。トロラックを目標に始まった、いわば「戦術的な突破」は、島田戦車隊の挺進により「作戦的な突破」へと拡大したのであった。

島田豊作少佐の一連の戦闘は、夜襲、そして挺進攻撃と、その表面を見ればいかにも日本軍的であった。なるほど、日本陸軍は運動戦の軍隊ではある。しかし運動戦（mobile warfare）と、機動戦（Maneuver warfare）は違う。運動戦とは陣地戦（positioning warfare）の対義語としての意味合いが強く、そこに「策略」「策動」といった敵を出し抜くという考え方はあまり強くない。

そうした視点で見れば、一本の道路を敵を撃破しながら、ひたすら走っただけの島田戦車隊の戦闘は、まがうことなき機動戦であった。島田は奇襲という策略によって敵陣を突破し、さらに間髪を入れずに行った敵深奥部への挺進行動で敵を出し抜き、その混乱を極限まで拡大させた。

これによって戦闘組織としての均衡を崩されてしまった敵は、一握りの戦車群のわずかな火力の前に屈したのである。「スリム殲滅戦」は火力ではなく、まず機動ありきだったのだ。換言すれば、「機動」によって戦闘組織として均衡を崩されたがゆえに、たかだか一個中隊の戦車によって、師団規模の部隊が殲滅されてしまったのである。

むろん、こうした分析は、現代の用兵思想をもとにしたものである。島田は、日本陸軍で受けた教育と自らの経験をもとに考え、そして戦いをデザインし、部隊を指揮していた。

しかし、彼が自著で述べる実行のための論理的根拠といい、スリムへの独断挺進のさいの状況判断といい、筆者が想起するのは、島田自身の著書のタイトルとなった「サムライ」ではなく、ドイツ軍ないしはドイツ的な機甲将校である。そのドイツ軍の教範『軍隊指揮』は、序文第十項で以下のように述べる。

「将兵の価値は技術の如何にかかわらず実に決定的意義を有するものとす。（中略）以て自ら各種の状況を活用し得る独立独行の戦士を要望するに至れり」

島田豊作少佐はまさにそのとおりに戦い、戦局に「決定的な意義」を与えたのであった。

一月九日、イギリス軍はクワラルンプールの放棄を決定する。

一月十一日、日本軍は、クワラルンプールへ入城した。

●註
＊1＝『サムライ戦車隊長』（光人社）。ただし筆者が主に参照したのは、原著である『鉄血マレー戦車隊』（鱒書房昭和31年）。
＊2＝グリニッジ標準時（現在の世界時）では日本とマレー半島の時差は一時間。したがって英軍が使用するローカルタイムは日本標準時から一時間マイナス。
＊3＝『作戦要務令』第二部第五十五条。または田村尚也『各国陸軍の教範を読む』参照。
＊4＝『山口歩兵第四十二聯隊史』および英軍公刊戦史 *The War Against JAPAN Vol. 1.* なお、『歩兵第四十二聯隊史』は安藤連隊長の手記を度々引用しているが、これは『戦史叢書 マレー進攻作戦』においても使用されている。
＊5＝防御陣地前方にあらかじめ砲撃区域を設定し、夜間にその区域で聴音哨が敵の攻撃を察知したら弾幕射撃を行う射撃法。
＊6＝前掲『鉄血マレー戦車隊』および『サムライ戦車隊長』。以下、台詞は同書より。
＊7＝『作戦要務令』第二部第百十四条。
＊8＝正しい部隊名は王立ランカシャー・ヨーマンリー野戦（砲兵）連隊だが、装備火砲の四・五インチ榴弾砲から便宜的に野戦重砲兵連隊とした。
＊9＝『山口歩兵第四十二聯隊史』「諸隈良夫中尉の回想」。

＊10＝したがって、アメリカ軍の最終防護射撃のように直射火器もまた確率論的な弾幕射撃が必要になる。
＊11＝『山口歩兵第四十二聯隊史』所載の「諸隈良夫中尉の回想」にそれを匂わせる記述がある。

●主要参考文献

防衛庁防衛研修所戦史室『戦史叢書　マレー進攻作戦』（朝雲新聞社、１９６６年）
防衛庁防衛研修所戦史室『南方進攻航空作戦』（朝雲新聞社、１９７０年）
聯隊史編纂委員会編『山口歩兵第四十二聯隊史』（１９８８年）
御田重寶『人間の記録　マレー戦〈前編〉』（徳間文庫、１９８８年）
major-General S. Woodburn kirby, *The War Against JAPAN Vol. 1*. Naval-Military-Press 1968.
島田豊作『サムライ戦車隊長』（光人社ＮＦ文庫、１９９４年）
機甲会編『日本の機甲六十年』（戦史刊行会、１９８５年）
『作戦要務令』（池田書店、１９７４年、復刻版）
『戦車操典　抜粋』（昭和15年）

第五章　血で飾られた砂糖菓子の丘

第22海兵連隊　沖縄戦シュガーローフ・ヒルの戦い

海兵隊はなぜ苦戦したのか？
リーダーシップのみではない
「指揮官の条件」

「近代の戦争は、職業的に訓練された軍事力によらずには行われない。歩兵についていえば、それは開けた第一線において弾雨を冒しての突撃、陣地死守が出来ねばならない」（大岡昇平『レイテ戦記』）

一九四五年五月、「シュガーローフ・ヒルの戦い」で知られる那覇北方の台地上で繰り広げられた戦闘は、アメリカ合衆国海兵隊と大日本帝国陸軍という、大岡昇平が言う近代軍——それは必ずしも現代的ではない——、その頂点に達した軍隊同士の戦闘であった。

圧倒的な戦力を持つ海兵隊は、この戦いにおいて、日本軍が安里五二高地地区と呼んだ一連の陣地を攻略するために、「屍山血河」の形容が文字どおり当てはまるほどの損害を出す。

要塞化された太平洋の島々を攻略すべく育てられ、陸海空統合作戦の尖兵として猛威を振るってきた海兵隊は、なぜ苦戦を強いられたのか？　彼らの戦い方のなかに、その原因を見出す。

【アメリカ軍の沖縄進攻 ―昭和20年4月1日～5月1日―】

4月1日に沖縄本島に上陸したアメリカ第10軍のうち海兵隊（第3水陸両用軍団）は北部の掃討作戦に投入され、4月19日におおむねこれを完了する。一方、首里攻略を目指した陸軍（第24軍団）は、日本軍の激しい抵抗に遭いながらも4月一杯かけて首里前面にまで迫った。

伊江島
本部半島
4月16日～21日
第77師団
4月19日
第10軍
北飛行場
海兵隊
陸軍
中飛行場
南飛行場
首里
那覇
小禄飛行場

【日米両軍の態勢 ―5月9日―】

5月4日、5日の総攻撃で戦力を消耗した日本軍に対し、アメリカ軍はほぼ無傷の海兵師団を投入。日本軍主力の包囲殲滅を目論んだ。

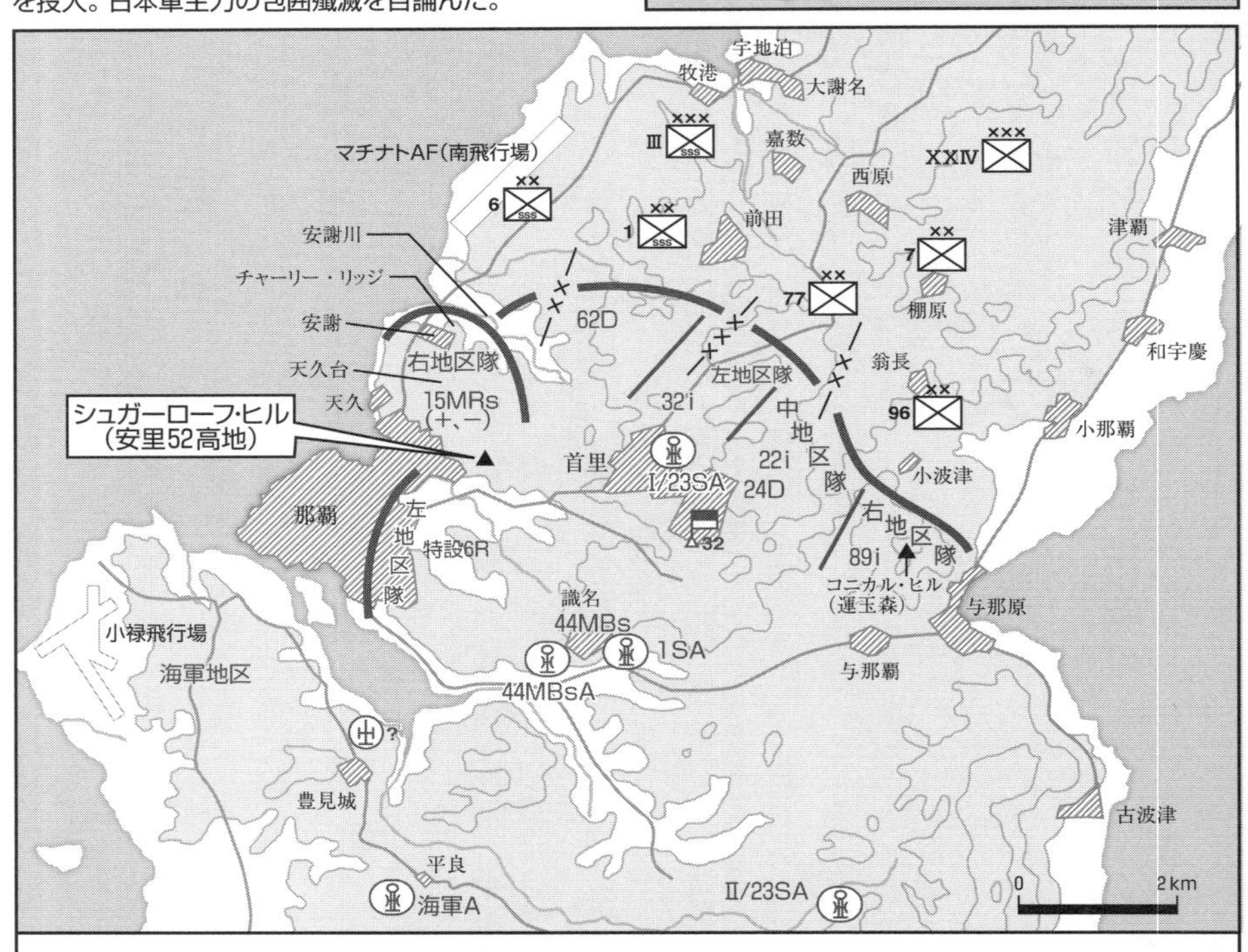

【アメリカ軍】

海兵　陸軍

×× 師団　××× 軍団

III 第3水陸両用軍団　XXIV 第24軍団

―××― 師団の作戦境界

―×××― 軍団の作戦境界

【日本軍】

D 師団

MBs 独立混成旅団

MRs 独立混成連隊

R 連隊　i 歩兵連隊

A 砲兵　SA 重砲兵

II/23SA 野戦重砲兵第二十三連隊第二大隊

32 第三十二軍戦闘司令部

10cm榴弾砲の放列　15cm榴弾砲の放列

? 海軍第二砲台（推定）　（+、−）増強、編成欠除

※本図は第二十四師団の野砲兵第四十二連隊と独立重砲兵第百大隊を省略。

ストライキング・シックス

一九四四年九月、最後の海兵師団としてガダルカナル島で編成された第6海兵師団（ストライキング・シックス）は、一九四五年四月一日、沖縄進攻第10軍の最左翼師団として、嘉手納海岸に上陸。軍主力が首里・那覇地区に向かって南下するなか単独北上し、約二〇日間の戦闘で沖縄北部を占領した。この間の損害は戦死二〇七名、負傷七五七名、行方不明六名と記録されている。

北部作戦終了後の四月末、第6海兵師団の将兵にとって、すでに沖縄戦は終わったも同然であり、グアムへの帰還が噂されていた。だが、その楽観的なムードは消し飛んだ。隷下の第22海兵連隊では五月一日の夕食にステーキが出た。贅沢な食事は海兵たちにとって凶兆以外の何ものでもなく、案の定、夕食一時間後に出動命令が下った。

翌二日から三日にかけて、第6海兵師団は激戦が続く南部戦線へと向かう。途中すれ違う陸軍の将兵は、誰もが疲れ切り、死の恐怖に直面した表情を見せていた。事実、海兵隊と交代する陸軍第27歩兵師団は、戦死者の多くを埋葬できていなかったというから、軍紀という面から見れば、この師団は崩壊寸前にあったといえよう。

南に向かう海兵たちは、そうした状況に慄然としつつも、しかしその士気は高かった。理由は大きく二つある。

一つは、戦線を離脱するのが、サイパン戦で海兵隊と確執があった第27歩兵師団だったことだ。海兵たちは、「陸軍の犬ども」にくらべて自分たちが精強であると信じていたし、陸軍の鼻をあかしたかったのだ。

もう一つは、第6海兵師団が初陣の新設師団であったことだ。師団新設に伴って多くのベテラン[*1]を編入しているとはいえ、そこは新設師団である。功に逸っていたことは否めない。第10軍海兵連絡将官オリバー・P・スミス将軍は、第6海兵師団を「実直な第1海兵師団とくらべて、見掛け倒しな感じがした」と述べている。

ともかくも第6海兵師団の将兵は、一足先に南部での戦闘に参加している第1海兵師団から、その右翼である安謝（あじゃ）川河口部の北岸およびマチナトＡＦ（エアフィールド）（日本軍呼称で南飛行場）地区を継承して展開した。五月七日から九日にかけてのことである。

首里要塞への総攻撃

五月上旬、第1、第6海兵師団が所属する第3水陸両用軍団が全力で戦線に展開したのは、四月いっぱいかけて行われた攻勢の行き詰まりと、沖縄防衛第三十二軍による五月四日・五日の総反攻が失敗したことに理由があった。沖縄攻略戦において、第10軍司令官サイモン・バックナー中将は、日本軍の防衛ライン全正面に圧力をかけつつ逐次に陣地を攻略していくことを基本方針とした。日本軍を予備兵力も含めて消耗させ、最終的には一挙に、敵戦線を瓦解させることを狙ったものであった。

第一次大戦末期のフランス軍を思わせるこの攻勢計画は、しかしその攻勢初期段階ではなかなか前進が捗らないという欠点を持っていた。また、敵の防御陣地が固ければ自軍も当然ながら消耗する。なにより敵もまた自由意思を持つのだ。事実、第三十二軍は、前線部隊が完全に消耗する前に彼らを後退させて予備隊を投入し、戦線を再構築することに成功していた。これを裏付けるのが、第10軍の日本軍防衛ラインに対する判断である。第10軍司令部は、日本軍の主陣地帯後縁(こうえん)を、その強固さから第二防衛ラインと見誤っていたのである。

アメリカ海軍は、陸軍のこうした戦い方に業を煮やした。特攻機による昼夜を分かたぬ攻撃は、艦船そのものの損害よりもむしろ器材全般を消耗させ、乗員を疲弊させていた。海軍は戦略次元の判断において、来るべき日本本土侵攻作戦の準備のために、艦隊主力を沖縄海域からなるべく早く引き揚げさせたかったのだ。

海兵隊も、海軍のこうした意見に賛成であった。だがこれは海軍の戦略判断に同意したというよりは、海兵隊独自の戦術次元の判断であった面が強く、根底にあったのは理論的な判断基準よりも、いわゆる「気分」ないしは海兵隊の「組織文化」に根ざすものであったようだ。強襲上陸部隊である彼らにとって、戦闘とは電光石火、つまり速戦即決で終始するものだという「思い」が強いのである。これは上級士官のみならず第一線の将兵にまで浸透していた。

それはそうであろう。個々の兵士にとって陸軍式の攻撃方法では長い日時、戦場に立たされることを意味するからだ。一般的な戦場心理として、「俺だけは大丈夫」という気持ちは、戦場での日数が長くなると急速に「次に死ぬのは俺の番」となり、最終的には「ある日、俺は死ぬ」になる。多少の無茶をしても戦闘が短ければ、恐怖を感じる時間が少なくて済むのである。

第10軍が落ち込んだ泥沼に転機をもたらしたのは、第三十二軍の総反攻の失敗だった。これにより、第10軍司令部は、日本軍が貴重な予備戦力を使い果たしたと判断。五月九日、その防衛ラインを一挙に崩壊させるべく総攻撃を決意した。

こうして、安謝川北岸から首里高地帯の北縁を経て、与那原北西の運玉森（コニカル・ヒル）北麓まで、西から順に第3水陸両用軍団の第6、第1海兵師団、陸軍第24軍団の第77、第96歩兵師団が並んだ。第10軍の新たな作戦計画は、従来の広正面にわたる平押しではなく、戦線中央部に強圧をかけるとともに、東西両翼で戦線を突破し、首里の日本軍主力の二重包囲（両翼包囲）を目指したものだった。

とくに期待されたのが、第6海兵師団による那覇を最初の目標とした「迅速な突破」だった。第10軍司令部は、西翼、すなわち第6海兵師団の戦闘区域を日本軍戦線の弱点と見ていた。なぜなら、那覇への接近ルートとなる安謝川と安里川に挟まれた台地は、首里高

米海兵隊 歩兵連隊の編制
（1945年5月1日付Gシリーズ）
連隊人員：3412名

- 連隊本部（249名）
  - 本部支援中隊
    - 中隊本部
    - 連隊本部班
    - 通信小隊
    - 支援班
    - 情報班
    - 経理班
  - 歩兵大隊（各996名）
    - 本部中隊
      - 中隊本部
      - 大隊本部班
      - 通信小隊
      - 情報班
      - 迫撃砲小隊　81mm迫撃砲×4
      - 強襲小隊　火炎放射器×6、ロケット弾発射器×6
    - 小銃中隊（各242名）
      - 中隊本部
        - 迫撃砲班　60mm迫撃砲×3
      - 小統小隊
      - 機関銃小隊　.30軽機関銃×8
  - 火器中隊（175名）
    - 中隊本部
    - 対戦車小隊　37mm対戦車砲×4
    - 榴弾砲小隊　M7自走105mm榴弾砲×4

第6海兵戦車大隊の編制
（1944年5月5日付Fシリーズ）

- 大隊本部（630名）
  - 本部支援中隊（123名）
    M4戦車×1
  - 戦車隊(A～C中隊)（各169名）
    M4戦車×15
  - M4火炎放射戦車×8
    （陸軍第713装甲火炎放射大隊より）

※その他、第1水陸両用トラクター大隊から水陸両用装甲兵員輸送車を適宜増援。
※4月1日から始まった沖線戦では1945年Gシリーズの編制で戦っている。

第6海兵師団
各海兵連隊の中隊号

第4海兵連隊

第1大隊	A、B、C中隊
第2大隊	E、F、G中隊
第3大隊	I、K、L中隊

第22海兵連隊

第1大隊	A、B、C中隊
第2大隊	E、F、G中隊
第3大隊	I、K、L中隊

第29海兵連隊

第1大隊	A、B、C中隊
第2大隊	D、E、F中隊
第3大隊	G、H、I中隊

地帯から瞰制されているとはいえ、一見すると防御拠点になるような場所がない平坦な地形であったからだ。

もっとも、台地南端部には小さな起伏がいくつか存在していたが、逆にいえばその起伏を奪うことで、日本軍の後方連絡線を瞰制することができる。この小さな起伏のうちの一つは、とくに視界が良く、晴れた日には慶良間列島が望めることから、地元では「慶良間頂上（けらまちーじ）」の名でよばれていた。米軍の作戦用地図ではＴＡ７６７２Ｇ（ターゲット・エリア７６７２ジョージ）。のちの〝シュガーローフ・ヒル（砂糖菓子の丘）〟である。

目標地域７６７２Ｇ

第６海兵師団が攻撃を開始したのは、五月十日の〇三：三〇であった。マーリン・シュナイダー大佐の第22海兵連隊が先陣として安謝川を渡る。渡河要領は急襲。海兵たちは工兵が掛けた軽徒橋（けいときょう）を伝うか、河口部の泥のなかを徒渉した。

第６海兵師団が初動に一個連隊しか投入しなかったのは、攻撃正面が狭かったからだ。第10軍は、差し渡し七・五キロの正面に四個師団を投入したから、一個師団あたりの攻撃幅は二キロ前後となる。このため、二個連隊[*2]を重畳させて、先鋒が消耗したら新手を入れ替えることで、日本軍の防御ラインの穿貫突破を目論んだのであろう。

もっとも二キロという数値は、一個連隊単独の攻撃幅としてはやや広く、このため連隊は安謝集落北東の低い稜線[*3]の攻略に手間取ることになった。当初、一個中隊のみで始まった攻撃は、最終的には重巡『インディアナポリス』の支援砲撃を受けた第1大隊が、師団戦車隊の支援のもと全力で攻撃し、十一日に占領した。極めて局地的で短時間の戦闘だったが、兵力の逐次投入であることは否定できない。一方、同地を守っていた日本軍の独立第二大隊等[*4]は南西の天久台（あみくだい）に後退。今度は、これを第３大隊が攻撃する。

翌十二日の午後、第３大隊は天久台をほぼ手中にし、安里川まで斥候を送り出すことに成功した。

天久台に向かった第３大隊に代わり、この日、連隊――つまり師団――の攻撃の先頭に立ったのは、第６海兵戦車大隊A中隊の配属を受けた第2大隊であった。沖縄北部の戦闘での活躍から〝ラッキー〟の渾名を持つ同大隊ではあったが、この日は端からツイていなかった。前進準備中にG中隊の本部が迫撃砲の急襲射を受けたのだ。以後、第2大隊は、日本軍の正確な砲撃のなか前進を開始した。

第2大隊を中心とした第22海兵連隊の攻撃軸は、当初の計画よりも左（東）方向へと偏っていた。すでに天久台に第3大隊が進出していることと、師団右翼に隣接する第1海兵師団の攻撃がはかどらず、同師団との間隔が開くのを防ぐためだったのだろう。

しかしこれは、最初の計画にあった「迅速な突破」に反する措置だ。少なくともこの時点では、側面に構わず前進すべきだった。それでも第6海兵師団の前進速度は、他の師団に比べれば著しいものがあった。

正午、第2大隊の正面に目標地域7672Gの小さな丘が見えた。東西約二七〇メートル、比高約一五メートルの小さな丘。日本軍は、丘という丘、否、ちょっとした地面のふくらみでさえ穴を掘り陣地を築いている。だが、これまで沖縄北部の山岳地帯で戦ってきた海兵たちには、さしたる陣地には見えなかった。とはいえ第2大隊の三個中隊のうちF中隊は翼側の掩護任務、E中隊は日本軍の砲撃で移動もままならなくなっていた。このため、〝目標〟を攻撃できるのはG中隊約二五〇名のみであった。

大隊長のウッドハウス中佐は、左方向からの日本軍の射撃を、〝目標〟から北へ延びる稜線[*5]で遮蔽すべく、反時計回りに攻撃するように指導した。

重砲弾だけでなく、速射砲、重・軽機関銃、小銃の射撃が始まり、頭上から音もなく小型榴弾が降ってくることからアメリカ兵が一番嫌う擲弾筒も撃ち込まれた。M4戦車の一両は側面を四七ミリ速射砲に撃ち抜かれ、二両が航空機爆弾転用の地雷で擱座する。のちに、日本軍の陣地構成が解明されて初めて判明したのだが、G中隊は日本軍の火網に頭から突っ込んでいたのである。

攻撃は頓挫してしまった。それでも五名の海兵が〝目標〟の頂上に達していた。まだ状況は逆転できそうだった。

一六：〇〇、攻撃が再興された直後、中隊長のステビンス大尉と、第1小隊長エド・ラス少尉が負傷（少尉はのちに死亡）。増援と負傷者救助のために派遣されたアムトラック（水陸両用装甲兵員輸送車）は、戦車同様に狙い撃ちされた。さらに副中隊長のデール・ベア中尉も、第3小隊長のエド・デマー軍曹も負傷した。

幹部の過半を失ったG中隊は、フィル・モレル大尉のA戦車中隊の掩護のもと、這う這うの体で撤退した。二三：〇〇、ウッドハウス中佐が掌握し得たG中隊の人員は、約七五名であった。

シュガーローフ・ヒル

十三日、攻撃は前日の追撃戦のようなかたちから、計画的な砲爆撃支援をともなう強襲に変更された。この砲爆撃支援には、ロケットランチャーや戦艦一隻を含む八隻の艦艇が参加した。また、第22海兵連隊には第29海兵連隊第3大隊が新たに配属された。第2大隊は中隊すべてを並列し、その左側面には第29海兵連隊のIおよびH中隊が並び、予備としてG中隊が控置される。こうして前線には、西から第22海兵連隊の第3、第1、第2、第29連隊の第3大隊と、四つの大隊が展開した。

ただし、各大隊は、第22海兵連隊の第3大隊の進出線と同じ線上、すなわち台地南端までの前進とされた。これは前日の午後に安里川に出た斥候の報告にもとづくものと思われる。安里川河口部は干潟で、渡渉が不可能と報告されていた。つまり那覇へ出るためには、安里川上流にある目標地域7672Gを奪取して前進路を切り開かなくてはならないのだ。とはいえ攻撃部隊は、当面、第3大隊と同一ライン上に出るという、戦線に突出部を作らない「統制線方式」の攻撃だから、理屈のうえでは、第6海兵師団はこの時点で「迅速な突破」を諦めたことになる。

攻撃開始は、〇七：三〇の予定だったが、ロケットランチャーと弾薬トラックの到着が遅れたため、一一：一五に遅延した。そして攻撃もまた昨日と変わらぬ、目標地域7672Gにのみ、標的を定めたものであった。

一方、日本軍は、『第6海兵師団戦史』の文言を借りるなら「太平洋戦線で出会ったことがないほど、優れた統制と正確」さをもった砲撃で海兵を迎え撃った。前線の海兵たちは「やつらは、牛乳瓶の中にでも弾を撃ち込むことが

北から見たシュガーローフ・ヒル（安里 52 高地）

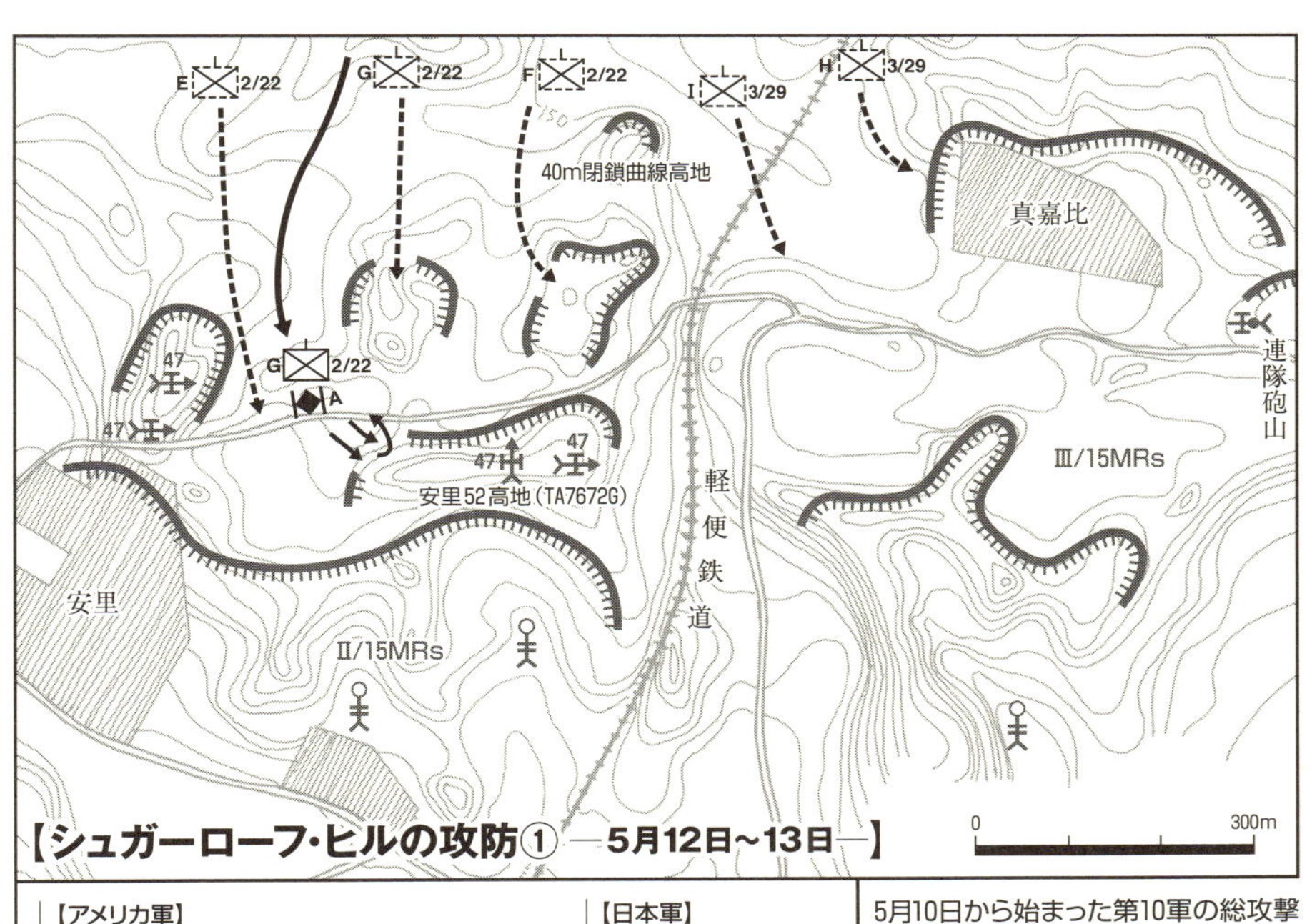

【アメリカ軍】

海兵（歩兵）部隊

中隊号　大隊号　連隊号　中隊

F 2/22

「第22海兵連隊第2大隊F中隊」を表す

A 行動中の戦車隊（ローマ数字は中隊号）

→ 5月12日

⇢ 5月13日

【日本軍】

拠点陣地の前縁

47 47㎜速射砲

連隊砲

中迫撃砲

Ⅱ/15MRs 独立混成第十五連隊第二大隊

※1＝陣地前縁と火砲の位置は推定。 ※2＝等高線の間隔は10フィート。

5月10日から始まった第10軍の総攻撃において、第6海兵師団は12日には天久台をほぼ手中にし、那覇まであと一歩のところまで迫った。それに立ちはだかったのが、安里 52 高地と真嘉比北稜線を中心とする独立混成第十五連隊の陣地群であった。

できた」[*6]とのちに語っている。さらにこの日、〝目標〟の前面にある小さな丘（チャーリー・ヒル）からも射撃が始まった。日本軍はギリギリまでその陣地を秘匿していたのだ。おそるべき射撃軍紀である。こうして、増強された歩兵大隊の正攻法による攻撃も失敗に終わった。

十四日は雨だった。沖縄は梅雨に入ろうとしていた。この日、第22海兵連隊の東に第29海兵連隊主力が展開した。ウッドハウス中佐は、昨日の師団の作戦方針を考慮したのだろう、この日の攻撃を、隣接する第29海兵連隊の攻撃の進展に同調させるつもりだったようである。だが、連隊本部を飛び越して、第2大隊本部に副師団長が現れ、「大隊は即座に攻撃を開始し、いかなる犠牲をはらっても攻撃を遂行せよ」との師団命令を手交した。

いったい師団の目標は、前面の血塗られた丘を奪うことなのか、それとも那覇を奪り、首里を包囲することなのか。師団命令は無謀かどうかである以前にチグハグであった。

もっともウッドハウス中佐には、これまでの攻撃によって、日本軍の陣地をある程度解明できていた。目標地域7672Gの丘単体ではなく、それを含めた三つの丘が相互に連携しているという事実に、ようやく気が付いたのである。ウッドハウス中佐は、丘に右から高地1、2、3と名をつけ、1、3、2の順に攻略することを部下の中隊長たちに命じたが、部下の一人は〝攻略する順に名前をつけたほうが良くはないか〟と、具申した。

「それじゃこうしよう――中略――高地2のかわりに、〝シュガーローフ・ヒル〟と呼ぼう」[*7]

安里五二高地地区

日本軍は、シュガーローフ・ヒルを安里五二高地と呼んでいたが、五二高地地区という名称も使用している。アメリカ軍がシュガーローフ・ヒルという「点」で認識していたのとは違い、防御地区という「面」で認識していたのだ。

ここを守るのは、第三十二軍が最後の予備として控置していた独立混成第四十四旅団（独混四十四）の主力、独立混成第十五連隊（混成十五）であった。同部隊は、独立速射砲第七大隊と独立第二大隊等を配属され、独混四十四の右地区隊として、五二高地を中心とした三つの丘と、台地南端の起伏部（ホースシュー）、さらにシュガーローフ・ヒルから軽便鉄道の切通しを挟んだ真嘉比（まかび）集落を中心に陣地を構築していた（チャーリー・リッジとハーフムーン）。[*8]ホースシューとハーフムーンの反対斜面には、迫撃砲陣地が存在した。

これら一連の陣地群は、左に転倒したL字状をなしており、これまでの攻撃で海兵隊は五二高地の陣地群のみではなく、真嘉比陣地からも横殴りに射撃されていたのだ。さらに真嘉比の陣地は、北の稜線（チャーリー・リッジ）を越えると、五二高地陣地群からの射撃にも曝される。

また独立混成第四十四旅団は、旅団砲兵隊のみではなく、首里に主観測所を置く独立重砲兵第一連隊や、臨編海軍砲兵大隊にも密接に支援されており、砲兵は安謝川から安里川の間の台地を完全に射界に収めていた。ただし第三十二軍の各砲兵隊は、五月四日・五日の総反攻により砲弾を消耗しており、一門あたり一日一〇発程度に砲撃を規制されていた。このため、しばしば好目標でも見逃さざるを得なかったとされる。

これが、海兵隊が散々砲撃で酷い目に遭いながらも、壊滅も撤退もせずにいられた理由である。もっとも、海兵隊を壊滅させるような長時間の大規模砲撃を行えば、上空に観測機を飛ばしている米軍に陣地を標定される可能性が高

独立混成第四十四旅団
右地区隊の編合
（昭和20年5月6日～18日）

- 地区隊本部　105名（独立混成第十五連隊本部）
  - 第一大隊　476名　＊1（5月15日、52高地地区へ配備）
    本部、歩兵中隊×3、機関銃中隊×1
    軽機関銃×9、擲弾筒×9、重機関銃×4
  - 第二大隊　476名
    編制・装備は第一大隊に同じ
  - 第三大隊　476名
    編制・装備は第二大隊に同じ
  - 連隊砲中隊　102名
    四一式7.5cm山砲×4
  - 速射砲中隊　64名
    九四式37mm速射砲×4
  - 戦車撃滅隊（連隊工兵中隊）184名
  - 独立第二大隊　600名　（配属）
    軽機関銃×9、擲弾筒×12、重機関銃×2
  - 独立速射砲第七大隊　353名　（配属）
    一式機動47mm速射砲×6
  - 特設第一旅団伊藤大隊　（5月13日、配属）
  - 海軍山口大隊　750名　（5月13日、配属）

その他、三式8cm迫撃砲が10～24門
＊1＝当初は旅団予備。5月12日、連隊に復帰。

協力部隊

- 独立混成大四十四旅団砲兵隊
  九一式10cm榴弾砲×8
- 野戦重砲兵第一連隊
  九六式15cm榴弾砲×6
- 臨編海軍砲兵大隊　＊2
  九六式15cm榴弾砲×8
- 海軍第二砲台
  短12cmカノン砲×8
- 機関砲第百三大隊
  九六式20mm高射機関砲×6

＊2＝陸軍の榴弾砲を装備。
指揮官は野砲兵第四十二連隊付：
仁位顕少佐。

かった。

巧妙に組み立てられた独立混成第十五連隊の陣地ではあったが、欠点もあった。西翼に隣接する天久台が占領（完全な占領は十五日）され、西側が開放されてしまったことと、首里を巡る他の陣地に比べて縦深（陣地の奥行）が浅かったことだ。このため、砲弾不足と相まって、次々と予備隊を投入しなければ陣地を保持できなかった。

当初、一個大隊（混成十五第二大隊）で守っていた安里五二高地地区は、十三日に海軍の山口大隊と特設第一旅団の伊藤大隊が、十五日には混成十五の第一大隊が投入される。安里五二高地地区では、これらの増援部隊が貴重な逆襲戦力となり、海兵隊を何度も陣地上から撃退するのである。

バンザイ・アタック

十四日、〇七：三〇から始まった前進ではあったが、先鋒のF中隊は早くも第29海兵連隊が担当するエリア、すなわち左後方の真嘉比からの射撃に曝された。それでも第1小隊が当初の目標である高地1へ、第3小隊が高地3へと辿り着く。ついで一個小隊に集成されたG中隊七五名が高地3に到着。

一五：一五、ウッドハウス中佐は連隊S3（作戦担当幕僚）から攻撃続行の師団命令を受けた。師団司令部は、新たに第29海兵連隊のK中隊を増援に向かわせた。

一六：〇〇、砲爆撃と戦車の支援でシュガーローフ・ヒルへと向かった第3小隊は、「干草を刈るみたいに」倒され、戦車三両が速射砲の餌食となって攻撃は失敗した。また、高地1から前進した第1小隊は行方不明となった。日本軍の射撃が激しく、指揮官の多くが状況を確認できなかったのだ。

一方、チャーリー・リッジで食い止められていた第29海兵連隊は、第1大隊の西に第3大隊を増加、そのG中隊が、真嘉比陣地の側面をすり抜けるようにシュガーローフ・ヒル北のチャーリー・ヒルまで前進したが、戦局にはさしたる影響を及ぼさなかった。

混乱した状況のなか日没が迫る。このとき行方不明であった第1小隊がシュガーローフ・ヒル上に到達していることが判明した。最前線に出ていた副大隊長のヘンリー・コートニー少佐は、第1小隊の増援のため、夜間攻撃を決意した。

沖縄戦では、陸軍はしばしば夜襲を行ったが、海兵隊はこれまでの島嶼戦の経験から原則として夜間攻撃は行わない。夜に動くものはすべて〝ジャップ〟なのだ。将校たちは夜間攻撃に反対したが、コートニーは押し切った。自分たちの行動を隠すために照明弾の射撃中止を要請すると、一九：三〇、シュガーローフ・ヒルへと向かう。途中、暗闇のなか撤退する海兵のグループとすれ違った。

シュガーローフ・ヒルに到着すると、しかし、状況は違っていた。頂上にいたのは日本兵であり、先ほどすれ違ったのが第1小隊の残余だったのだ。丘の中腹から麓にかけて、コートニー隊は激戦に巻き込まれた。これでは、稜線に到達しない限り、そのまま上から潰されてしまう。

ウッドハウス中佐から、予備の弾薬と最後の増援二六名（K中隊は移動中）を受け取ると、コート

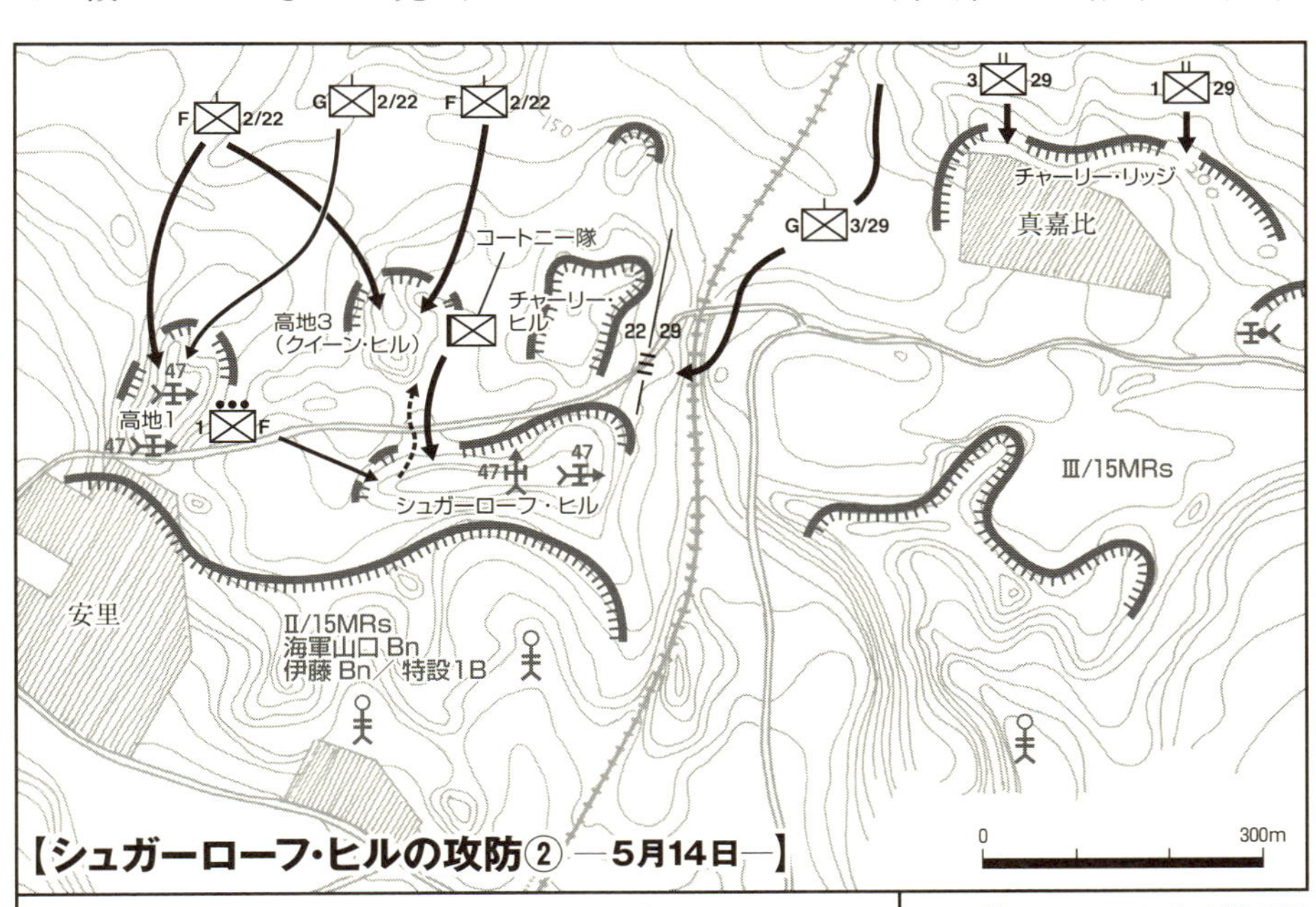

【シュガーローフ・ヒルの攻防② —5月14日—】

【アメリカ軍】
海兵（歩兵）部隊
小隊　小隊号　中隊号
中隊　中隊号　大隊号　連隊号
大隊　大隊号　連隊号
攻撃
退却
22 ―III― 29　第22海兵連隊と第29海兵連隊の戦闘境界

【日本軍】
Bn　大隊
B　旅団
伊藤 Bn／特設1B
特設第一旅団伊藤大隊

シュガーローフ・ヒル攻撃の三日目。この日も攻撃は奏功せず、あまつさえ第22海兵連隊第2大隊の副大隊長ヘンリー・コートニー少佐も戦死するなど、第二大隊は甚大な損害を被った。

ニー少佐は部下に告げた。

「これより、バンザイ突撃を敢行する」

二三：三〇、新たに要請した支援砲撃と照明弾のなかホイッスルが吹かれ、海兵たちは一斉に前進を開始した。

頂上付近では激しい手榴弾戦が繰り広げられた。日本兵が手榴弾を投げるときに発する気合いさえ聞こえた。だが、自軍陣地上の敵を、隣接した陣地から叩かせるという日本軍の「俎板戦法」の前に、兵力は刻一刻と減り、コートニー少佐も戦死した。大隊本部が摑んだ状況では、生存者は八名であった。翌十五日〇二：三〇、奇跡的にK中隊が無傷で到着。

シュガーローフ・ヒルの海兵隊に対して一晩中続いた日本軍の逆襲は、しかし局地的なものでしかなかった。夜明けとともに砲迫の支援のもと、ついに主逆襲が始まったのだった。

逆襲支援の砲撃は正確かつ猛烈で、その一弾は第22海兵連隊第1大隊の指揮所に命中。大隊長メイヤー少佐、C戦車中隊副中隊長が戦死。三人の中隊長すべてとC戦車中隊長が重傷を負った。

第6海兵師団は〇八：〇〇に砲兵と艦砲の阻止弾幕によって、一旦はこの逆襲を凌いだが、日本軍の勢いは止まらず、正面幅八〇〇メートル、縦深約一キロにわたり米軍戦線は分断された。シュガーローフ・ヒルには、新たに第29海兵連隊D中隊の一個小隊が増加されたが、その程度では日本軍の逆襲を防げるわけもなく、ついに海兵は、死守命令にもかかわらず撤退を開始した。〝ラッキー〟第2大隊は、十日に安謝川を越えた時点では定員九九六名に対し、現員六八六名。それが十五日の段階で二八六名となっていた。それ以外は死ぬか、傷を負うか、戦闘神経症で戦線から離脱していた。第2大隊は第1大隊と交代した。

オン・グラインダー

五月十六日、第6海兵師団は作戦を転換した。まずハーフムーンに攻撃を集中することに決したのだ。ここを奪取

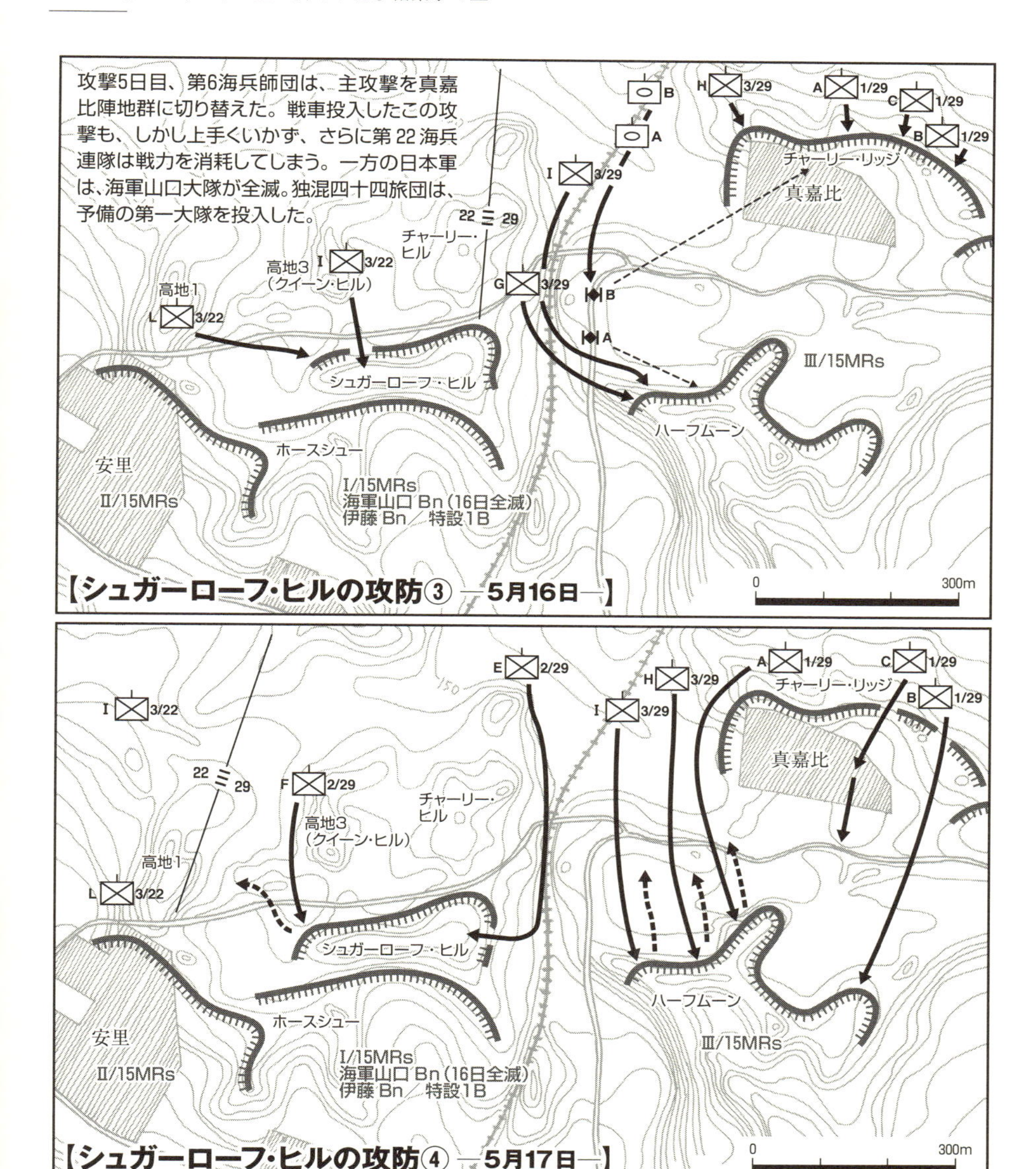

消耗した第22海兵連隊に替り、第29海兵連隊が、シュガーローフ・ヒルの攻略も担当することになった。ただし主攻撃はこの日も真嘉比の陣地群に対して行われた。第29海兵連隊の第1、第3大隊は、ついにチャーリー・リッジを越え、ハーフムーンまで到達する。だが、攻撃はここまでで、同連隊は三個中隊がハーフムーンから潰走する状況となった。

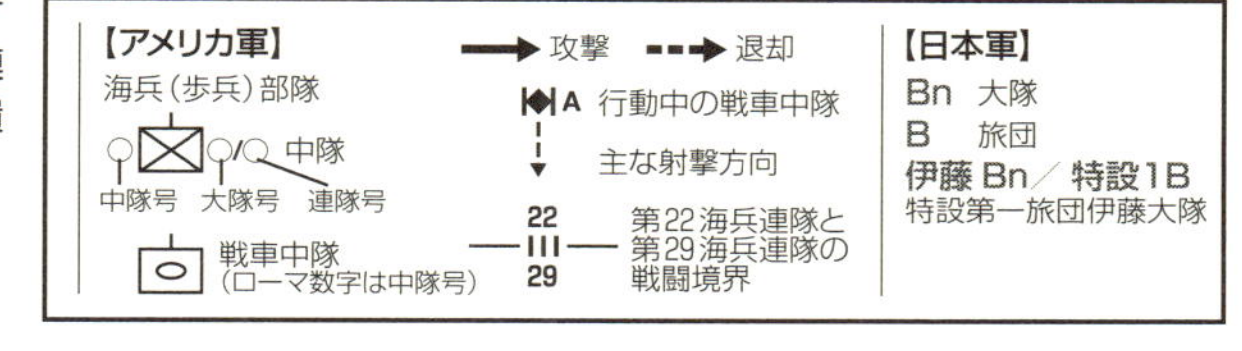

し、ハーフムーンからの掩護でシュガーローフ・ヒルを攻略するのである。

第29海兵連隊は、チャーリー・リッジの北斜面を押さえていた。〇八：三〇に始まった攻撃は、チャーリー・リッジ両翼への迂回と、正面からの攻撃を連動させるものだった。だが、東翼迂回部隊のB中隊は、背後の首里方向からの砲撃により後退せざるを得なくなった。

一方、当初は砲撃によって足踏みしていた西翼迂回部隊のI中隊は、戦車中隊二個の支援を受けて、軽便鉄道の切通しに潜り込み、首尾良くハーフムーンに接近できた。これに前夜からシュガーローフ・ヒル前面のチャーリー・ヒルに張り付いていたG中隊が合同。ハーフムーン西端に二個中隊（実質一個小隊規模）が到達する。第29海兵連隊がハーフムーンの過半を制したと判断した第22海兵連隊第3大隊は、シュガーローフ・ヒルへの攻撃を開始した。

ところが、一六：〇〇頃、チャーリー・リッジ上で第29海兵連隊の第3大隊長が砲撃で負傷。さらにハーフムーン南から大量の手榴弾が投げ込まれたうえに両翼と背後からの十字火(クロス・ファイヤ)に捉えられたI、G両中隊が戦闘力を喪失すると、友軍の掩護を受けられなくなった第22海兵連隊第3大隊のシュガーローフ・ヒル攻略も不可能となった。

シュガーローフ・ヒルに這い上がった第22海兵連隊I中隊ではあったが、中隊を直卒していた大隊長が砲撃で負傷し、日本軍の逆襲が始まると、彼らは撤退せざるを得なくなった。

第22海兵連隊も、隷下の第2大隊同様に力尽き、シュガーローフ・ヒル攻撃から外され、連隊長のシュナイダー大佐も更迭された。その理由は、疲労および前線の状況を掌握できていないということであった。もっとも前線の海兵たちは、疲労の極限をとうに超していた。昼は砲撃に、夜は日本軍の斬り込みに怯え、肉体のみならず精神も痛めつけられていた。梅雨の走りの霖雨で体は乾くいとまがなかった。

日本軍兵士もまた海兵隊と同様、疲労の極をとうに超していたが、地下陣地に籠もっているため、すくなくとも被服も装備も濡れてはいなかった。[*9] こうした乾いた服装の日本兵の死体を見て羨ましく思う海兵隊員もいた。そして、このような状況においての携行糧食ばかりの食事で、多くの海兵は下痢に悩まされていた。

すでに多数の戦死者が回収できないままになっていた。砲弾に鋤き返され、雨が断続的に降る戦場は、両軍将兵の腐敗する遺体と、個人掩体から周囲に撒かれる排泄物で覆われ、コルダイト火薬の臭いと便臭と腐敗臭が立ち込めていた。蛆と蝿だけがオキナワの初夏を謳歌していた。

十七日、第29海兵連隊が単独で行った攻撃は、前日と同じ方針だった。それでも増援を受けていない真嘉比陣地はこれにより過半を制せられて、東からA、H、Iの三個中隊がハーフムーン北斜面に取り付くことに成功する。しかし、これを待たずに行ったE中隊のシュガーローフ・ヒルへの前進のツケは高くついた。軽便鉄道の切通しを出た瞬間に砲撃に遭い、一個小隊が全滅。また、西から攻めたF中隊第1小隊は、混成十五第一大隊の第二中隊の伏撃で壊滅した。さらにハーフムーンの三個中隊は夕刻、日本軍の砲撃に耐えきれず、ついに壊走を始めたのであった。シュガーローフ・ヒル東尾根には、E中隊の残余が残っていたが、日本軍は反撃に転じようとしていた。

尾根の東に張り付くF中隊には、偶然、砲兵隊の通信兵がいたが、将校は見あたらなかった。このためその任に就いていない一等兵が、阻止砲撃を要請する。テイラー一等兵は、砲兵の射撃指揮所に、試射を行うと日本兵が隠れてしまうことを伝えたが、射撃指揮官（大尉）は、誤射が発生する危険を指摘した。テイラーは無線機に怒鳴った。

「馬鹿野郎。まだ解らんのか。どっちみち俺たちは死ぬんだよ」

こうして、所在砲兵一二個大隊による緊急火力集中が行われ、逆襲に転じようとした日本軍の出鼻を挫いたのであった。

十八日、昨日の壊走に見られるように、第29海兵連隊の力も尽きかけていた。この状況で第2大隊長ウィリアム・G・ロブ中佐は、シュガーローフ・ヒルの両翼から強引に攻め上がろうと決心した。この背景には、日本軍の戦力は低下しているのではないか、という前線指揮官ならではの判断があったはずだ。

攻撃は二個戦車中隊に支援されたD中隊が先鋒。戦車隊は六両の損害を出したが、シュガーローフ・ヒルの両翼に廻り込んだ。それとともに突撃支援射撃が始まる。〇八：三〇、第1小隊は、戦友の遺体を踏みながら丘の西斜面を、続いて第2小隊も東斜面を駆け上がる。戦車隊は、シュガーローフ・ヒルの敵方斜面に廻り込み、目につく開口部に砲弾を撃ち込んだ。この間、D中隊主力はシュガーローフ・ヒルの稜線を越え、戦車と協力しながら日本軍の坑道や掩体を破壊。ついで日本軍の砲撃が激しくなると稜線に戻り陣地を構築、逆襲に備えた。

夕刻、ロブ中佐は、中隊長の反対を制してF中隊にホースシューへの前進を命じた。二三：○○頃から始まった日本軍の逆襲は、F中隊に集中し、彼らは翌○二：三○頃に壊走するが、結果的にF中隊がシュガーローフ・ヒルのD中隊の前哨となり、日本軍の逆襲を吸収した。日本軍の逆襲は激しく、一時はシュガーローフ・ヒルのいたるところで日本兵と至近距離の戦闘が発生したが、それはこれまでのような統制のとれたものではなかった。

ロブ中佐の判断どおり、日本軍は、力尽きようとしていたのだ。山口大隊は十六日に全滅。第一大隊も十七日の逆襲では大隊長自らが陣頭に立たねばならなかった。突撃第一線に立つ下級指揮官がすでに消耗していた証左である。

夜が明けてもシュガーローフ・ヒルはD中隊が確保していた。海兵隊は、ついにこの丘を占領したのだった。そこからは廃墟と化した那覇の街が望まれた。

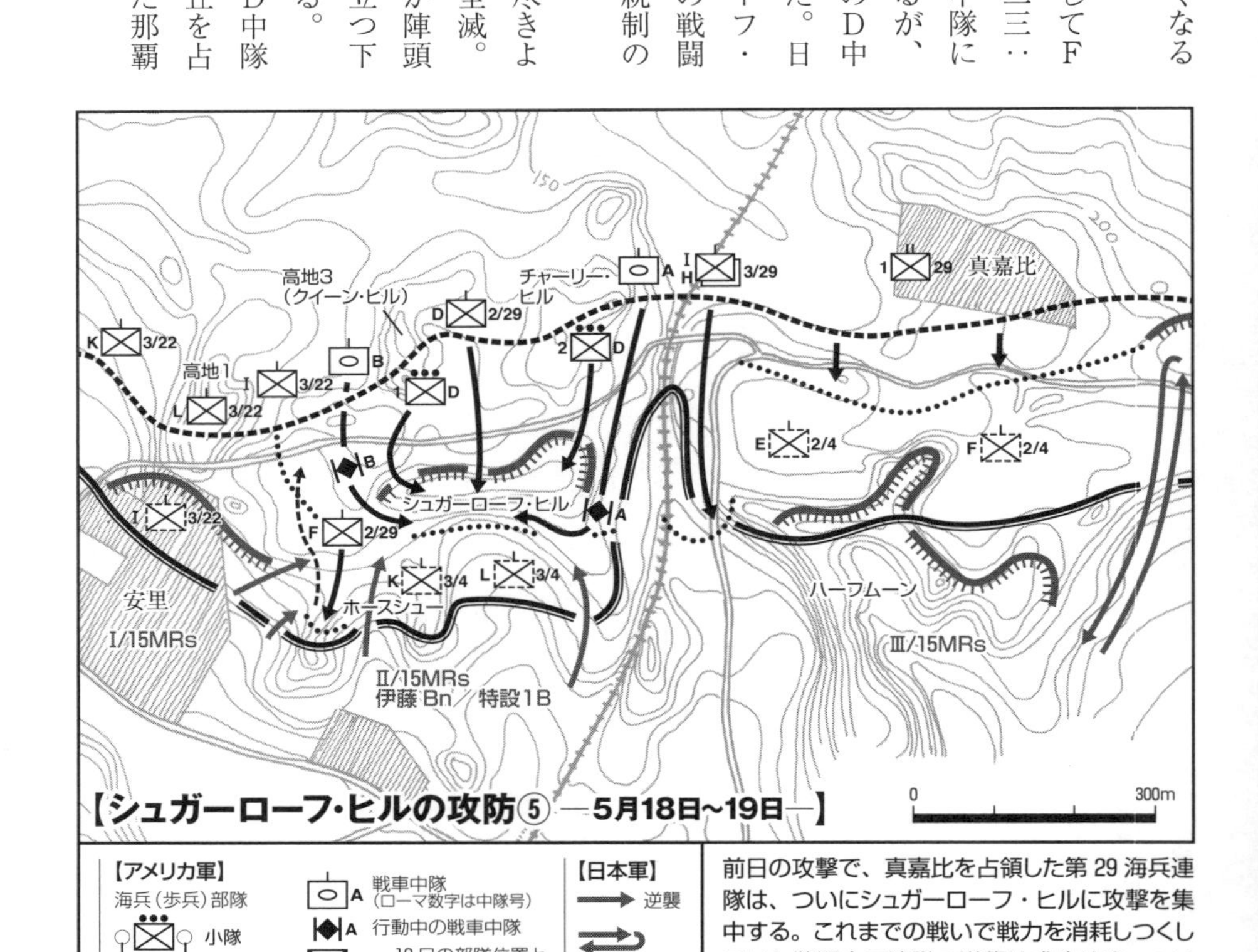

前日の攻撃で、真嘉比を占領した第29海兵連隊は、ついにシュガーローフ・ヒルに攻撃を集中する。これまでの戦いで戦力を消耗しつくしていた独混十五連隊の逆襲は成功せず、ついにシュガーローフ・ヒルは第6海兵師団のものとなった。しかし、第29海兵連隊も力尽き、師団は軍団予備の第4海兵連隊を投入するしかなかった。そしてそれでもホースシューやハーフムーンの完全占領はならなかった。

ビター・エンド

映画ならば、激しい夜襲を描き、朝を迎えての幕となるであろう。だが、未だホースシューもハーフムーンも落ちてはいない。軍団予備となっていた第4海兵連隊が師団に復帰して攻略の任に就き、さらなる激戦を繰り広げることになる。「那覇への迅速な突破」など、すでに不可能であった。

海兵隊によるシュガーローフ・ヒルの戦いは、突き詰めてみれば兵力の逐次投入にすぎない拙劣な戦いであったといえる。それは五月十日の安謝集落北東稜線を巡る戦いをより大きく、そして凄惨にしたものにすぎなかった。こうした戦力の逐次投入を招いたのは、将校たちの戦術能力、とくに地形を読み解く力の不足であったと考えられる。

さらに、「作戦」目的を「那覇への迅速な突破」としながら、実際は目前の小さな「戦術」目標に拘泥しすぎている。作戦目的を達成するのならば、天久台が最重要な戦術目標だったはずである。天久台を全力で奪取し、爾後、ここを観測所として安里川の両岸を火制したうえで、西側面から日本軍陣地を攻撃するべきであったろう。

また連隊戦闘団[*10]の那覇への上陸も、日本軍の予備戦力を吸引する意味で有効だったかもしれない。第10軍司令官のバックナー中将は、補給の観点から、何度か企図された日本軍後方への上陸作戦をその都度却下しているが、師団、あるいは軍団の権限と責任の範囲において行う、作戦目的を達成するための戦術次元での上陸作戦は可能だったはずなのである。

シュガーローフ・ヒルの戦い、ひいては沖縄戦で、「海兵兄弟（マリーン・ブラザース）」という、将校・下士官・兵の差別がない固い絆は、戦闘次元では有効に働いたことはたしかである。将校たちの率先垂範が、ともすれば崩れそうになる兵士たちを支えていた。

どのような軍隊においても下士官・兵と将校の間には緊張関係が存在し、苦戦や敗北のなかで、それはしばしば対立関係となる。けれど、シュガーローフ・ヒルの戦いで語られる下士官・兵の、将校たちへの回想は、極限状況のなか、勇敢で責任感をもって事を処す姿である。尊敬と、それゆえのある種の憐憫の情をもって語られているのである。けれど、将校の仕事は、そうした現場でのリーダーシップのみではない。任務を分析し、戦いをデザインし、状況に合わせて部隊を的確に指揮することだ。必要とされるのは、創造性と観察力、そして判断力である。そしてそうした能力の根底となるは高い知性である。だが、強襲部隊として凄惨な戦いを任務とする海兵隊という組織文化のなかで、海兵隊の将校たちは、自分たちが「知的プロフェッショナル」でなければならないということを忘れてはいなかっただろうか。合衆国海兵隊の将校団が、真の意味で「知的エリート」でなければならないと考えるようになるのは、実に一九八〇年代[*11]に入ってからのことであった。

なお、第10軍の総攻撃が始まった五月十日から、シュガーローフ・ヒルを占領する十九日までの第6海兵師団の損耗は、死傷者二六六二名、戦闘疲労による精神疾患一二八九名。ちなみに戦闘に参加した海兵連隊二個の定員は、合計で六八二四名である。

●註

＊1＝第6海兵師団を構成する三つの連隊のうち、第4海兵連隊はガダルカナル戦以降、ソロモン諸島で戦った海兵強襲大隊が前身。第22海兵連隊は、エニウェトク環礁攻略戦が初陣。第29海兵連隊のみが新設だが、その基幹要員はタラワやサイパン攻略戦に参加。

＊2＝第22、第29の二個連隊。第4海兵連隊は第3水陸両用軍団の予備。

＊3＝稜線を占領したC中隊にちなんでチャーリー・ヒルと呼ばれるようになるが、シュガーローフ・ヒル前面にあるチャーリー・ヒルとは別の場所。

＊4＝海上挺進戦隊の基地隊から改編された歩兵部隊。なお、チャーリー・ヒルに所在した他の日本軍部隊は、機関砲第三百大隊と独立速射砲第七大隊の一部。

＊5＝その先端部を日本軍は四〇メートル閉鎖曲線高地とよび、この部分を海兵隊は、のちにチャーリー・ヒルと呼ぶ。どちらも日本軍の拠点となっていた。

＊6＝ジェームス・H・ハラス『沖縄　シュガーローフの戦い』より。

＊7＝以下人物の発言は、とくに注記しないかぎり『沖縄　シュガーローフ戦い』から引用した。

＊８＝陸軍の名称では「クレッセント・ヒル」。
＊９＝実際には、湿度の高い坑道式陣地に長時間いることで、日本兵もまた極度の湿気に悩まされていた。
＊10＝連隊を基幹として、砲兵や戦車等を配属した小型の諸兵科連合部隊。Regimental Combat Team（ＲＣＴ）
＊11＝ベトナム戦争の敗北を受けて、海兵隊将校団の間で、これからの戦い方について激しい議論が交わされた。この結果、海兵隊は「機動戦ドクトリン」を打ち立てるが、このドクトリン成立までの間に、将校は知的エリートでなければならないという、組織文化が形成された。

●主要参考文献

Historical Branch, G3 Division, Headquarters, U.S.Marine Corps, *Okinawa: Victory in the Pacific.* 1955. ＊Web版
Roy E. Appleman, James M. Burns, Russell A. Gugeler, and John Stevens, *OKINAWA: THE LAST BATTLE*, CENTER OF MILITARY HISTORY UNITED STATES ARMY. 1960. ＊Web版
水ノ江拓治『沖縄戦史　公刊戦史を写真と地図で探る「戦闘戦史」』（http://www.okinawa-senshi.com/）
防衛庁防衛研修所戦史部『戦史叢書　沖縄方面陸軍作戦』（朝雲新聞社、１９６６年）
ジェームス・Ｈ・ハラス著、猿渡青児訳『沖縄　シュガーローフの戦い』（光人社、２００７年）
河津幸英『アメリカ海兵隊の太平洋上陸作戦（下）』（三修社、２００３年）

第六章

歩兵第五十七連隊、リモン峠の勝利と敗北

レイテ決戦の先鋒が迷い込んだ「戦場の霧」

「戦場の霧」は、
何によってもたらされるのか？
戦いをカオスへと落とし込む
心理的な罠

相互に対進状態にある部隊が衝突する戦いを「遭遇戦」という。そして遭遇戦では、敵情と地形の不明、時々刻々と変化する状況のなかで、敵味方とも錯誤に支配され、しばしば判断ミスを犯し、状況はカオスへと転落する。「ミスが少ないほうが勝つ」とされる戦いにおいて、では軍隊は、どのような失策を犯すのか？

さらにまた、遭遇戦は、賭博性の高い戦いでもあり、勝利をおさめた側にも不本意な結末をもたらす。

何ゆえに遭遇戦は発生し、敗者だけでなく勝者にも不本意な結果を残すのか。クラウゼヴィッツが『戦争論』のなかで唱えた、戦争の本質の一つである「戦場の霧」と「摩擦」という概念を用い、大岡昇平の名作『レイテ戦記』の緒戦であるリモン峠の戦いを分析することで、その原因を探る。

【レイテ島の位置とレイテ島要図】

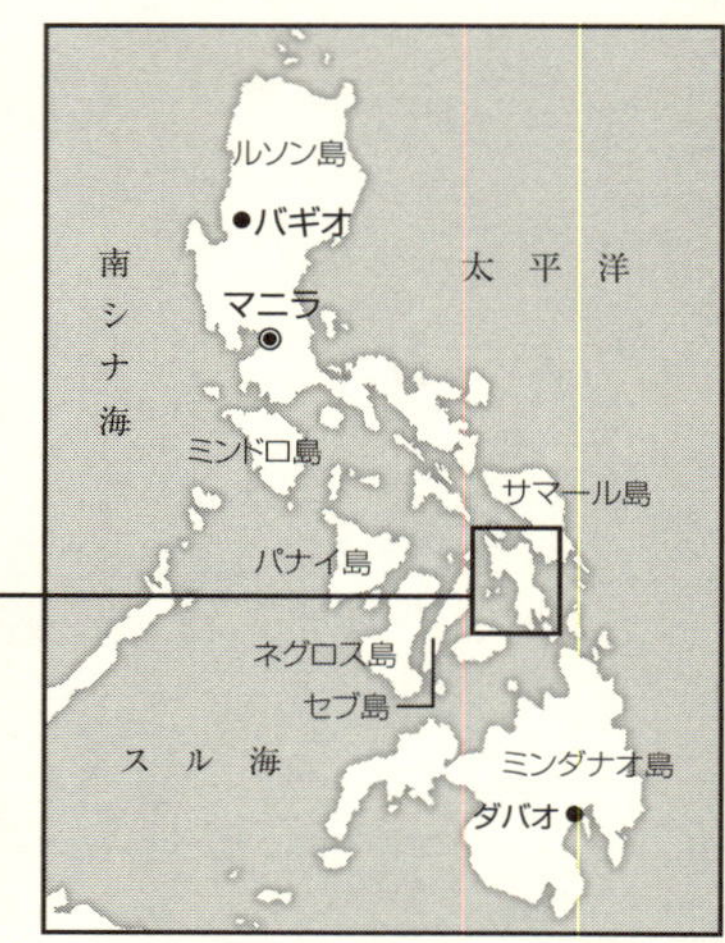

レイテ島は、フィリピン諸島のほぼ中央に位置し、フィリピン攻略には重要な島であった。またその地勢は、脊梁山脈で東西に分割されている。東のレイテ平野、カリガラ平野と西のオルモック平野を繋ぐのが、戦いの舞台となったリモン峠である。

【カリガラ会戦構想】

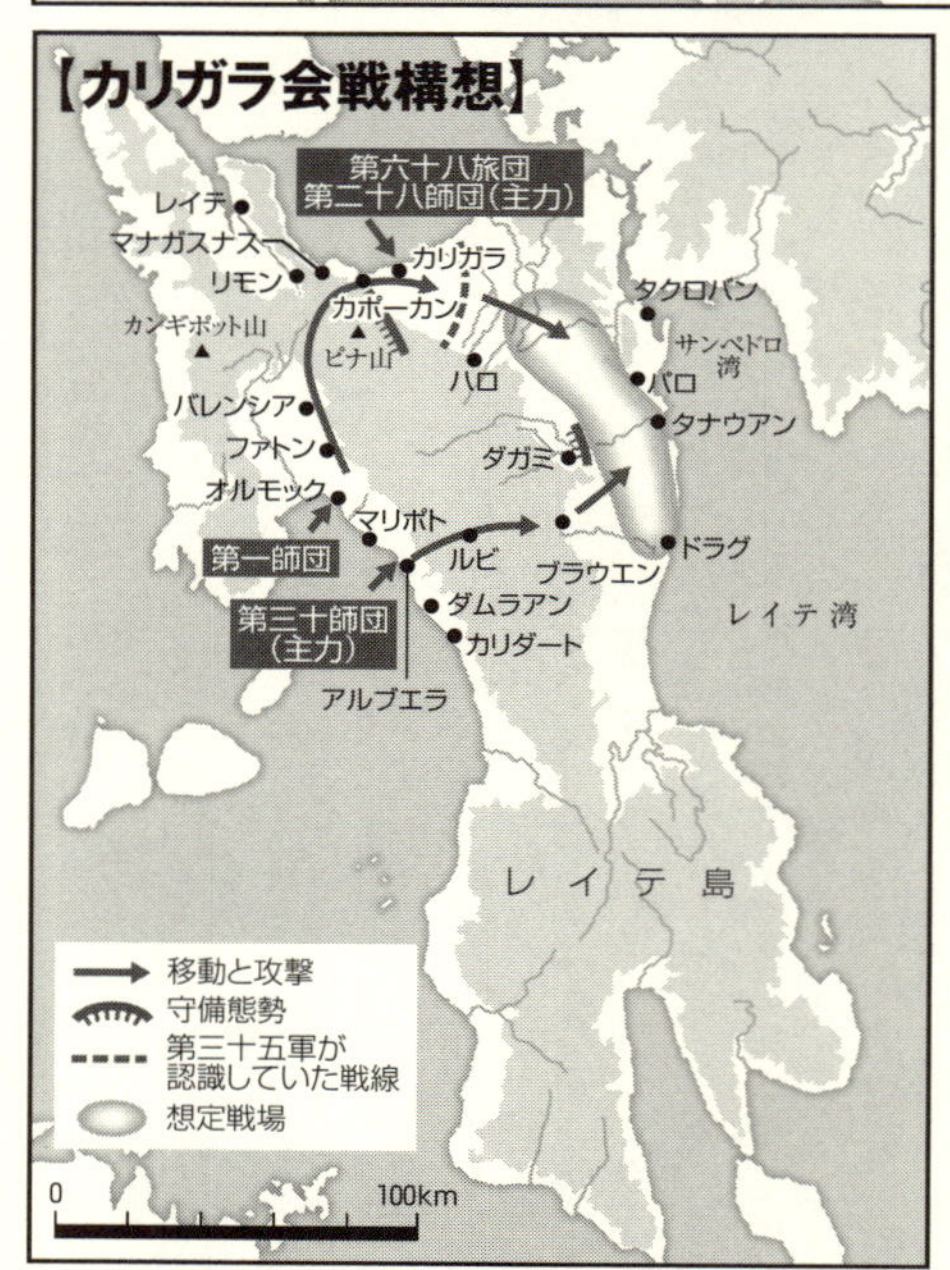

「レイテ決戦」は、上陸して来たアメリカ軍を、レイテ平野において北と西から攻撃して撃滅する構想であった。このためにはカリガラ平野へと進出しようとするアメリカ軍を、まず撃破することが求められた。これが「カリガラ会戦」である。このため、第一師団にはカリガラ平野への迅速な進出が求められた。

【アメリカ軍の上陸と内陸進攻
—10月20日～30日—】

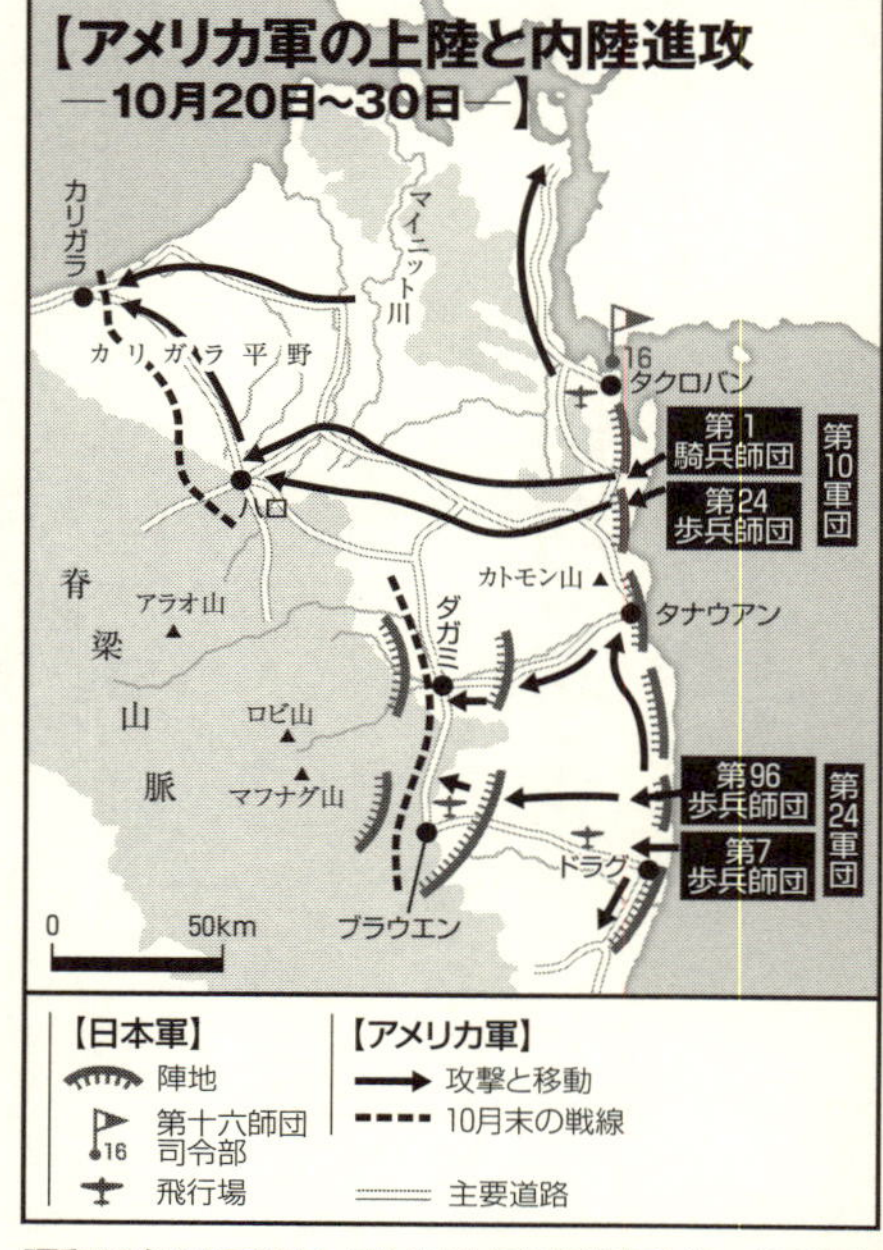

昭和19年10月20日、アメリカ軍4個師団はレイテ島東岸に上陸した。日本軍第十六師団は、水際での防御戦闘で大損害を被り、ダガミ周辺の陣地へと退却する。一方、アメリカ第10軍団の2個師団はカリガラへと前進した。

多号第二次輸送船団の奇跡

それは昭和十九（一九四四）年十一月一日のフィリピン海域という、時期と場所を考えれば奇妙ともいえる光景だった。日本軍輸送船団を狙ったＰ－38戦闘機の数は、わずか一二機、これに対して船団を護衛する日本軍戦闘機の数は二十数機。双胴の悪魔と呼ばれたＰ－38は、上空から舞い降りた四式戦闘機『疾風』により一機が撃墜され、残りは遁走したのだった。

前日の十月三十一日にマニラを出航した四隻の輸送船団に乗船する第一師団の将兵たちは深い安堵のなか、護衛戦闘機の活躍に歓声を上げた。気がつけば彼らの前には目的地のレイテ島が夕靄のなかに横たわっていた。[*1] 眼前の密林に覆われた山々は、レイテ島を南北に横切る脊梁山脈。その向こうでは第十六師団が、上陸したアメリカ軍四個師団によってほぼ総崩れとなっていた。

船団の航行中、左舷方向には、のちに在レイテ島諸部隊の最期の地となるカンギポット山（歓喜峯）が見えたはずだが、彼らはその山に気がついたかどうか。そしてこれから第一師団の戦いの舞台となる脊梁山脈の北の端、レイテ半島との境となるリモン峠は、カンギポット山を最高所とするオルモック湾の北西を形作る峰々に遮られて見ることはできなかった。

一九：〇〇（日本時間）、船団は、オルモックに揚陸開始。夜を撤しての作業は、翌日になっても続いた。早朝からアメリカ軍機は断続的に襲ってきたが、第二飛行師団の護衛戦闘機の活躍により被害は皆無だった。だが午後から始まったＢ－24の爆撃により、ついに『能登丸』が後部に至近弾を受け、搭載していた弾薬が誘爆。沈没してしまう。

それでも船団は、『香椎丸』『高津丸』が一〇〇パーセント、『金華丸』が九七パーセント、沈没した『能登丸』で九〇パーセントと、人員資材のほとんどを揚陸した。これはこの時期には、後にも先にもない成功した輸送作戦であり、レイテ島への強行輸送作戦として知られる「多号輸送」の唯一の成功例でもあった。この結果、レイテ決戦のための先遣兵団、当初は『捷』一号および二号作戦の機動兵団とされた第一師団は、ほぼ無傷で上陸できたのだった。

この奇跡ともいえる成功は、いくつかの偶然と必然から成り立っていた。

一つは、十月二十四〜二十六日の間に行われた「比島沖海戦」によるものだった。

この戦いで連合艦隊は完膚なきまでに叩かれたが、アメリカの空母部隊もまた、その搭載機の燃料弾薬を消耗し、高速空母部隊は、艦隊上空の戦闘哨戒を行うのが精いっぱいとなり、栗田艦隊に攻撃され、神風特攻隊に付け狙われた護衛空母群の大部はマヌス島に一旦、帰投した。

加えて占領したばかりのレイテ島の飛行場は、悪天候によってぬかるんでほとんど使い物にならなかったし、進出したP−38戦闘機三八機は、連日の戦闘で稼動七機にまで落ち込んでいた。このためアメリカ軍機（陸軍機）は、遙かモロタイ島から出撃することになり、フィリピン各地の日本軍飛行場に対する攻撃も並行して行っていたから、船団攻撃に割ける機数が減ってしまったのだった。

一方の日本軍側は、珍しく陸海軍の協同がうまくゆき、かつ在フィリピンの陸軍航空隊（第四航空軍隷下）が、ほぼ全力を挙げて護衛に付いた。

この結果、レイテ島付近の空域では、航空勢力が日米拮抗した状態になり、そこに第一師団を載せた優速の輸送船団が滑り込んだのである。

だがしかし、負けが込んだ軍隊や組織にしばしばあるように、この奇跡は新たな悲劇の伏線でしかなかった。

よく知られるように〝レイテ決戦〟は、フィリピン防衛に責任をもつ第十四方面軍の反対を押し切り、大本営、南方総軍のなかば衝動的な決断から始まった。そしてその決断の根底には、——レイテ島をはじめとするフィリピン南部を担当する第三十五軍（十月二十六日以降、第一師団の上級司令部となる）も含めて——常に楽観論が流れていた。むしろ楽観的な判断によって決戦場をルソン島から急遽、レイテ島に変更したといえるのだ。

こうして、第一師団の輸送の成功に気を良くした南方総軍は、方面軍に命じて次々と部隊を送り込んだ。しかしその多くが海没し、上陸した部隊も損耗が多く、さらに補給の途絶によって、すでにガダルカナル島の戦いからいくたびも繰り返される飢餓に陥った。

しかしながらそれは戦いの最終局面である。まず上級司令部の楽観論によって不本意な戦いを強いられるは、〝奇跡の主役〟となった第一師団なのであった。

カリガラ会戦構想

ここで一但アメリカ軍のレイテ島の上陸時までに時間をさかのぼる。

昭和十九年十月二十日にアメリカ軍がレイテ島東海岸に上陸したとき、同島を守備していたのは第十六師団であった。この師団が、上級司令部の主観では、予想よりも早く崩れてしまったことから躓きが始まる。

第十六師団の防備が簡単に破られた理由は、そもそも約五〇キロにわたる広正面を一個師団で守るということにあったのだが、さらに第一線陣地の設定にも問題があった。

この時期の日本軍は、対上陸戦術を、水際配備から内陸への後退配備を主体とするものへと転換を図っていたのだが、第十六師団は、内陸に抵抗拠点を築きながらも、これまでの経緯から海岸部の飛行場の建設と陣地構築を並立させるために、陣地第一線を水際付近に設定していた。さらにこの防備構想は、第三十五軍も追認しており、鈴木軍司令官は、水際でも「有力なる一部の真面目（しんめんもく）な抵抗をやる。そのため兵の一部に過早の消耗が生じるもこれを忍ぶ」とした方針を打ち出した。

これは結局中途半端な策であった。海岸での戦闘によって損害が出れば、それが本格的（真面目）である以上、予備を投入せざるを得なくなる。こうして第十六師団は、内陸での戦闘に必要な兵力を、「忍」ばせようがないほどに「消耗」させてしまったのだった。

彼らは各個に奮戦したものの、当初の痛手から立ち直れぬままレイテ平野を明け渡し、師団長を中心とした残存部隊はダガミ複郭陣地から、さらにダガミ～ブラウエン西方の脊梁山脈に後退、持久態勢に入った。十月三十日のことである。

この状況を第三十五軍は完全には掌握していなかった。無線連絡の不達によるものだ。なにしろ十月二十六日に発信した第十六師団の報告を軍司令部が入手するのが十一月三日という状況だったのだ。このためレイテ決戦における会戦予定地と構想は、状況不明と輸送船舶のやり繰りから三回変わる。その三つめが第一師団を先鋒とするカリガラ会戦構想である。

カリガラ会戦構想は、オルモックに上陸した第一師団をリモン峠経由、レイテ島北岸のカリガラ平野に集中させ、北方からアメリカ軍を攻撃、爾後、カリガラ湾に第二十六師団主力と第六十八旅団[*2]を上陸させる。その一方で、オルモック南方のアルブエラに上陸した第三十師団主力を脊梁山脈越えで第十六師団の位置に進出させる。そして北方（第一、第二十六師団、第六十八旅団）と西方（第三十師団）から、アメリカ軍をレイテ平野において二重包囲（両翼包囲）して（第三十師団を金床とした片翼包囲ともいえる）殲滅するというものであった。この構想は、実際の計画となったさいには、第二十六師団もオルモックに上陸させ、脊梁山脈越えで使用し、第一師団と交戦中の米軍主力側面を衝かせるものになった。[*3]

どちらにしても第一師団には、先鋒というだけでなく、先遣兵団として後続の上陸兵団の集結と展開を掩護するという掩護部隊（カバーフォース）の任務もある。いち早くカリガラ平野への進出が望まれるのだ。これは当然ながら第一師団の行動に大きな影響を与える要素となる。

とはいえ、いずれにしても第十六師団に増援を送る必要はあり、こうした計画も策定されていた（『鈴』二号計画）。第三十五軍が、まずレイテ島に最初に送り込んだのは、歩兵第四十一連隊（二個大隊・第三十師団）、独立歩兵第百六十九大隊、同百七十一大隊（両大隊とも第百二師団）、天兵大隊（臨時編成部隊・二個中隊編制）、独立速射砲第二十大隊で、これらの部隊は、会戦構想に沿って、カリガラ平野の中心地であるカリガラの町より東方に配置され、第一師団の進出掩護を図る予定であった。

先述したように第十六師団が持久態勢に入った三十日、軍参謀長の友近少将が、司令部のあるセブ島からオルモックに前進、十一月一日に上陸した片岡第一師団長を迎えるのである。

友近参謀長が、片岡師団長に対し、状況と軍の企図を説明する間、脊梁山脈の向こう（東）からは殷々と砲声が響いていた。のちの行動に見るように、騎兵出身の片岡中将は、騎兵らしく素早い判断力を持っていたが、大岡昇平が『レイテ戦記』で描写するように、性格は慎重であったようだ。

「敵情判断が楽観にすぎないか、第一師団はカリガラに進出するまでの間に会敵しないか」

と、尋ねた。友近参謀長は、

「第一師団がカリガラに到着するまでの間に会敵することは毛頭考えていない」

という主旨のことを答えた。*4

この段階で友近参謀長が承知していた状況は、まず日本軍全体の共通認識として、上陸したアメリカ軍は、台湾沖航空戦の大敗を糊塗するために政略的に上陸した二個師団（実際は四個師団で、台湾沖航空戦は周知のごとく日本の敗北である）。加えて、「比島沖海戦」での海軍の敗北も正確には伝わってなかったようだ。自軍に関しては、第十六師団は、ダガミ付近（ダガミ複郭陣地）で戦闘中、先遣の各大隊は、カリガラ東方に展開しているはず、というものだった。しかし現実には、アメリカ軍はすでにカリガラ平野に進出、第十六師団は、複郭陣地を捨てて退却、増援の各大隊は予定の線に展開する以前にアメリカ軍に各個撃破されて西方の山中に後退していたのである。

友近参謀長の状況認識のうち、前二者は、陸軍全般のものとして仕方がない面もある

第一師団の編制

- 師団司令部　師団長：片岡　董中将
  - 歩兵第一連隊　連隊長：揚田虎巳大佐
    - 第一～三大隊
      - 連隊砲中隊
      - 速射砲中隊
      - 迫撃砲中隊
      - その他諸隊
  - 歩兵第四十九連隊　連隊長：小浦次郎大佐
    - 第一～三大隊
      - 連隊砲中隊
      - 速射砲中隊
      - その他諸隊
  - 歩兵第五十七連隊　連隊長：宮内良夫大佐
    - 第一～三大隊
      - 連隊砲中隊
      - 速射砲中隊
      - その他諸隊
  - 捜索第一連隊　連隊長：今田義男少佐
    - 乗馬中隊
    - 機関銃小隊
  - 野砲兵第一連隊　（連隊長：熊川到長大佐）
    - 第一～四大隊　7.5cm野砲×9　10cm榴弾砲×18　15cm榴弾砲×9
  - 工兵第一連隊　（連隊長：原　準一中佐）
  - 軽戦車2個中隊　（計20両配属）

※歩兵大隊は3個中隊、機関銃中隊、大隊砲小隊で編成。
※表は基幹部隊を示しており、通信、衛生部隊などは省略している。
※マニラでトラック140両を増加配備。

が、自らが責任を持たなければならないレイテ島の戦況に関しては甘すぎる。

この戦況に対する認識は、第十六師団と軍司令部間の通信の途絶に原因があるとされる。しかし、師団と軍の間の通信が途切れがちになるということは、それだけ状況が厳しいということであろう。だいいち、第十六師団司令部には、方面軍参謀と軍参謀が状況の視察に赴いているのだ。

また、アメリカ軍がカリガラ平野に進出していないという判断の根拠は、その慣用戦術にあるとされた。これまでアメリカ軍は、上陸するとまず海岸堡を固め、そこからおもむろに内陸へと進攻した。しかしそれは日本軍が水際で激しくかつ強固な抵抗を行ったからであり、レイテ島のように水際での抵抗があっさりと破れてしまえば、アメリカ軍は当然、素早く内陸に進攻する。当たり前の話だが、自軍が引けば、敵は進むのだ。

いうまでもなく軍事行動にはこうした相互作用が働く。この相互作用を強く意識したのは、「機動戦（当時の言葉なら運動戦）」の軍隊であるドイツ軍であったが、日本陸軍もまた運動戦の軍隊であり、ドイツ軍をその師とする。そうした意味では、日本陸軍はドイツ兵学の基本を学びそこなっていたといえるだろう。もっとも、こうした大きな話というよりは、直接的には、第三十五軍司令部の想像力の貧しさこそ批判されて然るべきだろう。

その一方で、第一師団も、状況を楽観視していたことは否めない。片岡師団長は、友近参謀長の言を素直に信じた。実際に戦場の制空権は日本軍が握っており、自分たちの目の前で航空隊が敵機を撃退している。そうした状況であるなら、単純に考えて航空偵察も行われているはずだった。第一師団の楽観論は、現実に裏打ちされたものだったとも言える。

それよりも片岡師団長には気になることがあった。途中海没の危険があったため、各連隊の軍旗は上海から空輸して、それは今、マニラの方面軍司令部の地下壕にあること、より深刻な問題として、ルソン島に各連隊から一個大隊ずつ、計三個大隊を残置してきてしまったことである。

当初、第一師団はルソン島への配備を命じられていたのであるが、ルソン島北西岸のリンガエン湾に仮泊したさい、同地からマニラまでの間で船団が海没した場合に備えて、三個大隊を揚陸させたからだ。それほどフィリピン周辺海域は危険だったのだ。これが決戦に間に合うかどうか。

二日早朝、来島した鈴木軍司令官の命令を受けた第一師団は、まだ完全に揚陸が済んでいるわけではなかったが、直ちに行動を起こした。まず輜重隊のトラックによって自動車化された捜索連隊（軽戦車三両、野砲一門、無線一個分隊を配属）が、一四：三〇に集合地のファトンを出発。これには、作戦参謀の須山中佐が同行した。

二一：〇〇には、先頭から歩兵第五十七連隊（佐倉）、同第四十九連隊（甲府）、同第一連隊（東京）、野砲兵第一連隊と工兵連隊の順で、四個梯団を組み行軍を開始。歩兵連隊の梯団には、それぞれ砲兵一個中隊を組み込んではいるが、行軍隊形は、戦闘を予期しない、いわゆる「旅次行軍」であった。こちらのほうが、行軍速度が速いためである。道路幅六メートルはあり、各梯団はまるで演習のように四列側面縦隊、すなわち四列縦隊を組んで進んだ。

片岡師団長は、専属副官、参謀部附中尉三名、護衛に連隊砲一門と歩兵小隊（第四十九連隊から抽出）を伴い捜索連隊に続行した。これは実質、師団の最先頭を進むことになる。いかにも騎兵出身の将軍らしい。

翌三日、師団長の一行は上り坂に差し掛かった。ここでアメリカ軍の擾乱射撃に遭う。さらに進みリモンの集落を過ぎ、曲がりくねった道を登るとリモン峠に差し掛かった。標高約一五〇メートルの最高所からは遠浅のカリガラ湾が望めた。リモン峠の地形は、右手は標高を高めながら脊梁山脈へと続き、左手は標高を下げながらレイテ半島を形成する。主稜線は北に向かって険しく、南には緩やかだった。

峠を降りると、道は海岸に突き当たり右に折れる。日本軍がマナガスナス（実際はピナポアン）と呼ぶ場所で、この先五キロほどは、丘陵が海岸まで迫っている地形である。一見すると隘路のように見えるが、水陸両用戦機能を持つ軍隊なら、海側は完全に開放された地形といえる。

この突き当たりからしばらく行くと片岡師団長たちは、前方に

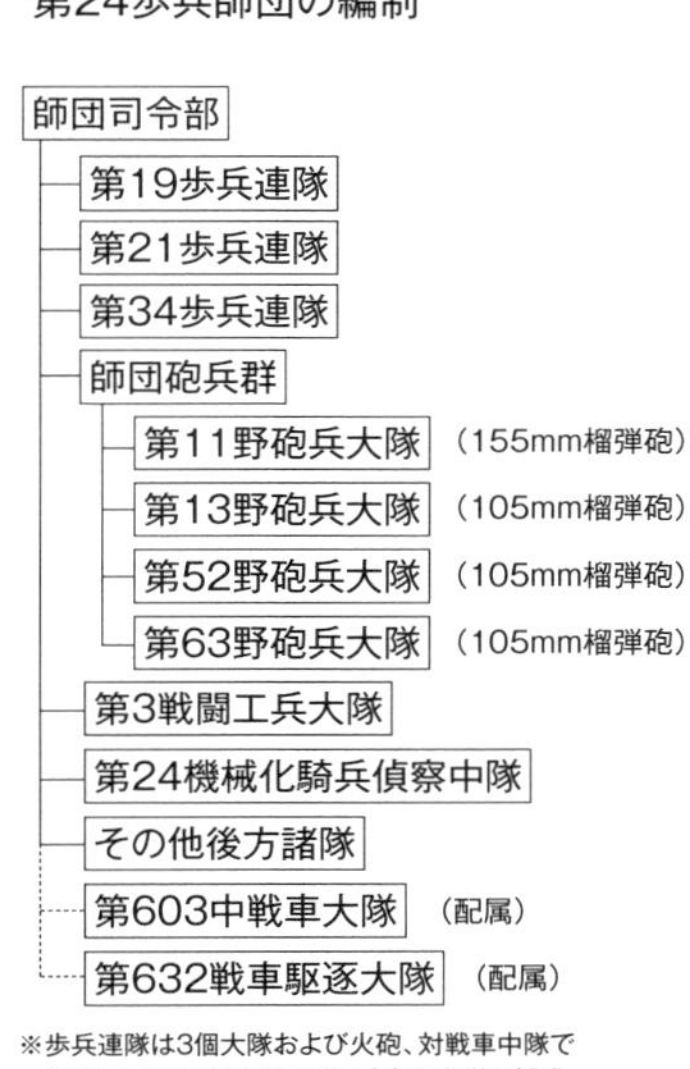
第24歩兵師団の編制

※歩兵連隊は3個大隊および火砲、対戦車中隊で編成。大隊は3個小銃中隊、重火器中隊で編成。
※表は基幹部隊を示しており、通信、衛生部隊などは省略している。

砲弾が炸裂するのを見た。これ以上の車両行軍は危険なようであった。一行は、道から外れて椰子林の中を行く。前方から日本兵が二名やって来た。この二人は、捜索連隊に同行した須山参謀と伝令であった。

須山参謀は、師団長に驚くべき情報をもたらした。捜索連隊が五キロ東方、カポーカンの手前でアメリカ軍の先鋒、砲兵を伴う約一個大隊の敵と戦闘状態に入り苦戦中という報告である。

そう、すでにカリガラ平野にはアメリカ第10軍団主力、第24歩兵師団と第1騎兵師団（実際には歩兵師団）の約三分の二が入り込んでいたのであった。

片岡中将は、戦況の悪化を心配していながら友近参謀長の言を信じてしまった自分のうかつさに臍を噛む思いだったかもしれない。しかしそれゆえに判断は早かった。須山参謀の意見具申を取り入れて、舟艇機動によって後方に廻られる恐れがある現在地から、峠道の出口であるピナポアンに後退すると、出口右側（東側）高地に護衛小隊と、連隊砲の陣地を構築させた。

また、トラック一両を連絡に返し、師団主力は、トラック輸送に移ること、先頭の第五十七連隊長宮内大佐に先行することを命じた。一〇：三〇のことである。

気がつくと見慣れない小さな飛行機が飛んでいる。制空権は自軍にあるから、なんだろうと思いながら、片岡中将は、捜索連隊副官の大室中尉の報告を聞こうとした。

その瞬間、アメリカ軍砲兵の急襲射が襲った。

小さな飛行機は観測機だったのだ。

最初の遭遇戦

先述したように、アメリカ軍の内陸進出は日本軍の予測より早かった。十月二十九日から三十日には、第24歩兵師団の第19歩兵連隊と第34歩兵連隊がカリガラ平野南端のマイニット川の線まで到達。前日の二十八日には第1騎兵師団第7騎兵連隊の一個中隊がカリガラの町に威力偵察を行った。

しかし、ここでアメリカ軍はミスをする。カリガラには比較的大兵力の日本軍が存在すると判断したのだった。このため第10軍団は、軍団重砲兵の到着を待ってからカリガラを攻撃した。十一月二日のことである。実際にはカリガラは前日に落とせたし、であるならば二日にはリモン峠を占領できたはずだ。第一師団のオルモック出発が二日だから、これは重大なタイムロスであった。

この日、第24歩兵師団の先頭である第34歩兵連隊は、カポーカンに到達した。

三日、〇七：〇〇時、第34連隊第2大隊はカポーカンを出発。約一キロ西のアンチポロ川で少数の日本兵の、だが強力な抵抗に突如遭遇した。

この少数の日本兵こそが、捜索第一連隊であった。彼らは、原隊とはぐれて後退してきた第十六師団の残兵からの情報と、『鈴二号』計画でレイテ島に派遣された雑多な部隊の作戦指導にあたっていた第百二師団の金子情報参謀の報告によって、米軍の前進を待ちかまえていたのである。

リモン峠の戦いの第一ラウンド、アンチポロ川の戦闘では、捜索第一連隊が、不意に敵と衝突する「不期遭遇戦」を行ったとされている。しかしすでに大岡昇平が検証しているように、日本軍にとっては、いわば予期遭遇戦であったのだ。

第34連隊第2大隊は、砲兵の支援のもと、最初、中央突破を試み、次に側面攻撃を狙った。だが、地形を利用して待ち構える日本軍を抜くことができなかった。ついで、水陸両用車を使用して、海上機動で一個中隊（K中隊）を後方へ回り込ませようとした。片岡師団長が巻き込まれた急襲射は、このときの支援砲撃だったのだ。

だが、この小さな上陸部隊は、片岡師団長に随伴していた四十九連隊の一個小隊（浅川小隊）に喰い止められた。支援砲撃で浅川小隊は全滅に近い打撃を受けたが、K中隊は撤退するほかなかった。結局、アメリカ軍は力押しで捜索第一連隊を排除した。というよりも捜索第一連隊は、連隊とはいっても一個中隊と機関銃小隊でしかない。戦力差は如何ともしがたいのだ。彼らは、配属の軽戦車をいち早く離脱させると、山の中を撤退した。

アメリカ軍の戦い方は、いかにも手際が悪いように思える。しかしそれは彼らにとっては不期遭遇戦になった以上、しかたがない部分もあるのだ。

アメリカ軍の教範『FM100-5 OPERATIONS』の一九四四年度版では、遭遇戦を、「浮動状況（流動的な状況）下の戦い」（攻勢の章の第二節）と位置づけ、要旨「二つの対進する部隊間の衝突で、最初の接触が、戦闘に大きな影響を及ぼす。」と述べ、「偵察の細部の結果を待つために戦闘準備が遅滞してはならない」「素早い判断と迅速な行動が、成功の本質である。」と記す（４９１条）。

興味深いのは、日本軍の教範である『作戦要務令』も遭遇戦について、第二部第二篇攻撃で、

「―前略―戦闘の初動より戦勢を支配するところ緊要なり」（第六十七条）。

「―前略―先制獲得の好機は瞬時に経過すべきを以て、地形を精密に観察し、或は刻々変化すべき敵情に関し多くの情報を待ちて、始めて処置せんとするが如きは多くは失敗に終わるものとす」（第六十九条）

と、よく似た記述をしていることだ。

つまり第34歩兵連隊第２大隊は決して間違った戦いをしたわけではないのだ。とくに短時間で砲兵と調節するとともに、海上機動部隊を進発させるという手際は見事である。

片岡師団長は、先の砲撃を辛くも無傷でやり過ごすと、全般指揮のために後方へと下がった。一方、急報を受けた第一師団本隊はどうであったか。

二度目の遭遇戦

三日、一四：三〇、第一梯団の歩兵第五十七連隊は、バレンシアに到着。大休止をとった。師団は、第五十七連隊を先頭に、道路上に延々と連なっていた。そこへ二波にわたるＰ－38の空襲を受けた。対空警戒は全く行っていなかった。彼らは、連日の状況から制空権が自軍にあると判断していたのである。

この空襲でもっとも被害を出したのが、第四梯団の砲兵連隊であった。砲兵は、歩兵と違い、簡単に退避することができない。砲兵連隊は、トラック三〇両、牽引車として使用されていた軽戦車数両、馬匹（ばひつ）三〇～四〇頭、一五センチ榴弾砲一門と多数の弾薬を失い、多くの死傷者を出した。

この日の朝、整備の遅れていたタクロバン、ドラグ、ブラウエンの各飛行場の整備が成り、P－38一〇〇機が、タクロバンに到着、さっそく攻撃に出たのである。

この後、第一師団を初めレイテ島の日本軍は、恒常的な空襲下に置かれることになる。しかし、この段階での第一師団にとって最大の損失は、物理的なものというよりは、以後の空襲を避けるためと、トラックや馬匹の喪失によって砲兵の機動力が低下してしまったことであろう。まるでノルマンディのドイツ軍である。こうして師団砲兵主力は、ルソン島に残置した三個大隊とともに、リモン峠の戦闘の初動に参加できなくなるのであった。

一方、師団長からの急報を受けた第五十七連隊長の宮内良夫大佐は、さっそく命じられた兵力を引き連れてリモン峠の師団長のもとへ出頭した。だが、命じられた兵力に誤りがあった。師団長は「歩兵小隊を連れてこい」と言ったのが、伝達のミスで「大隊砲小隊」になってしまったのだ。戦場ではしばしば見受けられるミスである。ともかくも、この大隊砲小隊、撤退してきた捜索連隊の機関銃小隊（津田重機小隊）、さらに歩兵第四十一連隊に配属される予定で行軍中だった独立速射砲第二十大隊（独速二十）を稜線に配置し、敵情を監視するしかなかった。

師団長は、宮内連隊長に対し、要旨、

「速やかにこの稜線（リモン峠）に兵力を集結し、前進中の敵を撃破せよ」と命じ、さらに自らの体験したアメリカ軍の砲撃の激しさを語って、「歩兵は昼間行動するな。壕を必ず掘らせよ」[*5]と指導した。この指導は、実戦を経るにしたがってより徹底され、連隊作戦主任から第二大隊長となった長嶺秀雄少佐は、接敵時にも陣地攻撃と同様、攻撃築城的に壕を掘らせることを命じた。アメリカ軍側も、深く掘った塹壕の利用を日本軍の戦法の特徴として挙げている。

宮内連隊長は、長嶺少佐と地形偵察を行った。峠付近は背丈ほどのコゴン草（イネ科の雑草）に覆われていること、また戦車は路上しか行動できないこと、対敵正面の傾斜が急であることは確認できたが、夕闇が迫りそれ以上の確認はできなかった。連隊の集結は明朝になる予定であり、斥候さえ出せなかった。実のところ、リモン峠付近は、日米ともに地形図の空白地帯であったのだ。

第一師団の捜索連隊を駆逐したアメリカ軍は、三日夕刻、リモン峠北の入り口二〇〇メートルのところまで来ていた。

翌四日、この日はリモン峠を挟んでわずかな距離で、日米両軍とも次の行動のための準備に費やされた。

第五十七連隊は、リモン峠の要点を昨日のままにして、逐次到着する隷下各隊を掌握し、戦闘準備をさせ、第二、第三大隊を連隊本部付近に集結させた。各隊の動きは切迫した状況にもかかわらずひどく遅かったが、これは部隊が疲労していることを意味していた。第一師団の将兵は十月十九日に上海で乗船して狭い船内に押し込められ、オルモックでは揚陸作業に従事し、上陸後は強行軍を行ってきたのである。いかに関東軍の現役精鋭師団でも、疲労し、隊列は延び、少なからぬ落伍者を出していた。

片や、アメリカ軍のほうも攻勢は限界に近づきつつあった。第24歩兵師団の先鋒である第34歩兵連隊は、上陸以来もっとも激戦を重ねてきた部隊で、この辺りで交替させるべきだった。また急速かつ広範囲にわたる内陸への進出は、悪天候による道路の泥濘化もあって、前線部隊に補給不足を来していた。第24師団は、この日、第34連隊を前日に同連隊の第2大隊が進出した位置まで前進させ、後続する第21歩兵連隊との交替を準備した。

しかし、この一旦の休止は、アメリカ軍には高くついた。まだ、第34連隊には余力があったし、なにより日本軍の防備が整ってなかったからだ。日本軍は、しばしば敵情と自軍の戦力を顧みない戦いで、戦機を潰してしまうが、アメリカ軍は、用心深さゆえに戦機を逃してしまうことがままある。

こののち、日本軍のレイテ島への大規模増援を察知したアメリカ軍は、是が非でもリモン峠を突破しなければならなくなるのだが、リモン峠の主稜線は、彼らに「Break neck ridge（首折り稜線）」と呼ばれるようになる。

一方、第五十七連隊の将兵は、多少なりとも行軍の疲れをとることができた。

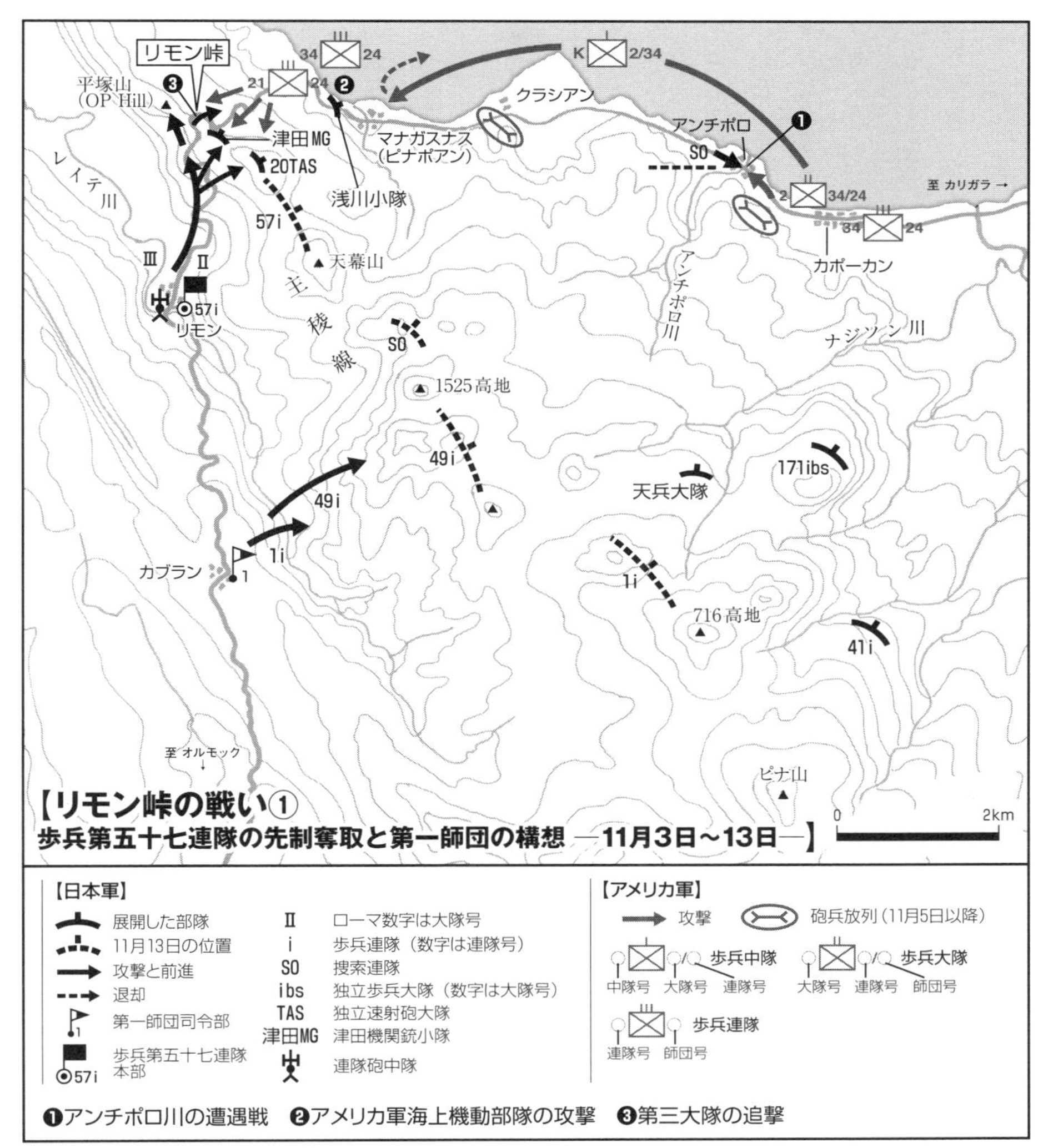

11月3日のアンチポロ川における遭遇戦から始まったリモン峠を巡る戦いは、歩兵第五十七連隊が先手をとり、峠を奪取した。第一師団は、リモン峠を旋回軸に隷下の二個連隊（第一、第四十九）を左旋回させてカポーカン～カリガラ間のアメリア軍を包囲殲滅する計画だったが、峠の消耗戦で五十七連隊は戦力を消耗。また海岸へと向かう部隊は険阻な地形とジャングルに阻まれ、13日に主稜線に到達したにとどまった。なお第一師団の前方にいる部隊は、ほぼ戦力を失っている。

明けて五日。

最初に動き出したのは、アメリカ軍だった。第21連隊は、第34連隊の将校の協力を得て、リモン峠の稜線が形づくる錯雑地形のなかに浸透を開始した。

第五十七連隊は、不思議なことに将校斥候も出さず、綿密な地形偵察も行っていなかった。このため、峠付近の監視網には穴がいくつもあったらしく、容易にアメリカ軍の接近を許してしまった。こうして地図の空白地帯という条件と、第五十七連隊のミスが重なって、文字どおりの不期遭遇戦が始まるのである。

峠を守る津田重機隊と第十六師団の残兵からようやく警報が発せられる。一一：〇〇、宮内連隊長は第三大隊に峠の奪取・確保を命じた。大隊は第十中隊を尖兵に砲撃下の道路を躍進しながら峠に迫った。迫撃砲の砲撃が激しく、その先頭である第一小隊は半数を失うが峠を占拠。続いて中隊主力と第九中隊が正午過ぎに峠の東稜線に展開を終えた。一四：〇〇頃、トラックに乗ったアメリカ兵が道路上をやって来た（これは兵員ではなく補給物資を積んでいた）。第三大隊は猛烈な射撃でこれを撃退。

しかし日本軍が反撃に転じようとすると、砲撃が激しくなった。さらに峠北西の高地から猛烈な側射をくらった。第三大隊にとってこのアメリカ軍陣地の排除が喫緊の課題となった。峠北西の高地を奪らなければリモン峠を完全に占領することはできないからだ。

それでも遭遇戦で始まった戦闘は、第五十七連隊が有利な状況で日没をむかえた。

深夜、予備の第十一中隊から一個小隊が派出されて峠北西の高地に夜襲をかけたが失敗した。のちにこの高地は戦死した小隊長の名をとって平塚山と呼ばれる（アメリカ軍は観測班丘＝OP hillと呼ぶ）。

翌六日。

〇六：〇〇、アメリカ軍は第1大隊のA中隊を先頭に攻撃を開始した。だが、第五十七連隊にとってまず重要なのは、平塚山の米兵だった。ここでは連隊砲中隊が信じられない技を見せた。射距離約三〇〇〇メートルという、連隊砲（七五ミリ四一式山砲）としては遠すぎる距離でありながら遠隔観測射撃（観測誘導は長嶺少佐）で、二〇発の有効弾を与えたのだ。この支援により第十中隊の一個小隊が突入。正午過ぎに平塚山を占領した。一方、主稜線でも、午後になると第三大隊主力がアメリカ軍主力を撃退した。

五日の遭遇戦から始まった一連の戦闘は、歩兵第五十七連隊の勝利で終わったのだった。

意気上がる第三大隊長の佐藤大尉は、一五：〇〇に連隊長に追撃の許可をもらった。だが撤退するアメリカ軍を掩護するための猛烈な阻止砲撃がリモン峠一体を襲う。時間にして約一時間。

この砲撃終了後に第三大隊は追撃に移るが、アメリカ米軍は阻止砲撃によって十分に彼我のあいだを離隔し、第三大隊を伏撃することに成功する。待ち伏せに遭った第三大隊は、大損害を出して、佐藤大尉は戦死してしまう。また連隊予備の第二大隊からは、斬込兼斥候が出されたが、その指導に出かけた大隊長の平井大尉も深入りしすぎて戦死してしまった。勝利の直後に起きた二名の大隊長の戦死。二人の大尉はともに陸士五十四期でこれが初陣であった、彼らは少尉任官が昭和十五年十月だから、まだ将校として四年の勤務経験しかない。

さらに、この戦いが遭遇戦であったことも、佐藤大尉の軽率な戦死につながるのではないだろうか。運動戦を主体とする軍隊にとって遭遇戦こそは、指揮官の腕の見せ所なのである。佐藤大尉は、国軍決戦と呼ばれたレイテ戦の最先頭で、先鋒大隊長として遭遇戦に勝利をおさめた直後だった。その気持ちは恐ろしいほど高揚していただろう。

しかし悲劇的だったのは、この日のアメリカ軍の攻撃は、本格的な攻撃ではなく威力偵察だったことだ。そもそも日本軍は機械化部隊でしか威力偵察は重視されない。またアメリカ軍は、威力偵察であっても、日本軍の基準から見て莫大な弾量を叩き込む。アメリカ軍の知識に欠ける日本軍は本攻撃と勘違いしやすいのである。

このような戦いの経緯を考えると、もう半日早く、五十七連隊がリモン峠に部隊を配備できなかったのかという思いにとらわれる。であれば遭遇戦など惹起しなかったのだから。

以後、リモン峠は、消耗戦の様相を深める。消耗しきった歩兵第五十七連隊は、師団からの無謀ともいえる攻撃命令と、アメリカ軍の側背からの侵入によりついに全滅一歩手前となった。十一月五日にリモン峠の配置に就いた歩兵第五十七連隊の将兵は約二〇〇〇名。十二月十六日現在で第一線に所在する将兵は九一名と記録されている。ルソン

地図は、本文に書かれた11月6日以降のリモン峠の戦況である。リモン峠を突破できないアメリカ軍は、左右両翼から大隊規模の挺身隊を投入するとともに、新鋭の第32師団を第24師団に替えて投入。リモン峠を起点に東側に日本軍を圧迫。28日の段階では、リモン峠付近の日本軍の戦線は実質的に崩壊していた。12月に入ると、第一師団の諸隊は、師団戦闘指揮所を直接守れる位置まで後退し、西方へと撤退した。

島に残置した三個大隊の増援があったにもかかわらず、である。こうして歩兵第五十七連隊は、十二月二十一日リモン峠から撤退する。このときすでに第一師団の戦力は、師団情報参謀の土居少佐の言葉を借りれば「破断界に達していた」のである。

「戦場の霧」をつくるもの

アンチポロ川からリモン峠の戦いは、日米両軍ともに不本意なものだったろう。遭遇戦とは、指揮官の技量の見せ所とはいえ、賭博性が高く、勝利の計算が成り立ち難いのである。

しかし、遭遇戦は無くならないであろう。なぜなら、彼我の自由意志が激突する流動的な状況こそが戦争の本質だからだ。したがって、流動的な状況で発生する遭遇戦とは戦争の本質に限りなく近い場所に存在する戦闘形態なのである。言葉を重ねて言えば、遭遇戦に端的に表れているように、戦闘は、なかば予測不能の世界なのである。なぜならクラウゼヴィッツの言う「戦場の霧」が発生するからである。

では、なにが「戦場の霧」をつくりだすのか？　これまでは一般的に、敵の意図という本来は解読しにくいものがその発生源とされてきた。だが、リモン峠を巡る戦いを見るときどうもそれだけではないようだ。

本書は、他の稿をお読みいただければ解かるように、戦術次元のテーマに終始してきたのだが、本章では、軍という戦略ないしは作戦次元（日本軍だと会戦単位）の組織についても記述してきた。そこで気が付くのは、「戦場の霧」を生み出す要因の一つに、自分たちの判断や意図というものが存在するのではないかということだ。

第三十五軍、第一師団、そして本稿の主人公である歩兵第五十七連隊が持つ、先入観、状況判断の甘さ、情報収集に対する努力の低さが、それがそれぞれのレベルで「戦場の霧」を発生させ、状況を混沌とさせているように思えてならない。

本来、これらはもう一つの戦争の本質である「摩擦[*6]」、とくに「組織の摩擦」になるものかもしれない。けれど

「霧」と「摩擦」は不可分のものであるようだ。あえていえば、摩擦によって生み出された微粒子が、より「戦場の霧」を深く濃くしているようにも感じられるのである。

＊　＊　＊

現在、アメリカ海兵隊を筆頭に各国が取り組む「機（詭）動戦／機略戦（Maneuver warfare）」では、流動的な状況において、敵の戦力の消耗ではなく、敵戦力を機能不全にする戦い方を目指している。そうした戦い方では、遭遇戦は重視せざるを得なくなる。しかし戦いの本質である「戦場の霧」は晴れないであろうし、また「摩擦」も無くなりはしない。けれど、敵よりも相対的に霧を薄くし、摩擦を少なくすることは可能であろうし、なによりも霧や摩擦に対する強健性[*7]（robustness）こそが軍隊の指揮に求められなければならない。だが、そのためには霧と摩擦の発生原因をより深く分析する必要があるのである。

●註

＊1＝情景描写は、第一師団長片岡董中将の回想記等を元にした。なお撃墜した敵機は片岡回想記では数機、うち一機は師団司令部が乗船する『金華丸』の高射砲と記述されている。

＊2＝星兵団。公主嶺学校の教導隊を改編した精鋭部隊で、実質は歩兵・砲兵・工兵から成る独立混成旅団。

＊3＝このため、第二十六師団の先遣隊（今堀支隊＝独立歩兵第十二連隊基幹）は、第一師団と同じ輸送船団（海軍の輸送艦と小型船を使用）でオルモックに上陸し、山脈を越えてハロの町を見おろす高地にまで進出した。

＊4＝この会話は書籍によって細部に異同があるが、ここでは戦史叢書『捷号陸軍作戦〈1〉』から採った。

＊5＝台詞は、「〝レイテ〟リモン峠における57 i／1Dの戦闘」『戦闘戦史　攻撃（前編）』より。

＊6＝天候、敵の非合理（と思われる）対応、人為的なミスなど、偶発的で予測不可能に発生する事態により、軍事行動に齟齬を来すこと。クラウゼヴィッツは、包括的で抽象的な概念として述べているが（『戦争論』第一編第七章）、本稿では「組織内の摩擦」と限定的かつ具体的に使用した。

＊7＝一般的な訳は、「頑強」「強靭」「堅牢」だが、ここでは「強く健全」であるという意味を込めた片岡徹也氏の訳（「古典的用兵思

想から軍の革新へ（第6回）」『鵬友』平成23年5月号）を用いた。

●主要参考文献

防衛庁防衛研修所『戦史叢書　捷号陸軍作戦〈1〉レイテ決戦』（朝雲新聞社、1970年）
防衛庁防衛研修所『戦史叢書　比島　捷号　陸軍航空作戦』（朝雲新聞社、1971年）
大岡昇平『レイテ戦記（上・中・下）』（中公文庫、1974年）
片岡董『レイテ戦従軍記』（私家版、1954年）
友近晴美『軍参謀長の手記』（黎明出版、1946年）
千葉日報社編『レイテの雨　佐倉連隊の最後』（千葉日報社、1973年）
長嶺秀雄『思い出「レイテ」島における歩兵第57連隊戦闘概況』（不明・靖国神社偕行文庫蔵）
富士学校戦闘戦史編さん室「〝レイテ〟リモン峠における57i／1Dの戦闘」『戦闘戦史　攻撃（前編）』（陸上自衛隊富士学校修身会、1973年）
クラウゼヴィッツ著・日本クラウゼヴィッツ学会訳『戦争論（レクラム版）』（芙蓉書房出版、2001年）
『作戦要務令』（池田書店、1974年、復刻版）
FIELD SERVICE REGULATONS FM100-5 OPERATONS（1944）．＊web版

進撃する日本軍。シンガポールを目指し、日本軍は迅速にマレー半島を南下する必要があった【第四章】

マレー半島の橋梁を破壊するため爆薬を設置するイギリス軍工兵【第四章】

島田豊作少佐。スリム殲滅戦当時 30 歳。中国大陸での戦闘を経たベテラン中隊長だった【第四章】

沖縄、1945 年、シュガーローフ・ヒル。戦略上重要なこの丘は那覇攻略作戦中、6 度も支配者が変わった【第五章】

1945 年 5 月、首里郊外の攻防戦で日本軍の洞窟陣地を爆薬で爆破する第六海兵師団の兵士【第五章】

5 月 18 日。シュガーローフヒル（右上の丘）北側からの眺め。手前の砲身は日本軍陣地の 47mm 速射砲で、餌食になった戦車が何両か見える。絶好の射撃ポジションなのがわかる【第五章】

シュガーローフ・ヒルより望むホースシューと那覇の市外【第五章】

米軍は、リモン峠の稜線を「Berakneck Ridge」と呼んだ。初動で日本軍に主導権を奪われ苦戦を強いられることになる。峠の一本道は車両の行動が制限され、戦車の運用が滞った【第六章】

リモン峠に通じる道に、日本軍は地雷を埋設した。写真は撤去した地雷を調査する米兵工兵【第六章】

第七章

〝陸軍の真珠湾〟開戦劈頭の強襲上陸

歩兵第五十六連隊のコタバル上陸作戦

セオリーから外れた作戦を可能とした「戦いの準備」と、それゆえに見えた進化の限界

上陸作戦といえば、まず頭に浮かぶのが、アメリカ合衆国海兵隊であろう。がしかし、少なくとも太平洋戦争が始まった時点で、もっとも優れた上陸作戦能力を持つ軍隊は、実は日本陸軍であった。

海洋国家の陸軍として、海を渡ることを宿命づけられていた彼らは、長い時間をかけ、兵器、装備、そして運用技術と、上陸作戦能力を磨き上げてきたのである。

そしてその能力が遺憾なく発揮されたのが、太平洋戦争劈頭におけるコタバル強襲上陸であった。当時の日本陸軍は、強襲上陸は上陸作戦の定石に外れたものと見なしていたから、これは、優れた能力を持つ軍隊がときとして見せる高い応用能力の発現といえた。

しかしながら、それゆえにこそ現在の上陸作戦、あるいは敵地進攻作戦の視点からは、限界も見えてくるのである。そしてその限界は、より大きな組織の欠陥も窺わせるのであった。

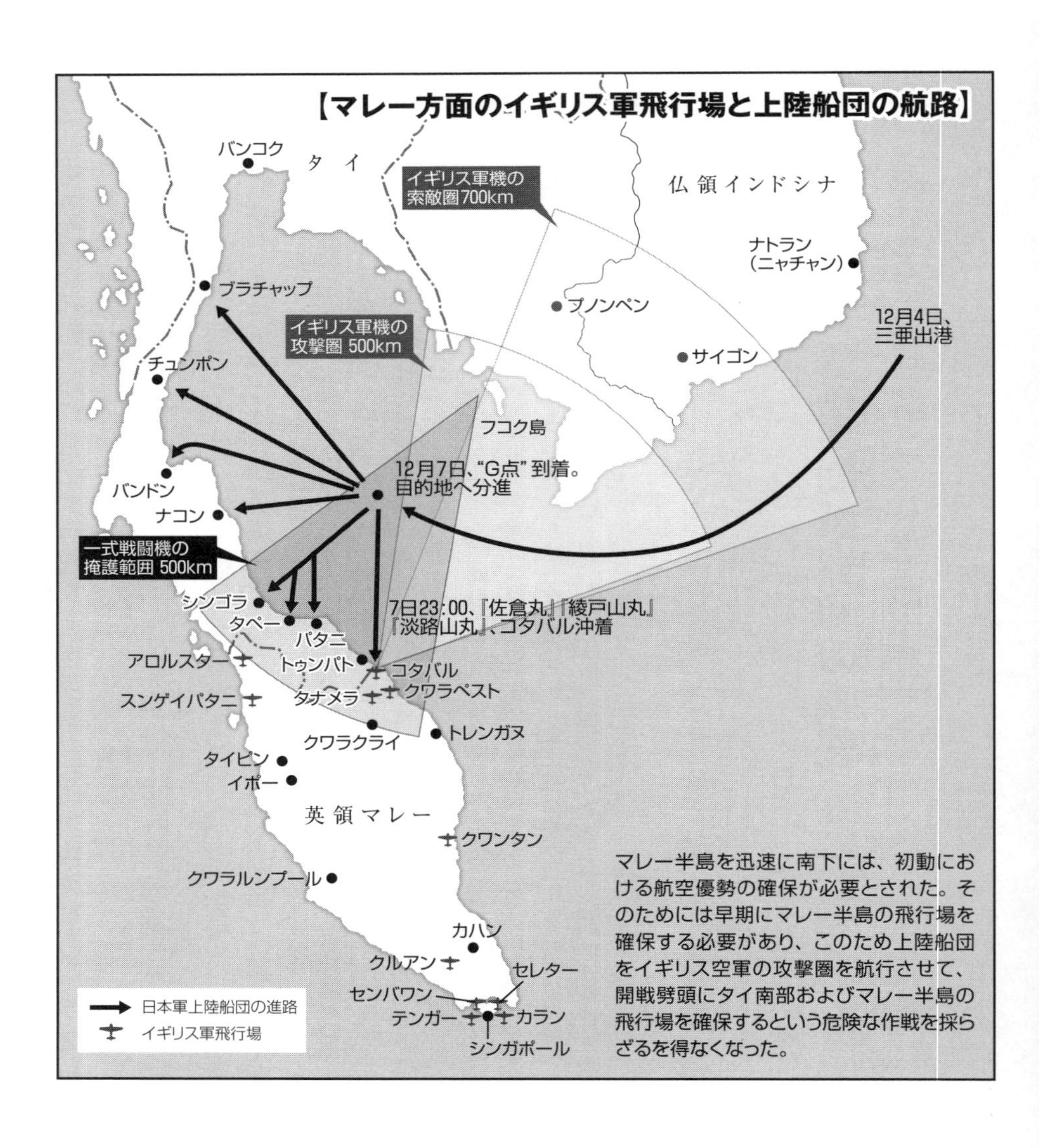

マレー半島を迅速に南下には、初動における航空優勢の確保が必要とされた。そのためには早期にマレー半島の飛行場を確保する必要があり、このため上陸船団をイギリス空軍の攻撃圏を航行させて、開戦劈頭にタイ南部およびマレー半島の飛行場を確保するという危険な作戦を採らざるを得なくなった。

その前日

日本陸軍にとっての〝真珠湾〟は、マレー半島への上陸作戦だった。

昭和十六（一九四〇）年十二月七日一〇：三〇、軽巡『川内（せんだい）』と一〇隻の駆逐艦以下、二〇隻の海軍艦艇に守られた二七隻の輸送船団は、北緯九度二五分・東経一〇二度二〇分の「G点」と呼ばれる位置に到達した。ここからは各部隊ごとに分進してマレー半島の上陸地点に向かうのだ。

分進する船団のうち、敵に発見されれば掛け値なしに危険だったのが、真南に進む三隻の輸送船だった。

船団の目的地はイギリス領マレー東岸最北端の町コタバル。開戦劈頭、マレー半島に上陸する「先遣兵団」のうち、主力が外交交渉でタイへの進駐を計画していたのに対し、この船団に載せられた第十八師団歩兵第五十六連隊を基幹とする侘美（たくみ）支隊（正しくはコタバル支隊）のみが、敵地であるイギリス領マレーへと上陸し、三つの飛行場を奪取しなければならないのである。このため、三隻の輸送船は、旗艦『川内』を筆頭に護衛部隊主力に守られていた。

一九：二五頃、駆逐艦『浦波』がコタバルの三四五度方向六〇浬付近でブレニム爆撃機[*1]を発見。これに発砲したが、同機はすぐに姿を消した。この日の日没は二〇：〇〇。同三〇分、『川内』は、コタバル沖の天候偵察を命じられていた伊五十六潜水艦の「……上陸作戦ニ適ス」の電報を受信[*2]。各船に逓伝した。

数日来の緊張を強いられてきた支隊長の侘美浩少将を初め、部隊の各級将校たちは、日没と、この情報にほっとする思いだった。少なくともコタバルには無事に到着でき、上陸も可能である、と。一方、海軍側は、先のブレニム発見の報に、奇襲は不可能だと腹を括った。

もっとも中国戦線で〝野戦ずれ〟している歩兵第五十六連隊の古参兵たちは、表面上はしごく呑気だった。乗せられた輸送船は三井、大阪、郵船（三井物産、大阪商船、日本郵船）の最新型で、これまでのフネに比べて居心地が良く、そのうえ加給品の酒や煙草も含めて給養が潤沢なことが大きな理由だった。

二三：〇〇過ぎ、月齢一九の月が出た。すでにコタバル海岸に近く、目標とするコタバル郊外のトゥンパト漁港の灯台と町の明かりが見えた。三隻の輸送船は、この灯台を目標として駆逐艦『綾波』に先導されながらサバク川河口沖合六〇〇〇メートルの錨地に投錨した。時刻は二三：五五。

十二月八日午前零時、遠く離れたハワイ北方の南雲機動部隊で総員起こしのラッパが鳴り響いたのと同時刻、各輸送船の檣頭に緑の信号が灯った。

「上陸準備作業開始」

ほぼ同時にトゥンパトの明りが一斉に消えた。敵は気付いたようだった。

海を渡る陸軍

四周を海に囲まれた日本の陸軍にとって、反乱鎮圧軍だった創設当初から、渡洋作戦は不可分のものだった。戊辰戦争では津軽海峡を横断し、西南戦争では鹿児島湾上陸をはじめ、いくつかの大規模海上機動作戦を展開している。

こうした日本陸軍が、近代的な上陸作戦能力を身に付ける契機となったのは、戦略的には、大正十二年度（一九二三）に改訂された『帝国国防方針』で一時的にアメリカを第一の仮想敵としたときであり、軍事技術の面では、第一次世界大戦のガリポリ上陸作戦の戦訓によるところが大きい。

海軍と協力してフィリピン攻略を行うために、陸軍は大正十五（一九二五）年に舟艇の運用にあたる丁工兵（のちの船舶工兵）部隊を編成し、昭和五年には世界で最初の実用的な上陸用舟艇である大発動艇（通称「大発」[*3]）を制式化。昭和九年には、これまた世界最初の強襲揚陸艦とも呼ばれる舟艇母船『神州丸』（別名『龍城丸』）を就役させ、昭和三年頃から、海の歩兵戦車ともいうべき装甲艇を開発・装備している。

また、高速輸送船を平時に準備するために海運会社に助成金を出して、これを建造する施策も行われた。佗美支隊を運ぶ三隻の輸送船『淡路山丸（三井物産）』『綾戸山丸（大阪商船）』『佐倉丸（日本郵船）』も、こうした施策で建造された貨物船だ。これらのハード面の整備に加え、昭和十五年には『作戦要務令』に上陸戦闘を含む「第四部」が付け加えられた。[*4]

一方、第五師団をはじめ、太平洋戦争の開始までには三個の上陸担当師団が編成されている。佗美支隊の基幹である歩兵第五十六連隊が所属する第十八師団もその一つであった。[*5]宇垣軍縮で一旦は廃止された同師団は、昭和十二年に再編されるが、その初陣は、当時最大規模の上陸作戦であった杭州湾上陸作戦である。[*6]さらに翌十三年にはバイアス湾上陸作戦に参加する。

一般に上陸作戦といえば、アメリカ海兵隊が思い起こされるが、太平洋戦争開戦時の日本陸軍は、編制・装備そして経験の、すべての面で世界一の上陸作戦能力を持った軍隊だったのである。

とはいえ、その上陸作戦の基本は、制海・制空権の保持のもと、「上陸戦闘に於ては、敵の不意且つ不備に乗じ奇襲の利を収むること最も緊要なり」（『作戦要務令　第四部　上陸戦闘　通則第三条』より）とあるように、あくまで敵の防備の薄い地点を狙ったものであった。しかしこれは当たり前であろう。敵の弱点に乗ずるために海という広い空間を利用して機動するのだから。「太平洋の要塞化された島々を攻略する」ことを目的としたアメリカ海兵隊のほうが、実は異常な存在なのである。[*7]

したがってマレー半島上陸作戦、とくにコタバルへの上陸は、後述するように、日本陸軍にとってはセオリーから外れた作戦だったのだ。

マレー上陸作戦

日本陸軍が、従来の上陸作戦の基本を捨ててまで、危険な上陸作戦を行おうとしたのは、一挙に軍主力を陸揚げして、マレー半島を迅速に南下することを狙ったからだ。ここで鍵となるのは、航空部隊の運用であった。

マレー作戦において主力となった陸軍の航空機は、海軍機にくらべて航続距離が短く、開戦奇襲に成功したとしても、短期間に確実な制空権を得られるとは限らなかった。このため、開戦前日にタイと交渉して、開戦日払暁にタイ領マレーに上陸進駐し、同地の飛行場を確保して航空部隊を躍進させ、爾後の航空戦を有利に——ひいては地上部隊の進撃も——進めようと目論んだのである。

しかしタイ領マレーに上陸するには、上陸部隊（先遣兵団）を二日間ほどイギリス軍の航空哨戒圏で航行させせなければならなかった。イギリス軍がもし積極的な意図を持っていたら開戦前に船団が襲撃されることになる。

海軍は、この「甲案」と呼ばれた作戦案に対し、「護衛に責任が持てない」と反対し、上陸は小部隊（先遣隊）の奇襲上陸として、まずは飛行場の奪取と航空撃滅戦を行い、爾後主力上陸という案を推した（「乙案」）。それでも、マレー方面への海軍自身の航空兵力が充実したことと、迅速な南下のためには大規模な上陸が必要であることから、最終的には「甲案」へと落ち着いた。だが、コタバルへの上陸については、最後まで揉めることとなった。陸軍、とくに作戦当事者である第二十五軍は、コタバル上陸にこだわった。同地の飛行場群が、タイ領の先遣兵団主力の上陸地点を狙うのに絶好の位置だったからだ。

十月二十日と二十二日の両日、第二十五軍の辻政信参謀は、一〇〇式司令部偵察機に同乗して、上陸予定地一帯の隠密偵察を行うと、「タイ領内の飛行場は整備状態が悪く、対してコタバル飛行場は整備状態が良好」と報告した。これでは、是が非でもコタバル上陸を行わなければならない。

辻の報告はしかし、飛行場の状態は事実だったのだが、なかば虚偽だった。二十日は天候が悪く、飛行場を明瞭に視認できたわけでも、コタバルの防備を確認できたわけでもなかった。二十二日は撮影した偵察写真の多くが使い物にならなかった。直言居士のように見せながらも、所属する部門の〝空気〟を読んで、それに沿った〝証拠〟を持ってくる。なるほど、辻がある種の組織では「有能である」と評価されるのも無理はない。——閑話休題。

結局のところ「コタバル問題」は、大本営陸海軍部の間でも決着がつかず、実戦部隊最高司令部である連合艦隊および第二艦隊（南方部隊）と南方軍の間でも決められず、現地部隊である南遣艦隊（馬來（マレー）部隊）と第二十五軍とのあいだに一任された。

最終的に断を下したのは、馬來部隊指揮官である小沢治三郎・南遣艦隊司令長官であった。彼は、海軍は開戦日払暁にコタバルに上陸する陸軍部隊の護衛に責任を持つと明言した。

英断と評価されるこの決断ではあるが、『戦史叢書』に載る小沢自身の回想[*8]によれば、海軍の利害と一致するものであった。つまり、けっして多いとはいえない海軍戦力をコタバル以南に重点配備すれば、戦力の節約になるうえ、コタバル防衛に出撃するイギリス艦隊を誘出できると考えたのだ。穿った見方をすれば、小沢にとって佗美支隊は、敵艦隊誘出撃滅のための囮ともいえた。

この「英断」を受けて、マレー進攻作戦を担当する陸軍第三飛行集団長の菅原道大（みちおお）中将は、飛行第六十四戦隊に、帰路が夜間となる日没時までの船団護衛を命ずる。一式戦闘機『隼』を装備する六十四戦隊は、第三飛行集団にとって航空撃滅戦のための虎の子であった。したがって、本来なら危険な夜間洋上飛行を伴う日没時までの船団護衛には投入したくなかったのである。

こうして、少なくとも「情誼」または「人的結合」という面で、『作戦要務令　第四部　上陸戦闘』の通則第二項「上陸戦闘は陸海軍協同して行うを通常とす。——中略——陸海軍協同して上陸する場合に於ては、真に両軍一体の実を発揮すべきものとす」という〝雰囲気〟は醸し出されつつあった。

ともかくも、開戦劈頭のコタバル上陸は、十一月十八日の、「馬來作戦陸海軍協定（サイゴン協定）」によって決定されたのである。

佗美支隊

広東省広州市の中山大学に駐屯する第十八師団に、上陸作戦のための支隊編成の正式命令が下ったのは十一月二十日のことだった。もっとも、師団は、佗美浩少将が指揮する歩兵第二十三旅団司令部を支隊司令部とし、歩兵第五十六連隊、同五十五連隊第一大隊、山砲兵第十八連隊第一大隊を基幹とする支隊の編成をすでに終わらせ、前日から廈[ア]

門（モイ）において上陸訓練と指揮官の演習を行っていた。

とはいえ佗美支隊の編合は、最終的に下の表のように縮小され、砲や弾薬を運ぶ馬も減らされた。開戦初頭の大作戦でありながらも、すでに輸送船舶が不足していたのだ。それでも配属の工兵中隊には、二五隻の折畳舟が増加配備された。これがのちの戦闘に役立つこととなる。

十一月二十四日、佗美少将は軍命令受領のために飛行機で海南島三亜へ赴き、支隊は、黄埔から乗船した。そこで連隊本部は封緘命令書を開封したのだが、同封された地図は、コタバル付近はやや詳しいものの、縮尺が大きくて作戦用としては用をなさず、航空写真も明瞭なものではなかった。そのうえ、企図を秘匿するために直前の偵察もできなかった。

この段階で、南方軍が摑んでいたコタバル付近の敵戦力は、航空機二四機、兵力約二〇〇〇人。海岸には数線の鉄条網が設けられたうえ、地雷が敷設され、トーチカのようなものが約三〇メートル間隔に存在することと、側防の砲兵陣地があるということだけであった。

軍命令の受領後、軍司令部の指導の下に佗美支隊司令部が立案した作戦の要旨は、以下のとおりである。

・X日払暁、サバク（川河口）付近の海岸に奇襲上陸し、コタバル飛行場を占領。
・爾後、クワンタン方面に前進してクワンタン飛行場を占領。

佗美（コタバル）支隊の編合

支隊長：佗美浩少将
参謀：佐藤不二雄少佐　※師団より配属

上陸部隊

- 師隊司令部
  - 歩兵第五十六連隊　連隊長：那須義雄大佐
  - 山砲兵第十八連隊第一中隊　山砲×4
  - 工兵第十二連隊第二中隊
  - 師団通信隊の一部
  - 師団衛生隊3分の2
  - 第二野戦病院
  - 第十一防疫給水部の一部
  - 通信第一連隊の無線1個小隊
  - 独立速射砲第六、第七中隊　速射砲×12
  - 独立野戦高射砲第二十一中隊　高射砲×4
  - 揚陸作業部隊
  - 独立工兵第十四連隊（2個中隊欠）
  - 第四十九碇泊場司令部主力
  - 水上勤務第四十七中隊（1個小隊欠）
  - 建築勤務第五十八中隊の1個小隊
  - 陸上勤務第百六中隊
  - 船舶高射砲第一、第二連隊の各一部
  - 船舶通信隊の一部
  - 区処部隊*
  - 第五飛行場中隊
  - 第八野戦飛行場設定隊
  - 第十五航空通信隊の一部
  - 気象第一中隊の一部

*区処理部隊＝本来は隷属関係にないが、作戦実行のために一時的に某指揮官のもと特定事項のみ指揮される部隊。

・敵主力との決戦をマーチャン付近に予想する。
・この間、機を見てタナメラ、クワラペストの両飛行場を占領するとともにトンパツ（トゥンパト）港を占領して後方基地を確保する。

コタバル飛行場にもっとも近い地点ではなく、やや離れたサバク（サバク川河口部）に上陸するのは、飛行場北がパアマト川の河口部でクリークが入り組んだ錯雑地形なのに対し、サバクからだと、飛行場に向かう地形が平坦であるからだ。また「決戦」の言葉を使用し、かつトゥンパト港の占領も目標としていることから、一挙に内陸部に進出するのではなく、まず所在の敵と増援を撃破して、海岸堡を固める意図があったこともわかる。なお、海軍艦艇による艦砲射撃は、企図の秘匿のために、陸軍の要請があった場合にのみ実施される手筈であった。

上陸作業は計四回に区分された。第一回の第一次、第二次で第一線部隊を、第二回で支隊司令部と予備、第三回で配属の速射砲・高射砲等、ついで船団は一旦退避後、翌未明（X＋一日）に、四回目として後方および航空関係諸隊を、それぞれ揚陸することとされた。

ちなみにタイ領に上陸する先遣兵団主力は、海岸堡を固めずに英領マレーへ速やかに前進することとされている。また第三飛行集団では、コタバル飛行場群と呼ばれるコタバル、タナメラ、クワラペスト飛行場のうち、コタバル飛行場を当日の爆撃目標から外した。佗美支隊が天明までに占領する計画だったからだ。[*9]

十二月二日。大本営から南方軍へ、海軍の「ニイタカヤマノボレ」に対応する「〝ヒノデ〟ハ〝ヤマガタ〟トス」の暗号電が発せられた。三亜に集結した輸送船団と護衛艦艇はこの日、最後の上陸演習を行った。四日、船団は三亜を出港する。

強襲上陸

そして十二月八日午前零時、輸送船の檣頭に「上陸準備作業開始」の信号が灯った。このときから、コタバル海上は東北からの風と波浪が激しくなった。風速は一〇から一五メートルを測り、船上の張索が悲鳴のような音を立てる。『淡路山丸』では、最初の舟艇が風に煽られてワイヤーが切れ、デリックから船上に転落するという事故が起きた。どの船も計画にある両舷からの舟艇の泛水（はんすい）は不可能で、風下側の片舷からとした。

作戦初動で起こったアクシデントであったが、上陸作戦の経験と訓練を重ねている佗美支隊の将兵は、さしたる混乱も起こさなかった。だが、彼らには肉体的・生理的な辛苦が待っていた。

上陸部隊の将兵たちは三五キロから四五キロの装備を身に着け、舷側の縄梯子を降りて舟艇に移乗する。強風と波で船は大きく揺れ、海中に転落する者が少なからず出た。そのうえ波高は、舟艇への移乗の限界とされた一・七メートルを超えていた。片舷移乗のために時間がかかり、舟艇上で待機する兵の多くは船酔いで嘔吐した。ぎっしりと積み込まれた舟艇の中での嘔吐は、前の兵の背中を汚すことになる。将兵は戦友の吐瀉物と波しぶきに濡れて、ひたすら進発を待っていた。

〇一：三五。移乗完了の合図とともに、信号灯が青に変わった。「全艇発進セヨ」

大荒れの海上を、第一回第一次上陸部隊を載せた舟艇群が四列縦隊で海岸へ向かう。左第一線が数井孝雄少佐の第一大隊。右第一線が松岡義一少佐の第三大隊。

海岸から約一〇〇〇メートルで指揮艇に赤ランプが灯ると、舟艇群の隊形は横一列の横隊に変換された。海岸まで五〇〇から四〇〇メートル。このときイギリス軍の海岸陣地が一斉に火を吹いた。

コタバル上陸時における歩兵中隊の装備一覧

弾薬類	
小銃分隊	分隊長　小銃弾120発 小銃手　小銃弾120発 軽機関銃班長　— 同　射手　— 同　弾薬手　—
擲弾筒分隊	分隊長　— 射手　榴弾6発 弾薬手　榴弾6発
ほかに手榴弾を各自が1発～2発携帯	
中隊	破甲地雷　各中隊5 戦車地雷　各中隊5 発煙筒　各中隊5 発射発煙筒　各中隊5

その他備品	
小十字鍬（小型ツルハシ）	各中隊20
鉄条鋏	各小隊
小円匙（小型スコップ）	各中隊80
斧	各小隊1
九三式夜光コンパス	各中隊9
鋸	各小隊1
手旗	各中隊6
表示幕	各中隊6

軽機関銃チームの班長、射手、弾薬手および擲弾筒分隊の隊員は小銃装備ではないので、小銃弾は携行していない。軽機関銃弾の定数は1230発であるが、上陸作戦のため1440発に増加して支給された。

舟艇内で被弾して物も言わずに倒れる兵。ある新兵は、祖母に教わったお経を唱えて恐怖と戦っていた。そして直撃弾を受けて沈没する艇。さらに荒波で転覆する艇。

弾丸が飛来するなか、船首に佇立する艇長が怒鳴る。

「たっちゃーく（達着）！」

「飛び込め！」

教範どおりの号令がかけられ、訓練どおりに将兵は行動した。だが海岸の状況は訓練ではあり得ない状況だった。二メートルから三メートルの巻波が発生し、上陸よりもむしろ波乗りにふさわしい状態だったのだ。

飛び降りた兵は、波に呑まれて海岸に打ち上げられ、さらに海へと引き戻された。

輸送船から海岸までの間、九〇〇名とも言われる漂流者が発生したが、海没者数は三八〇名であった。この中には舟艇の沈没とともに戦死した者もいるから、溺死者は、幸いにも想像より下回っている。これは、開戦直前ともいえる十一月十八日[*10]に着任した連隊長の那須義雄大佐が、翌日からの上陸訓練で、救命胴衣のテストを徹底して行ったおかげだった。

那須連隊長の前職は陸軍省補任課長、後職は第十五軍軍政部長、終戦時は陸軍省兵務局長である。軍服を着た吏僚といった経歴の持ち主ではあるが、コタバルから始まるマレー戦では、〝陸大出〟の優秀者らしく『作戦要務令』に忠実ではあるものの、沈着で文字どおり、「水際だった」指揮振りを見せる。

その那須大佐と連隊本部が第一回第二次上陸部隊として出発したのは、計画より三〇分遅れの〇二：四五を過ぎたころであった。海岸での銃砲火を目にしても、那須大佐は楽観的で「（自軍は）鉄条網を爆破して進出中」と判断していた。だが、途中で第一次上陸部隊を載せた舟艇群の帰航に出会わないことや、海岸に近づくにつれ漂流者が点々と浮いているのを目撃し、容易ならざる戦況に気がついた。

海岸は、戦慣れした歩兵第五十六連隊でも経験したことのない激戦の裡にあった。

第一次上陸部隊の左第一線では、上陸直後に大隊長・数井少佐が身に五発の銃弾を受けて重傷。第一中隊は将校全員負傷。かたや右第一線では第十一中隊主力を載せた特大発が砲弾の直撃で沈没（ただし中隊長は健在）。上陸指導将校として第三大隊に同行した連隊本部附（作戦主任）の松雪大尉も戦死。無線機は水に漬かり使いものにならなくなった。[*11]

海岸は、汀線から五〇メートルから六〇メートル付近に屋根型または蛇腹（コイル）状の鉄条網が設けてあり、それらには地雷も仕掛けられていた。椰子林の林縁にはトーチカ、そして散兵壕が存在した。

将校も兵も波打ち際に亀のように這いつくばり、鉄帽で砂を掘りながら前進する。第九中隊正面では砂浜が狭く、工兵は爆破筒が使えなかった。鉄条鋏で鉄条網を切断しようとするが、腕を伸ばして姿勢が高くなった彼らは、横薙ぎの機銃掃射で撃ち倒された。ところどころで花火のような火箭が上がる。それはイギリス軍の緊急火力集中の合図であった。

それでも将兵は、なんとか鉄条網を切断するか、その下に穴を掘ってくぐり抜け、トーチカの死角ににじり寄った。中国戦線で、ゲリラ相手に多用してきた催涙ガス発煙筒（赤筒）や手榴弾を投げ込み、各個に、または小さなグループで少しずつ前進していった。

第三大隊長・松岡少佐は、右方向の抵抗が少ないことから、第十一中隊が前進をしていると判断（実際は先述したように同中隊は壊滅状態）、〇三：〇〇頃、一個分隊を率いてクリークを渡り、ほぼイギリス軍陣地帯の後端に達した。が、あとが続かず止まってしまった。

連隊長と連隊本部は、第三大隊と同じ場所に上陸。その位置を確認したところ、クリーク、湿地、密林が入り組んだパアマト川河口部の中州地域であることが判明した。

すでに述べたように、ここは錯雑地形のため、作戦を立案するさいに上陸場所から外した海岸であった。事前偵察が禁止されていたことから、潮流の測定を推測に頼るしかなく、それが誤っていたのである。加えて波浪によって、舟艇からは陸岸がはっきり視認できず、第一次上陸の時点から、全体に大きく西に流されてしまったのだった。

一方、数井少佐が重傷を負った第一大隊では、第二次上陸で第四中隊と同行した支隊参謀の佐藤少佐が部隊を掌握し、指揮権を第四中隊長の岩本中尉に継承させた。岩本中尉は冷静に事を進め、約五〇名の兵力を集めてから第一線を突破した。しかし第二線からの機関銃の急襲射撃で戦死。右翼から上陸海岸を横切って連絡を付けに来た、連隊副官の池島中尉が指揮を引き継ぎ、咄嗟の判断で第二線陣地に突撃をかけてこれを占領した。だが、その前面にはクリークが行く手を阻んでいた。

このころ、何名かの将兵が、遠くに爆音を聞いた。コタバル飛行場の敵機が離陸し始めたのである。〇三：二〇頃と思われる。

空襲

コタバルを守るイギリス軍は、第9インド師団隷下の第8歩兵旅団を基幹とした兵力約五五〇〇名であった。直接海岸を守るのは、上陸地点となった海岸に第17ドラグ連隊第3大隊、その南に第10バルチ連隊第2大隊。後方には第13フロンティア・フォース・ライフルズ連隊第1大隊が控えていた。コタバル飛行場群には、十二月七日の時点で二〇機が存在していた。彼らは、日本軍はコタバルに上陸するであろうと予測し、警戒していたのである。コタバル飛行場のRAAF（オーストラリア空軍）第1飛行隊に出撃命令が下り、ハドソン爆撃機の一番機が飛び立ったのは[*12]〇二：〇八（現地時間）と記録される。

『淡路山丸』の船上では、佗美少将が上陸成功の「セコ、セコ」の報告を焦燥の中で待っていた。第二回上陸部隊の大部は第一次上陸部隊の舟艇を再使用するはずだったが、それらは未だ帰らない。

空襲を受けたのは、そうした時間帯であった。護衛艦艇と、輸送船で唯一高射火器を持つ防空基幹船の『佐倉丸』が対空射撃を開始。ほかの船も、手持ちの火器や揚陸前の高射砲で対空射撃を開始した。

〇二：〇五頃、一隻の舟艇が帰来、艇長が「〇一三〇上陸成功」と叫んだ。佗美支隊長は自ら筆をとって報告文を起案。司令部宛に「八日〇一三〇第一回上陸成功ス、――中略――尚船団ハ敵機ノ襲撃ヲ受ケツツアリ」と打電した。

戦後の調査によって、この第一次上陸の時間は、〇二：一五と訂正されるのだが、どちらにしても真珠湾攻撃よりも早い時刻であった。これが太平洋戦争の最初の戦闘だったのである。

しかし、上陸作業は完全に終わったわけではなかった。『淡路山丸』は爆弾が命中し、搭載していたガソリンに引火して爆発炎上した。『佐倉丸』『綾戸山丸』も相次いで被弾した。ＲＡＡＦ第1飛行隊のハドソン各機は、爆弾を投下すると飛行場にとって返し、すぐさま舞い戻ってきた。彼らの出撃数は夜明けまでに一七回を数えた。

護衛部隊指揮官の橋本信太郎海軍少将は、輸送船の被害と空襲が続くことから、上陸を中断して退避すべきと考えた。これは佗美支隊側から見れば、苦戦中の友軍を置き捨てることに他ならない。佗美少将と橋本少将との間で、電文による協議が行われた結果、「支隊司令部と第一線部隊は上陸させる。〇六三〇まで上陸作業を延長するが、それ以降は積み残しがあっても船団は退避する」という妥協がなされた。

一見、海軍は臆病で冷酷であるようにも見えるが、その批判は酷であろう。海軍は、そもそもコタバル上陸に反対であったし、前日夕刻に敵機が上空を飛んだことから、最悪の状況も想定していたのだ。楽観的な陸軍とは、いわば感受性が異なっていたのである。

こうして、佗美少将をはじめとした支隊司令部、予備である第二大隊（および第三中隊）、そして連隊砲などが、空襲下に上陸することになった。だが、舟艇の損傷や未帰着、輸送船の被爆から、整然とした上陸作業はすでに無理だった。支隊司令部と一緒に上陸する第三中隊は中隊長の国武中尉が船上で爆死。『淡路山丸』の載せられている連隊砲中隊は、同船が炎上しているため、砲を降ろすことができなかった。

結局、支隊司令部、第二大隊とともに、第一大隊と同じ海岸に上陸した。第一回上陸部隊の一部はイギリス軍陣地を突破していたが、より正確には、それは陣地の間隙から溢出または浸透した状態でしかなかった。

このため、第二回上陸部隊も端から海岸で激しい戦闘に巻き込まれた。第二大隊長・中村光次郎少佐は、上陸と同時に負傷（翌日死亡）。国武中尉戦死後に第三中隊の指揮を引き継いだ先任小隊長の佐々木中尉も戦死。この結果、支隊長と同じ舟艇で上陸した第三中隊は、一時的に士気を阻喪してしまったようで、支隊長の前進の督促にも行動を起こさなかった。この状態を見て、佗美少将は、自ら突撃命令を下すと、真っ先に剣を振るって突進した。この瞬間、最高指揮官が率先垂範して先頭を走らなければならないほど状況は悪化していたのだ。ようやく第三、第五、第七中隊が行動を起こした。

コタバル飛行場占領

第一回上陸部隊として、海岸陣地帯を浸透・溢出し、クリークにぶつかった右翼の第三大隊、左翼の第四中隊、そして連隊本部は、どのような状況にあったのだろうか。

第四中隊とそれに後続した第三大隊本部は、偶然、住民の船を見つけて、銃火を冒しながらも対岸に渡ることができた。第三大隊本部は、折畳舟で前方、そして右手のクリークを渡った。合板製で、折り畳んで輸送でき、組み立てた状態でも数人で運べる小型のボートは、この戦場で大活躍だった。連隊本部も第十二中隊および第三機関銃中隊の一個小隊とともに、わずか一、二隻の折畳舟の折り返しによってクリークを渡り、〇四：〇〇には第三大隊本部と合流した。

折畳舟の多くは、上陸時の混乱で失われていた。それでも残ったわずかのフネが、工兵の活躍と相まって、クリークという予想外の障害に対し役立ったのだった。こうして〇九：〇〇までには、池島中尉が臨時に指揮する第四中隊（のちに西田少尉が指揮継承）と、第三大隊主力（といっても一個中隊強）は、飛行場までの最後のクリークに到達。とくに第三大隊は、船着き場を確保することに成功していた。

このように一部の部隊でも前進できたのは、守備にあたっていたイギリス軍部隊が、士気・練度ともに低かったからである。陣地防御戦闘において、陣前および陣内に戦闘が及んだときは、積極的な局所逆襲を行わなければ、陣地帯はいずれ浸透されてしまうのだ。しかしだが、第17ドラグ連隊第3大隊にそうした能力はなかった。[*13]

とはいうものの、すでに夜は明けていた（日出は〇八：一九）。そして海岸では戦闘が続き、上陸部隊は海岸から最

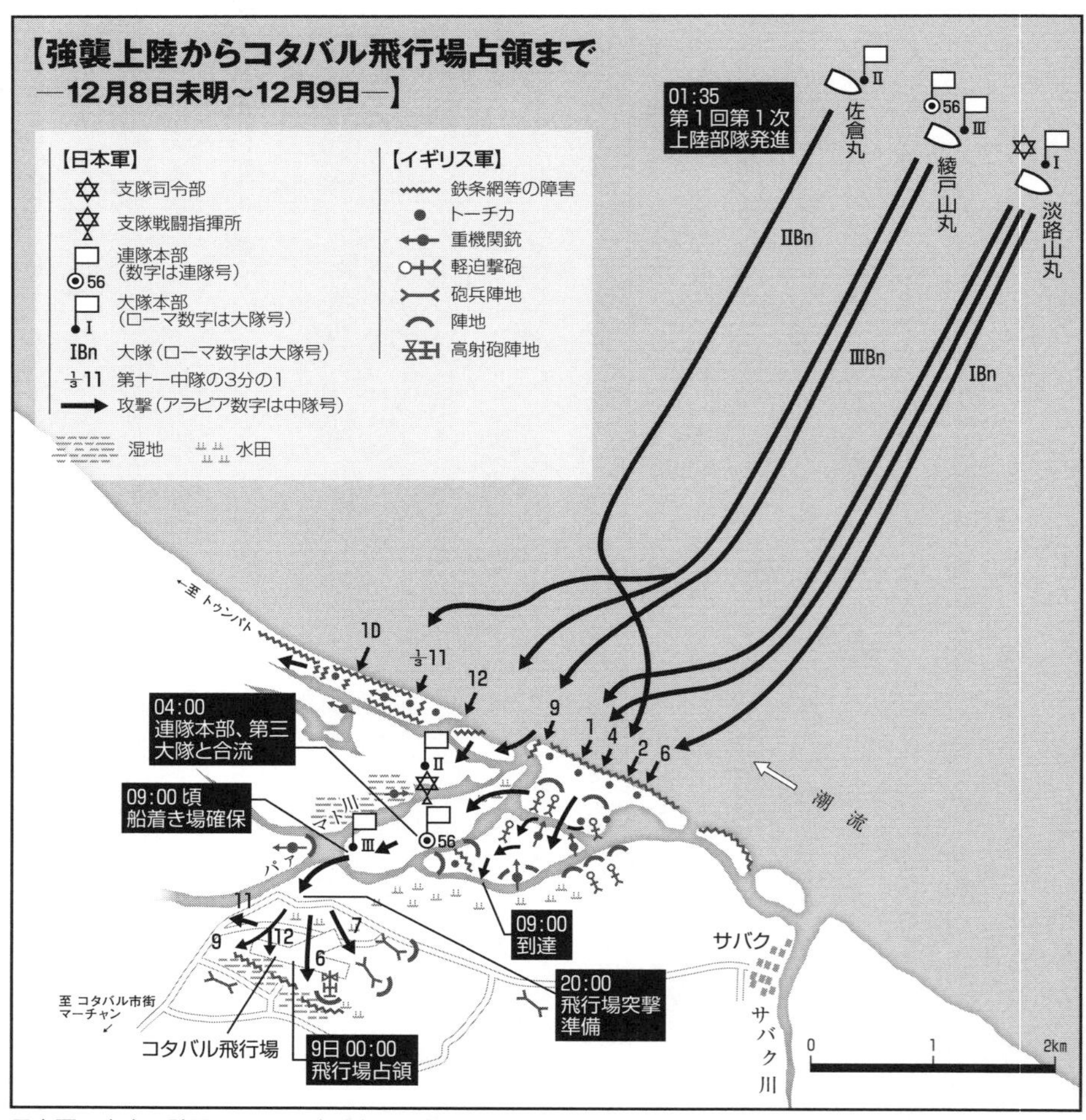

日本軍の本来の計画では、サバク川河口部に上陸する予定であった。しかし、潮流によって第二大隊を除いた上陸部隊は、西側にずれて着岸した。とはいえこの結果、複雑な地形が侘美支隊の行動を隠すとともにイギリス軍の逆襲を防ぐことになった。

後のクリークまでバラバラな状態にあった。那須連隊長はここにいたり、日中に部隊の集結を図り、十分に準備を行ったうえで、夜襲によって飛行場を攻撃することに決した。

夜襲には十分な準備が必要ではある。というより、夜襲の成功条件は日中の諸準備にある。しかしこの状況で、まる一日を過ごせばイギリス軍に先手を取られて逆襲（予備を使用した主逆襲）されるかもしれない。そうしたリスクがありながら那須大佐は、基本に忠実であろうとした。彼は中央での幕僚勤務が長かったわりには指揮官としての度胸が据わっていたといえよう（もっとも、教科書どおりに戦いたい指揮官なのかもしれないが）。

幸い連隊本部がある中州は、クリークに囲まれているだけでなく、ジャングルや高い草で、イギリス軍から遮蔽されており、攻撃準備陣地としては適当であった。事実、イギリス軍側の記録では、逆襲を行おうとしたのだが、クリークに妨げられてうまくゆかなかったとしている。もし佗美支隊が、地形が開けている当初の海岸に上陸したら、砲兵に制圧され、装甲車部隊も含めた逆襲部隊によって壊滅的な打撃を蒙っていたかもしれない。すべてが相対的で流動的な戦場では、当初の不利な要素が、状況の変化で利点に変わることがしばしばあるのだ。

一一：〇〇頃になると、各隊の命令受領者が連隊本部を探し当てて集まってきた。これで部隊を掌握して集結が図れる。那須大佐の判断では、連隊の戦力は五、六割程度[*14]とひどく低下していたが、部隊組織が完全に崩壊しているわけではなかったため、再編成を行ったうえでの夜襲ならば成算があると思われた。昼過ぎに那須連隊長は、佗美支隊長と連絡がとれ、支隊長は、連隊長の計画を承認した。

このころには、第三飛行集団の航空撃滅戦は効果を発揮しはじめ、飛行第五十九戦隊の『隼』が、上空の敵機を駆逐している。もっとも、「佗美支隊苦戦中」の報を海軍から聞いた第二十五軍司令部（在シンゴラ）は動揺したようで、連絡に訪れた第三飛行集団参謀長は、山下奉文軍司令官に、航空部隊の掩護の不手際だと見当外れの詰問をされている。

一方、部隊を掌握した那須連隊長は、斥候を派出し、飛行場方面の偵察に努めた。こうして日没後にクリークを渡り、隠密に前進を開始した。突撃開始は零時きっかり。折から降り出したスコールのなかで連隊の将兵は、敵前三〇〇メートルで展開し、突撃発起の合図を待とうとした。

このとき、飛行場に大爆発が発生した。時刻は二一：〇〇頃とされる。これを機に左第一線の第六、第七中隊が、独断で突撃を発起した。二つの中隊は、海軍の反対を押して最後に上陸した部隊である。続いて右第一線の第三大隊が突入。九日午前零時、侘美支隊はコタバル飛行場を占領した。

このあっけなくも劇的なフィナーレを演出したのは、撤退時にパニックを起こし、燃料に火をつけてしまったイギリス空軍飛行場部隊だった。初日の航空戦に敗れ、北部マレー地区のイギリス軍作戦可能機は約一一〇機から五〇機へと減少。シンガポールの空軍司令部は、残存機を撤収させ、同地の各飛行場を放棄しようとしていたのである。

頂点と限界

翌九日、侘美支隊は疲れ切ってはいたが、追撃戦を開始した。イギリス軍はすでに後退を始めており、支隊は、装甲車を含む後衛部隊と小戦闘を交えたのち、コタバル市街へと入城。十三日にはタナメラ飛行場を占領。クワラクアイ攻撃と併行して、十七日にはクワラペスト飛行場も占領する。

コタバル付近のイギリス陸軍は、地勢的に西部マレーの主力から孤立しており、航空部隊の撤退によって飛行場を守る必要がなくなると、彼らもまたクワラクアイで頑強な後衛戦闘を行ったのちに撤退したのであった。ここにコタバル上陸作戦における侘美支隊の任務は完遂されたのであった。

一般に「戦いには準備が必要」と言われる。だがこれは、「準備した戦いしかできない」というのが本当のところであろう。その意味で言えばコタバル強襲上陸は、これまで日本陸軍が経験と訓練を積み重ねてきた上陸戦闘における最高の応用例であり頂点であった。だがそれゆえに作戦全体として見れば、その限界が垣間見えるのである。

例えば、作戦計画立案の時点においてである。日本軍は、その意志決定においては常に下級部隊に判断を丸投げし、上級部隊の指揮系統は統一されていなかった。このため現場の混乱は、陸海、空陸の間で統帥に罅が入りかねない大きな摩擦を生み出している。これは本来、小沢や菅原の「英断」や「情誼」でどうにかなるような問題ではなかろう。なるほど、日本の軍隊は天皇の下に陸海軍が並列している。したがって指揮権の統一は困難であろう。がしかし、現場レベルにおいての指揮権の統一は、上級司令部間の協定によっていかようにでもなったのではないだろうか。事実、戦争後半にそのような措置が採られているのだから。こうして、侘美支隊長と橋本護衛部隊指揮官は、上陸部隊が苦戦中であり、自分たちが空襲を受けているさなかに、延々と電文で協議するはめに陥ったのである。

さらに言えば、大本営から第一線部隊まで、しばしば衝動的な意思決定を行ってしまう日本軍であったが、これまたしばしば、指揮権や組織上の権限の曖昧さから、とても軍事組織とは思えない意思決定の遅さを見せることがある。これは戦略次元での主導権を敵に取られた戦争後半では、陸海軍の指揮の不統一とならび軍事組織としては致命的な欠陥となってゆく。そう、こうした欠陥と、第一線部隊の決死敢闘という構図は、すでに緒戦の勝利のなかに描かれていたのだ。

コタバル上陸作戦を含むマレー上陸作戦は、練り上げられた上陸「戦術」の上に立つ精緻な「協同作戦」ではあった。この結果、日本軍はアメリカ軍が見せた――そして現在では軍事行動の常識となっている――「陸海空統合両用作戦」という新しい戦いの扉の前までには来ていたのだ。しかし、その扉を開くことはおろか、敲くことも推すこともなかったのである。

●註

＊1＝実際は、コタバル飛行場から発進したロッキード・ハドソンⅡ爆撃機。なおイギリス側の日本船団発見位置はコタバル沖一八〇キロ。

＊2＝海軍の記録。陸軍側の記録は二〇：〇〇頃。

＊3＝一般的に上陸用舟艇といえばイメージされる船首が道板（ランプ）となる形式であるB型の生産開始年。

＊4＝前年に陸軍運輸部で編纂された『上陸戦闘教令（案）』をさらにまとめたもの。なお対ソ戦の陣地攻撃を含んだ第四部は「秘」扱いとされた。

＊5＝上陸担当師団は、第五、第十八師団のほかに台湾守備混成旅団から改編された第四十八師団（昭和十五年編成）がある。また新設の第五十五師団がこれに準じた師団であった。
＊6＝大正十四年（一九二五）、宇垣一成陸軍大臣のもとで行われた第三次軍備整理。軍の近代化を目的とした大軍縮。第十三、十五、十七、十八の各師団が廃止された。
＊7＝しかしながら、戦略次元で主導権を握ることで、戦略上の急所（チョーク・ポイント）へと上陸する。
＊8＝『戦史叢書　比島・マレー進攻海軍作戦』３４０頁。
＊9＝コタバル飛行場群は自軍が迅速に使用するため、タナメラ、クワラペスト飛行場には、滑走路を傷つけない焼夷弾攻撃を行った。
＊10＝発令は十一月十五日付。
＊11＝無線機の修理が終わるのは、コタバル市占領後。
＊12＝日本標準時との時差は当時、日本標準時に対し二時間マイナス。
＊13＝佗美支隊の多くの将兵が、トーチカ内で鎖に縛り付けられているインド兵を目撃している。
＊14＝実際の損害は、死傷約七〇〇だったが、漂流者もふくめ脱落者が多かった。なお一般に三割程度の損耗で部隊は攻撃力を失う。

●主要参考文献

防衛庁防衛研修所戦史室『戦史叢書　マレー進攻作戦』（朝雲新聞社、１９６６年）
防衛庁防衛研修所戦史室『戦史叢書　南方進攻陸軍航空作戦』（朝雲新聞社、１９７０年）
防衛庁防衛研修所戦史室『戦史叢書　比島・マレー進攻海軍作戦』（朝雲新聞社、１９６９年）
Major-Jeneral S. Woodburn Kirdy, *The WAR AGAINST JAPAN Vol. 1.* Naval-Military-Press 1968.
陸戦史普及会編『陸戦史集　マレー作戦』（原書房、１９６６年）
松原茂生・遠藤昭『陸軍船舶戦争』（星雲社、１９９６年）
佗美浩『コタバル敵前上陸』（プレス東京、１９６８年）
クリストファー・ショアーズ、ブライアン・カル著、伊沢保穂訳『南方進攻航空作戦１９４１－１９４２』（大日本絵画、２００２年）
前間末男編『菊歩兵第五十六連隊戦記』（１９８４年）
『作戦要務令』（池田書店、１９７７年復刻版）

表裏一体のものであった
ハードウエアの優劣と
ソフトウエアの優劣

第八章 戦車第一連隊の苦い勝利

M3軽戦車VS.九七式中戦車、ビルマ・ウンドウィン戦車戦

低い対戦車火力に薄い装甲。のちに〝使えない兵器〟としての烙印を押される日本軍戦車。彼らが勝利を収めた数少ない対戦車戦闘が、太平洋戦争の緒戦、ビルマにおけるイギリス軍戦車隊との戦いであった。けれどそれは戦闘に参加した戦車隊員にとって悔いを残す戦いでもあった。

なぜ、日本軍の戦車は弱かったのか、それでもなぜ勝利を収めることができたのか。そして戦車兵の悔しさの本質はどこにあったのか。

灼熱の中部ビルマに繰り広げられた、戦車第一連隊の苦闘。

九七式中戦車とM3軽戦車の性能諸元

九七式中戦車

《諸元》
全　長：5.55m
全　幅：2.33m
全　高：2.23m
速　度：38km/h
重　量：15.0トン
主　砲：九七式五糎七戦車砲
副武装：九七式車載重機関銃×2
装　甲：10mm～25mm（防盾部50mm）
エンジン：空冷V型12気筒ディーゼル
乗　員：4名

M3軽戦車

《諸元》
全　長：4.53m
全　幅：2.24m
全　高：2.64m
速　度：57.9km/h
重　量：12.9トン
主　砲：37mmM6戦車砲
副武装：M1919A4機関銃×3
装　甲：13mm～44mm（防盾部51mm）
エンジン：空冷星型7気筒ガソリン
乗　員：4名

快進撃の中の暗雲

日本軍の南方進攻作戦は、フィリピン攻略を除けば信じられないほど順調だった。

昭和十七（一九四二）年一月二十日、予定よりも前倒しされて始まったビルマ進攻作戦は当初、マレー半島の翼側掩護と援蔣ルート[*1]の遮断のみを目的とした限定的なものだった。しかし、同年三月になると将来のインド攻略またはインド反乱支援への足掛かりの構築を目論んだ、ビルマ全土の攻略へと規模を拡大した。いわゆる第二期ビルマ作戦である。

このため、マレー作戦を担当した第二十五軍隷下の第十八師団と軍予備の第五十六師団、そして多くの軍直轄部隊がビルマ戦線（戦域）を担当する第十五軍へと編成替えになった。戦車第一連隊もその一つである。

ビルマ戦に転用された各部隊の士気は、連戦による疲労にもかかわらず巨大な勝利によって昂揚していた。無論、戦車第一連隊の将兵もそうであった。とくに彼らは、運動の余地がない密林内の隘路の戦闘から解放され、広大な中部ビルマの平原で戦車隊らしい運動戦を戦えると考えていたのだ。

だが、この昂揚感は、ラングーン（現・ヤンゴン）上陸後に暗鬱な気分へと一転する。今後の戦いで相まみえるであろうイギリス軍のM３（スチュアートⅠ）軽戦車に対して、まともな戦い方では勝てないことが鹵獲車両を使用した実験でわかってしまったからだった。

すでに日本軍の戦車隊は、前年末の十二月二十二日にはフィリピンで、またビルマ戦では昭和十七年三月四日にペグー近郊でM３軽戦車と矛を交えている。両者とも戦ったのは九五式軽戦車であるが、その三七ミリ砲はM３軽戦車の装甲を貫徹できず、あまつさえペグー近郊の戦いでは中隊長が指揮する戦車一両を含む一個小隊四両が全滅したうえに、速射砲（対戦車砲）部隊も蹂躙されてしまった（フィリピンでは一両が撃破されたが辛くも撃退）。

ペグー近郊の戦車戦は、第十五軍司令官・飯田祥二郎中将を初め軍首脳部に衝撃を与えた。もっとも、九五式軽戦車は偵察や連絡、そして追撃戦用の戦車のため小型軽量で装甲が薄く、その備砲である九四式三七粍戦車砲は、対戦車砲である九四式三七粍速射砲よりも威力が低い。こうした事情は戦車隊でも十分承知していた。問題は、主力である九七式中戦車（チハ車）が、M３軽戦車を撃破できるか否か、であった。

この期におよんで敵の戦車を研究していないというのは、なにか疎漏な感じがするが、周知のように日本の戦車は歩兵支援のために造られている。九七式中戦車が装備する五七ミリの短カノン砲（九七式五糎七戦車砲）は、近距離から敵の機関銃巣やトーチカなどを破壊し、散兵壕を制圧することを目的としていた。照準眼鏡も当然これに対応したもので、倍率は二倍で、遠距離を見るよりも視野の広さを重視している。さらに距離測定用のレチクル（分画線）も、移動目標に対する横方向の目盛りはない。[*2]

とはいえ、九七式中戦車が対戦車戦闘をまったく考えていなかったわけではなく、一応、対戦車用の徹甲弾（正しくは、少量の炸薬を詰めた徹甲榴弾）は搭載していた。また、戦車学校で対戦車射撃を重視し始めるのは昭和十六年の秋頃[*3]からであった。少なくとも戦車を開発する側は、九七式中戦車の設計時から将来は戦車による対戦車戦闘が必要になると考えていたし、[*4]戦車部隊はノモンハン戦の結果や昭和十四年より始まったヨーロッパでの戦いから、戦車という〝貴重な兵器〟であっても、実際には戦場へ多数投入され、列強との戦いにおいては、戦車戦が頻発するようになるという認識も持っていたのである。加えてM３軽戦車の存在に関しては、すでに昭和十五年の段階で戦車学校から通達が出ている。だからこそ、捕獲車両を使用した実験が重視されたともいえるのだ。

一連隊に幸ありや？

昭和十七年四月十三日、ラングーンで行われた実験で、まずM３軽戦車に射距離五〇〇メートルから徹甲弾射撃が行われた。各中隊から選ばれた三両のチハ車による射撃は全弾命中したが、その装甲板に傷さえ付けられなかった。第二中隊長の曽原大尉が、「間違って（演習で使う）代用弾でも撃ったのだろう」[*5]と、捨てばち気味に言葉を吐いたが、無論そんなことはない。

さらに距離を縮めて二〇〇メートルから射撃を行ったが、これもすべて跳ね返されてしまった。

続いて、可動するM３軽戦車で標的のM３軽戦車を撃ったところ、こちらは貫通した。射場が重苦しい雰囲気に包まれる。

第三中隊の小隊長・寺本弘中尉の回想では、連隊長の向田宗彦（むこうだむねひこ）大佐は顔色を変え、ものを言う将校はいなくなったという。向田大佐は、昭和十一年（一九三六）七月に行われた、のちに九七式中戦車となる新様式戦車の研究方針審議委員の一人であった。この実験には、ある程度の悪い結果を予想してか、将校と各車の射手を務める下士官のみの参加だったが、結果があまりにも悪すぎた。

「それぞれの胸中では、チハ車に対する信頼が音をたてて崩れようとしていた」（『戦車隊よもやま物語』）

ここで、M３軽戦車について簡単に触れてみたい。諸元は一六六頁のとおりであるが、三月四日のペグー近郊の戦闘において当時の戦車戦では異例の遠距離である一五〇〇メートルから九五式軽戦車を撃破している。

M３軽戦車は、アメリカ軍騎兵科の戦車である「戦闘車（コンバット・カー）」の血を強くひく戦車で、その意味では九五式軽戦車とほぼ同様の使用目的のもとに開発されたといえるだろう。このため、初陣となった北アフリカでは、ドイツ軍相手にビルマでの九五式軽戦車と同じような運命を辿るのだが、それでも日本戦車に対して優位を得ていたのは開発年度の差といえた。

九五式軽戦車が制式化されたのは、昭和十（一九三五）年。同時期のアメリカ軍の戦車は、M２A１〜A３軽戦車（歩兵科）とM１戦闘車（騎兵科）で、どちらも主武装は、M２一二・七ミリ機関銃[*6]で最大装甲厚一六ミリである。エンジン出力は九五式軽戦車よりは強力だが、昭和十二（一九三七）年制式の九七式中戦車よりは総合的に非力であった。

一方、M３軽戦車が制式化されたのは昭和十五（一九四〇）年。生産開始は翌十六年。先代のM２A４軽戦車から譲り受けたM３三七ミリ対戦車砲の戦車砲型であるM６戦車砲を持ち、二六二馬力という高いエンジン出力は、重量の増加を招く装甲の強化に対応できた。

実験参加者を沈黙が支配する。寺本中尉は、榴弾で射撃したらどうかと、中隊長の山根大尉を通じて意見を具申した。寺本中尉の頭に閃いたのは、マレー戦はゲマスの戦闘で敵砲兵の大口径榴弾によって、九七式中戦車の装甲接合部が割れた事例であった。

さっそく距離二〇〇メートルで榴弾の集中射が行われた。立て続けに放たれた一〇発の榴弾は砲塔側面に命中する。今度は歓声が上がった。九〇式榴弾一〇発計二五〇〇グラムの炸薬の爆発によって、厚さ約三八ミリの装甲に三〇センチほどの亀裂が生じていたのである。

二〇〇メートル以内の至近距離ならば、榴弾の集中射で撃破できる可能性がある。そして接近戦闘になれば、M3軽戦車の車体が高いことを利用して、体当たりで転覆させてしまえばよい、との意見も出た。

さすがに危険な体当たりの実験は行わなかったが、近距離からの榴弾集中射撃に一縷の希望を見い出し、戦車第一連隊は以下の戦術を組み立てた。
一、数的な優位を確保する。
二、一部をもって敵戦車を誘致または拘束し、主力は敵戦車の側背を求めて攻撃する。
三、三〇〇メートル以内に入ったら、敵戦車一両に対し、小隊（三両）一丸で戦う。射撃は榴弾を使用した小隊集中射とする。
また、体当たり後の乗員による肉薄攻撃用として、各車に破甲爆雷を支給した。

文章にすれば可能なようだが、しかし実行は困難だ。さらに日本陸軍は対戦車肉薄攻撃を賞揚していたが、このような攻撃は歩兵の自衛戦闘であってさえも本来は窮余の一策であり、戦車隊のまともな戦術ではない。加えて数的優位とはいっても、ビルマのイギリス・インド軍（英印軍）には、北アフリカ戦線から急遽送られてきた第7装甲旅団が存在するのである。

王立戦車軍団の創設以来の古強者、ジョン・ヘンリー・アンスティス准将率いるこの旅団は、第7女王軽騎兵と第

2王立戦車の二つの連隊（実質は日本軍と同様で大隊規模）を基幹とし、定数で一一四両、当時の日本軍の判断で一五〇両のM3軽戦車を保有していた。

部隊の幹部のみで行われた実験の経緯は、M3軽戦車対策とともに連隊の下士官・兵に知らされた。彼らもまたその結果に大きな衝撃を受けたが、寺本中尉の見るところ士気の低下は見られなかったという。彼は次のように回想する。

「まだ対戦車戦闘の経験もなく、実相も解からなかったためだろう」

しかしながら来るべき戦いは、戦車第一連隊の隊歌にある「一聯隊に幸あれや」ではなく、戦車兵の口ずさむ『戦車節』の一節、「十五万両のお棺のなかで、死ねば火葬の世話もない」が、戯れ歌では済まなくなりそうな状況ではあった。

マン会戦計画

わずか二個師団（第三十三、第五十五師団）で開始されたビルマ進攻において日本軍は、その地域の広大さと少ない兵力から、徹底的に速度を重視した戦闘を行った。本格的な戦闘を避け、敵の後方の、戦術上あるいは戦略上の重要な場所（後方要点）を目標に、迂回と浸透を繰り返すことで、敵を瓦解させ撤退に追い込んでいったのである。この戦い方は、自らの動きで相手を不利な状況に追い込み、敵の戦力の均衡を崩して敗北に追い込むという、今日的な意味での「機動戦」といってよいであろ

日本軍　戦車第一連隊の編制
—昭和16年（1941）10月10日—

部隊	装備
連隊本部	九七式中戦車×1、九五式軽戦車×2
第一中隊	九五式軽戦車×14
第二中隊	九七式中戦車×10、九五式軽戦車×2
第三中隊	九七式中戦車×10、九五式軽戦車×2
第四中隊	九七式中戦車×10、九五式軽戦車×2
整備中隊	

※戦車数は定数。マレー戦にて損害を受けた戦車が補充されていたかは不明。

イギリス軍　第7装甲旅団の編制
—昭和17年（1942）3月19日—

部隊	装備
旅団本部	M3軽戦車×10
第7女王軽騎兵連隊	M3軽戦車×52
第2王立戦車連隊	M3軽戦車×52
王立砲兵第104騎砲兵連隊第414中隊	25ポンド野砲×8
王立砲兵第95対戦砲連隊A中隊	2ポンド対戦車砲×12
ウエスト・ヨークシャー連隊第1大隊（自動車化歩兵）	
王立支援軍団No.65中隊	
王立衛生軍団第13軽野戦救急車中隊	

う。

こうした第十五軍の戦闘を支えたのがフィリピンから転用された第五飛行集団（昭和十七年四月十五日より第五飛行師団に改編・改称）であった。

第五飛行集団は、巧みな運用で対地支援と航空撃滅戦を併行して行い、三月二十二日以降は、ビルマのほぼ全域で航空優勢を確保する。四月に入ると、第八十三独立飛行隊（直協機）と、飛行第二十七戦隊（襲撃機）の増強により、地上支援能力はさらに強力になった。こうして第十五軍の各部隊は、戦場を自由に運動できるだけでなく、航空偵察によって連合軍（英印軍および中国軍）の動きを早くから察知することが可能となった。反対に連合軍は、空からの攻撃を受けながら手探りで戦うほかなかった。

主導権を奪われた英印軍は、集団で使用すれば絶大な威力を発揮したであろう装甲旅団を、分散して地域防御や後退掩護などに投入せざるを得ず、分散投入されたM３軽戦車は、日本軍の歩砲飛協同戦闘の前に各個撃破されていった。とくに三月三十日のシュエダンの戦い[*7]や、四月十七日のエナンジョンの戦いでは大損害を出している。

一方、第十五軍は、二個師団を基幹とする増援部隊を得て、四月三日に「マン（マンダレー）会戦計画」を策定する。これは従来の戦いが、兵力不足から連合軍を撃退することしかできなかったのに対し、敵野戦軍の包囲殲滅を狙ったものである。英印軍をマンダレー付近で捕捉してイラワジ河に追い詰めて殲滅する。さらに中国軍に対しては、ラシオ付近で退路を遮断してこれを捕捉殲滅する、という計画だ。

実際に行われたこの戦いにおいて戦車第一連隊は、マンダレーに向かって前進する第十八師団に配属されることとなった。

四月二十日、この日は、第三十三師団がエナンジョンを占領した日であり、マンダレー会戦の第一日目（各師団が攻勢発起線に到達した日）であった。だが実際には、各師団は攻勢発起線にいたるまで、各所で激戦を繰り広げながら前進してきている。また、この日までの敵情判断では、連合軍の第一線兵団は、大きな損害を被っていると考えられた。第７装甲旅団を例にとれば、総計で戦車八三両、装甲車六九両を破壊または鹵獲したと第十五軍司令部は見積

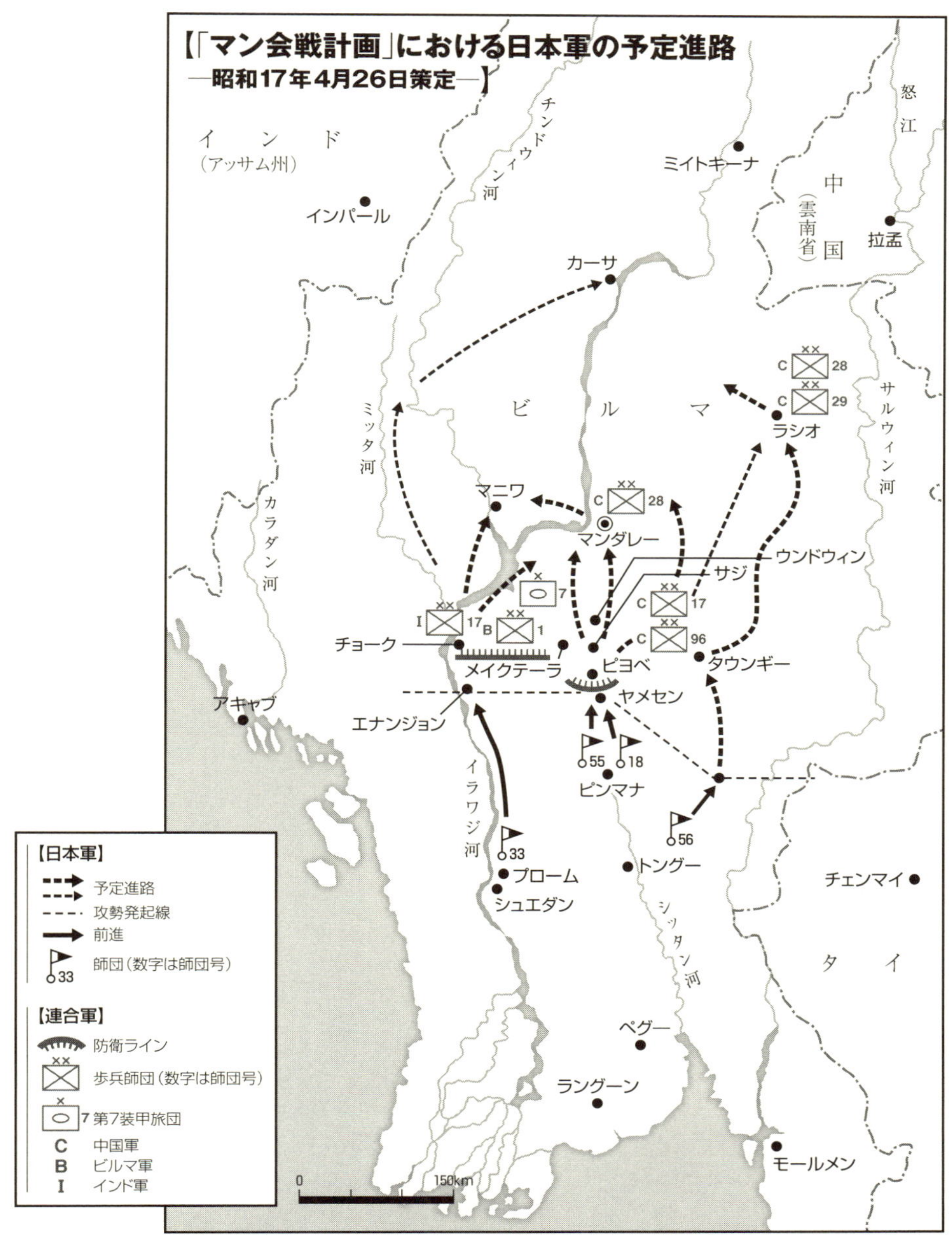

昭和17年4月、ビルマ南部を占領した日本軍は、大きく三つのルートに分かれてマンダレー、ラシオを目指して北上する「マン会戦計画」を策定したが、すでに連合軍はビルマからの撤退を決めていたため、戦いは追撃戦の様相を呈した。

もっている。

飯田軍司令官は、四月半ばの連合軍の本格的な抵抗と、弱体化しつつある敵戦力を鑑み、マンダレー会戦の焦点は、マンダレーを中心にした地域よりも南方のタウンギー、メイクテーラ付近になるのではないかと判断した。であるならば、同地の防御が固められる前にいち早く前進すべきであろう。第十五軍司令部は、作戦開始一日目にして早くも追撃態勢での前進を各師団に命じた。

第十五軍の判断は正しかった。英印軍はインド防衛のために、中国軍は雲南防衛のために、これ以上は戦力を擦り減らすわけにはいかず、すでにビルマからの撤退を決断していたのだった。

連合軍は、撤退のための後衛部隊を、交通の要衝サジからメイクテーラを経てチョークにかけて展開する予定であった。このうち第7装甲旅団は、サジを側面から衝けるメイクテーラに配置される。そして、戦車第一連隊が配属される第十八師団の前進経路にサジは存在していた。

「第十八師団はヤメセン東側地区に進出したる後マンダレー方面に突進し、敵主力の退路を遮断し、之を捕捉撃滅すべし」との軍命令を受けた第十八師団は、態勢を整えると二十三日早朝から追撃を開始する。師団の先鋒は、歩兵第百十四連隊長の小久久（こひさひさし）大佐が指揮する一個大隊を基幹とし、これを配属重砲兵や架橋材料中隊のトラックで自動車化した小久追撃隊である。

翌二十四日[*8]には配属を命じられていた戦車第一連隊の一個中隊（おそらく第二中隊）が追及し、独立飛行第八十九中隊の九八式直協機（ちょっきょうき）の支援のもと、歩砲戦の協同によってヤメセンの中国軍陣地を突破した。追撃隊は、夕刻にはピヨベの前面に到達し、二十五日払暁よりの攻撃を準備。ここで緊急情報がもたらされた。

「航空偵察によると、戦車三〇両、自動車五〇両からなる有力なる敵は、一五〇〇（時）マンダレー通過南進中」

小久追撃隊の編合　―昭和17年（1942）4月27日―

- 歩兵第百十四連隊本部
  - 歩兵第百十四連隊第三大隊
  - 連隊速射砲中隊　37mm速射砲×4
  - 山砲兵第十八連隊の1個中隊　7.5cm山砲×4
  - 野戦重砲兵第十八連隊の1個中隊　10cmカノン砲×4
  - 独立速射砲第一大隊（2個中隊欠）　37mm速射砲×4
  - 戦車第一連隊第四中隊　九七式中戦車×10、九五式軽戦車×2

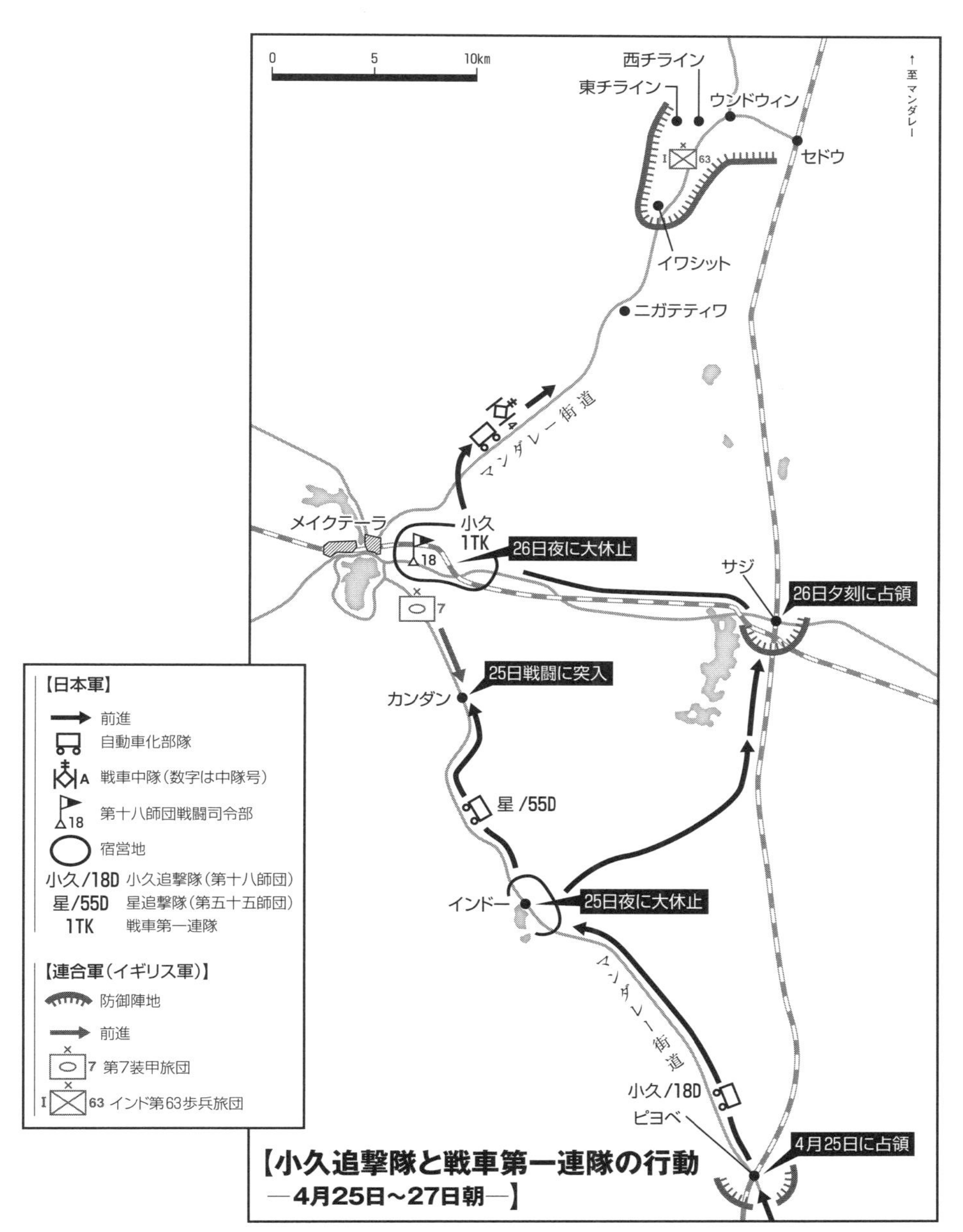

ピヨベを占領した日本軍はインドーで二手に分かれ、メイクテーラとサジを攻略。27日にはウンドウィンを目指して前進を開始した。一方、イギリス軍は同地にインド第63歩兵旅団と第7装甲旅団を配備していた。

早ければ翌日、遅くとも明後日にはM３軽戦車と相まみえることになるであろう。部隊に緊張が走った。

ウンドウィン戦車戦

マンダレーをめぐる戦闘で最初に第７装甲旅団と戦ったのは、しかし戦車第一連隊ではなく、インドーで小久追撃隊を超越した第五十五師団の自動車追撃隊（星追撃隊：歩兵第百十二連隊第二大隊基幹）であった。

翌二十五日、同追撃隊は、メイクテーラ東南のカンダンで、第７装甲旅団主力（第７女王軽騎兵連隊主力と、エナンジョンから撤退してきた第２王立戦車連隊残余）と衝突する。

歩兵一個大隊と騎兵第五十五連隊の装甲車中隊（九五式軽戦車二両と九七式軽装甲車六両）からなる第五十五師団追撃隊では、本来ならば第７装甲旅団に抗すべきもなかったはずだ。しかし、直協機が事前に第７装甲旅団の接近を警告したことから伏撃態勢がとれたうえに、襲撃機の攻撃も加わり、夕刻までかかってこの難敵を撃退することができた。第７装甲旅団はM３軽戦車二両を失うも、日本軍の前進を遅滞させたと判断して、メイクテーラ方面に退却していった。ただし、サジ側面（正しくはサジに向かう日本軍の後方連絡線）を衝くことには失敗した。

一方、サジに向かった小久追撃隊は、二十五日に麾下大隊を第三大隊に入れ替え、二十六日夕刻にサジを攻略。さらに対戦車戦闘に備えるために速射砲一個中隊の配属を受け、翌朝、ウンドウィンを目指し前進を開始した。この時点で配属されていた戦車隊は、木村昇中尉の第四中隊で、同中隊が小久追撃隊の尖兵中隊を務める。その尖兵小隊は、久保田徳夫中尉が率いる第一小隊である。

〇九：一五頃[*9]、宿営地を出発した久保田小隊は、追撃縦隊の先頭に立ち、時速三〇キロほどで一路マンダレー街道を北に向かった。その後方に一五〇〇メートルほどの間隔を空けて中隊主力が続行する。

M３軽戦車にいつ遭遇するか。M３軽戦車よりも戦闘力が低い九七式中戦車では、先に相手を見つけて、有利な態勢をとらなければならない。久保田中尉をはじめ、各車長は血眼で四周の警戒を続けた。

周囲は、戦車の背丈ほどの灌木や小さな林が点在する、砂漠化した荒れ地である。

一〇：二〇、小さな仏塔(パゴダ)があるニガテティワの集落に接近。道路はここから右に曲がり、さらに今度は左にカーブを描く。最初のカーブを曲がった瞬間、久保田中尉と操縦手の久富伍長が同時にＭ３軽戦車を発見した。距離約一三〇〇メートル。

ちょうど右手に車体を隠せるような木立があった。そこにバックで乗車を入れる。二両の僚車もそれにならった。久保田中尉は「敵戦車発見」の報を中隊長に連絡したが、無線機は黙ったままだった。中隊長車の無線機は故障していたのだ。

この間も、Ｍ３軽戦車はどんどん近づいてくる。距離は約六〇〇から七〇〇メートル。その数は見えるだけで八両。中尉は砂塵で隠れて見えないものも含め、一五両程度と判断した（実際は二〇両）。幸いなことに、まだ敵は気づいていないようだった。砲手（兼車長）の武富軍曹は、すでに照準を終えていた。

ここで久保田中尉は、装填していた徹甲弾を抜き、榴弾に装填し直した。先に定められた戦術と違って徹甲弾を装塡していたのは、主力を側背に機動させるために、尖兵は「猫の首に鈴をつける」役を務めなくてはならず、まず最初に履帯や転輪を破壊するなどして、敵を拘束する考えだったのだろう。しかしこのとき、榴弾に変えた理由は、敵戦車が砲塔ハッチも車体前面ハッチも開けたままだったからである。榴弾の破片効果で、乗員を殺傷しようとしたのだ。

四月のビルマは乾期の終わりで、平均気温は最高三八度を超える。密閉した車内では体がもたない。事実、強行軍を続ける日本軍歩兵は、そこかしこで熱中症により倒れている。連合軍は航空偵察ができず、いつ敵と遭遇するかわからない以上、戦車のハッチを開けてなるべく乗員の体力を温存するしかなかった。英印軍はこうした面でも不利であった。

敵戦車との距離は徐々に詰まってきた。二〇〇メートルを切ると、Ｍ３軽戦車の車体は照準眼鏡のほぼ半分に広がるが、それでも前面ハッチは車高に比べ五分の一ほどの大きさである。

ちなみに九七式五糎七戦車砲の距離三〇〇メートル以下での弾道は、ほぼ水平になり、半数必中界[*10]はおおむね二四センチの円内に収まる。ただし、一〇〇から二〇〇メートルでの偏流[*11]は、右に1ミル[*12]ずれる。また気温三〇度以上で六メートルほど遠弾となる。

距離一五〇メートル、ついに久保田中尉が射撃開始を命じた。

連隊射撃大会の優勝者で、シンガポール戦では、暗闇のなか発砲炎を目標に敵の対戦車砲を一発で仕留めた武富軍曹の射撃は、まるで悪魔と契約を交わしたかのようだった。命中——爆炎が上がる。間髪を入れず僚車の射撃が続く。爆炎が晴れかかると、敵先頭戦車の砲塔が横向きになっているのが見えた。

もっとも、命中がそのまま撃破とはならない。久保田中尉は、さらに射撃の継続を命じた。ついにM３軽戦車は黒煙を吐き出した。〝魔弾の射手〟は武富軍曹だけではなかった。二〇発もの砲弾がM３軽戦車の狭い砲塔側面に命中し、そこを貫徹していたのだった。

不意を衝かれた敵戦車隊であったが、戦闘隊形を整えると、久保田小隊を包囲しようと動き出した。そこに第四中隊主力が合流。無線機の故障のため、木村中隊長は戦車から飛び降り、久保田小隊長のもとに駆けつけて状況を把握する。こうして中隊主力は久保田小隊の右翼に展開し、ニガテティワの集落に進出した敵の左翼に激しい砲撃を浴びせた。さらに歩兵部隊（第九中隊と思われる）が、速射砲とともに左翼に展開を開始。

包囲行動を行おうとした敵戦車隊ではあったが、先頭車の炎上と日本軍の増援を見て反転を始めた。ここでさらに一両のM３軽戦車が履帯を破壊されて擱座した。敵の退却掩護の阻止砲撃のなか、木村中隊長は道路西側から敵の右側背を狙って攻撃を続けようとした。しばらくすると、味方砲兵（野戦重砲兵第十八連隊の一個中隊で九二式十糎（センチ）加農を装備）が敵砲兵を制圧したようで阻止砲撃も止んだ。

しかし敵戦車群は、林にとどまり砲撃を繰り返した。こうなると戦況は膠着状態に陥いるしかない。それでも歩兵の肉攻班が果敢に潜入し、戦車の射撃と相まって、敵は徐々にではあるが後退を始めた。

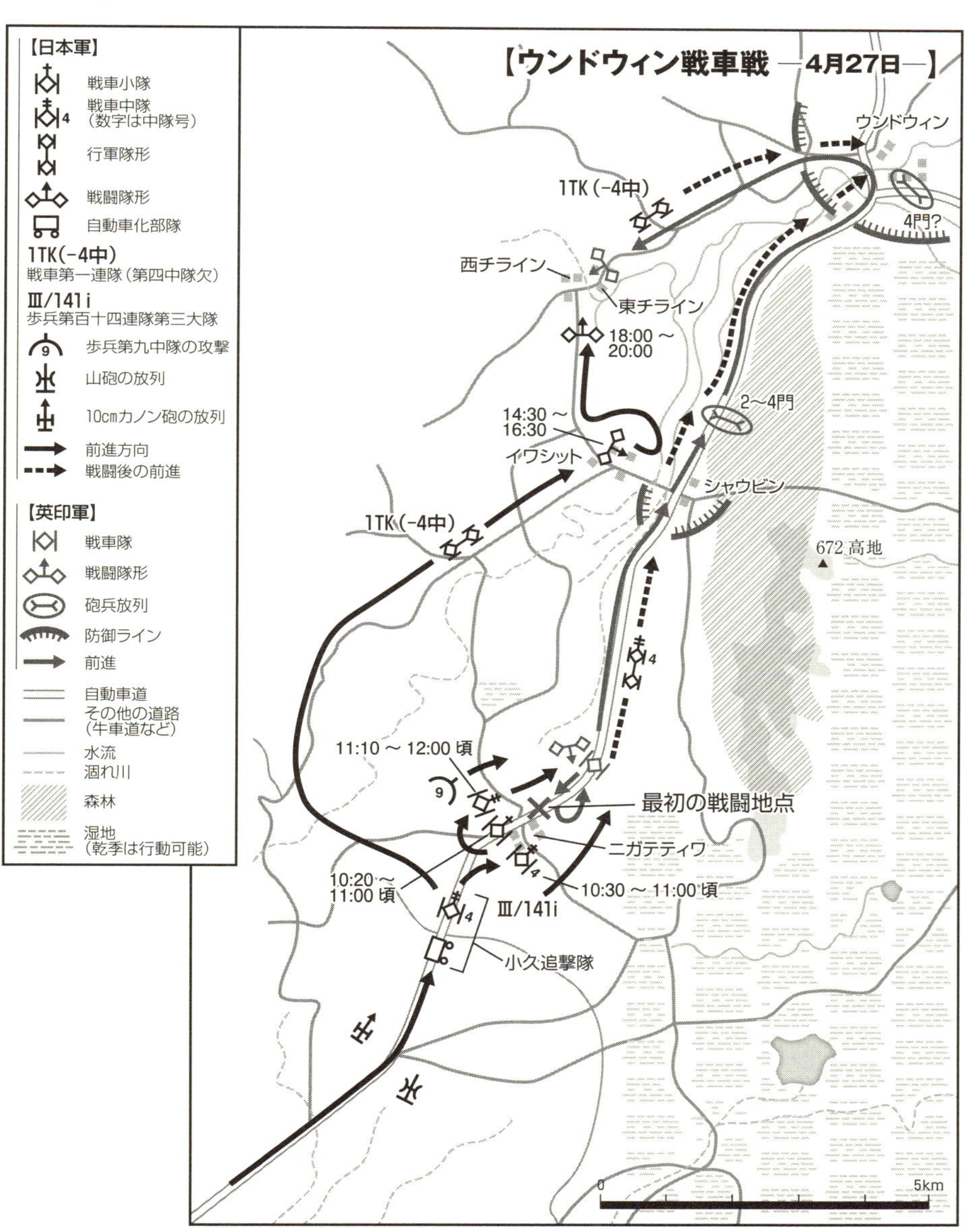

ニガテティワまで進出した小久追撃隊の先鋒、戦車第四中隊は、第７装甲旅団の一部に遭遇。戦車の性能差のため、苦戦するものの、戦車連隊主力の迂回により敵を後退に追い込むことに成功した。

長蛇を逸す

一方この間、戦車第一連隊主力はどのような動きをしていたのだろうか。

実は、久保田中尉の中隊長に宛てた先の無線報告は、連隊本部では受信されていた。これにより追撃隊に続行する連隊主力は、久保田小隊の戦闘開始直前から戦闘準備を始めることができた。向田連隊長は、第四中隊に敵戦車隊の頭を押さえさせて、側背から敵を攻撃しようと決断する。

「戦車連隊は追撃隊の戦闘に協力」の師団命令（時間の経過から考えて、この命令は後追いで出された可能性がある）を受け、一二：二〇にニガテティワ南約一キロの地点から、街道を西に外れ、まずは北西のイワシットを目指した。約三〇両の戦車が砂塵を巻き上げながらビルマの荒野を往く。

一四：三〇、イワシットで連隊は戦闘隊形を整えた。右から左に第二、第一、第三中隊と並ぶ。そして一六：〇〇頃、マンダレー街道上のシャウビン集落[*13]西一キロの地点まで前進した。第四中隊の戦闘開始からかなり時間が経っているが、おそらくは戦闘準備の際に、追撃隊本部と行動の調整を行って時間をとられたうえに、第四中隊を含む追撃隊が膠着状況とはいえ有利に戦闘を進めていたため、より背後深くに侵入して迂回効果を大きくしようと考えたのだろう。

連隊主力から望んだマンダレー街道には、多数の敵車両が後退していた。英印軍は、戦車だけでなく、街道東の丘陵北部からウンドウィンにかけて砲兵を含む約一〇〇〇名の部隊（第63インド旅団）を配置していたのである。

これに対し向田連隊長は、追撃隊に配属された砲兵の砲撃が終了するのを見計らって、攻撃を下令。しかし、連隊は街道まで四〇〇メートルの地点に近づくと停止し、砲撃を繰り返すのみだった。猛烈な砲撃のなか、八両のＭ３軽戦車が慌てふためいて後方に走り去るのが見えた。このまま敵に突進するのかと思っていた寺本中尉は、砲撃のみの戦いを物足りなく思った。だが、それは向田大佐の巧みな部隊運用だったといえる。

そもそも師団の任務は、いち早くマンダレーに突入し、同地で敵の退路を遮断することである。一方、現時点で彼我の戦力は拮抗しており、とくに我の戦車は敵の戦車に対し、正面から戦いを挑んでは勝てない。ならば、戦果は大きくとも敵の激しい抵抗を招く完全な退路遮断よりも、その背後に大きな脅威を与えることのほうが意義深い。これによって敵が後衛部隊ならば（事実そうであった）退却するはずであるし、なによりこれまでの戦いで、英印軍は側背への脅威に弱いことがわかっている。加えて、戦車第一連隊にはマレー戦ゲマスの戦闘で歩戦協同の失敗から、戦車六両の損害と二〇数名の戦死者を出すという手痛い経験をしている。向田連隊長の念頭にはこのこともあったと思われる。

マンダレー街道上で、射撃戦に終始していた第四中隊長の木村中尉は、敵の抵抗が弱まったのを感じたとき、前方で激しい砲撃音と爆発音を聞いた。連隊主力が敵の後方に攻撃を開始した瞬間であった。敵が崩れ出すのがわかる。木村中尉は突撃の好機と判断した。

英印軍は、連隊主力の攻撃により退却を始めた。だが、第7装甲旅団最後衛の戦車群は、まことにイギリス軍らしい粘りを見せ、第四中隊が前進を開始しようとすると再び砲撃を浴びせてきた。結局、第四中隊は歩兵と協同しながら、夕闇の迫るマンダレー街道を蝸牛のように前進していくしかなかった。

一方、連隊主力の攻撃もウンドウィン前面のチライン集落で行き詰まった。後退してきたM３軽戦車のうち七両が、西チライン集落に陣取って砲撃を加えてきたのだ。

チライン集落の背後、マンダレー街道を陸続と英印軍の車両が後退していく。午後九時頃、残る七両のM３軽戦車も去ったが、戦車第一連隊はこれを見送るしかなかった。小久追撃隊の歩兵は、二十四日以来の連戦で疲労の極にあり、二十七日の夜半にウンドウィンを占領したのちに追撃隊の任を解かれた。

五月一日、第十八師団はマンダレーに入城した。だが、すでに英印軍はイラワジ河を渡河し終えたあとであった。それは戦車第一連隊にとって悔いの残る戦いであった。

兵器論の背景にあるもの

これまでウンドウィンの戦車戦を記述した書籍は、おしなべて日本軍戦車の弱さ、とくに対戦車火力の低さを嘆く形で筆を擱く。このため、この戦いを兵器論的に捉えると、兵器行政を司る軍官僚の失敗と、現場の頑張りという、日本人好みの戦例と見ることもできる。しかしそれは表層的にすぎるであろう。

戦車技術の発展という視点で概観した場合、戦車が敵の戦車を撃破するための兵器となり、対戦車火力と装甲防御力の競争を始めるのは、ちょうど一九四二年、すなわち昭和十七年からなのである。一九三七年採用の九七式中戦車は、太平洋戦争が始まるまでは日本軍の戦術思想に合致し、かつ優秀な歩兵支援用兵器だったのだ。

一方、日本軍戦車兵の――しばしば神懸かり的な冴えを見せる――卓越した戦技は、これまでに習熟してきた戦技の応用であった。至近距離から小さな目標に対し、小隊で集中射撃をすることは、歩兵直協でのトーチカ等に対する射撃そのままであり、また動目標への射撃訓練こそ行ってはいないが、逆に自らが動きながら目標を撃つという行進間射撃の訓練は積んでいた。

戦術面を見ても、敵側背への攻撃は日本軍の定形化された運動であるとともに、戦車隊ではとくに重視されていた。むしろ向田大佐の優れているところは、自軍の弱点を認識し、損害を極限しながらも任務の達成に一番効果的な指揮を行ったことであろう。基本的にセオリーどおりなのである。

とはいえ、戦場でセオリーを守ることは難しい。なぜそれが可能だったのか――。

一言でいえば、日本軍が戦いの主導権を握っていたからだったといえる。この結果、戦車第一連隊は常に他兵種と協同して戦えた。偵察機（直協機）が敵の動静を摑み、重砲が敵砲兵を制圧し、第四中隊では歩兵と協同して攻撃を行っている。『作戦要務令』の綱領第二「戦捷の要は有形無形の各種戦闘要素を総合して敵に優る威力を要点に集中発揮せしむるに在り」どおりの戦い方だ。

しかし、それでも敵を取り逃がしてしまったのだ。ここではじめて兵器の優劣、そして兵器から見た日本陸軍の限界が見えてくるのである。そしてそれとともに、卓越した戦技に支えられた正しい戦術を採りながらも、敵戦車隊の撃破がならなかった戦車第一連隊の将兵たちの痛恨の思いを、より深く理解できるのである。

●註

＊1＝ラングーンを起点に英領ビルマを経て、雲南に至る、中国重慶政権（蒋介石政権）に対する援助物資補給ルート。

＊2＝ただし分画線の長さで横方向の距離を測ることは可能。

＊3＝教育総監部『対戦車射撃教育ノ参考』（昭和十六年十一月）。

＊4＝九七式中戦車は、将来的に対戦車能力の高い戦車砲を搭載できるように、砲塔リング（旋回部分）は大きめに造られていた。ノモンハン事件の後、新型火砲の開発に拍車がかかり、昭和十七年のフィリピン戦後半に対戦車用の一式四七粍戦車砲を搭載した九七式中戦車改（新砲塔チハ）が間に合うことになる。

＊5＝以下、人物の発言は、寺本弘『戦車隊よもやま物語』（光人社）より。

＊6＝フィフティー・キャリバーとして有名なこの重機関銃は、対空・対装甲車両用の両用機関銃である。

＊7＝文中の地名は日本語読み。ルイ・アレン『ビルマ遠い戦場（下）』（原書房）の巻末付録によると、現地語に近い表記は以下のようになる。シユエダン＝シュウエダウン、エナンジョン＝イェナンジャウン、ラシオ＝ラショー、タウンギー＝タウンジー、メイクテーラ＝メイッテーラ、チョーク＝チャウ、ヤメセン＝ヤメテン、ウンドウィン＝ウインドウィン、ピヨベ＝ピョーヴェ、インドー＝インドウ、イラワジ河＝イラワディ河。

＊8＝前掲『戦車隊よもやま物語』では二十三日だが、『歩兵第百十四聯隊史』やその後の戦闘の推移から二十四日が正しいと判断した。

＊9＝日本時間。以下、時刻は日本時間を使用。なお時差は、日本時間から概ねマイナス三時間。

＊10＝平均誤差半径（Circular Error Probability＝CEP）のこと。着弾点が円形正規分布するとしたとき、円内に着弾する確率が五〇％になる半径の円。これが狭いほど集弾性が良いことになる。

＊11＝日本陸軍の射撃用語では、砲弾自体の旋転によって砲弾が横に流されること。

＊12＝円周を六四〇〇等分した角度。日本語では密位（みりい）。一〇〇〇メートル先で一メートルの開きとなる。

＊13＝陸上自衛隊富士学校で編纂した『戦闘戦史　攻撃（前編）』ではサギヤゴンとしているが、イギリス軍使用の地図と照合すると

これは誤りと考えられる。

●主要参考文献

寺本弘『戦車隊よもやま物語』（光人社、１９９1年）
土門周平・市ノ瀬忠国『人物　戦車隊物語』（光人社、１９８2年）
梅本弘『ビルマ航空戦　上巻』（大日本絵画、２００2年）
防衛庁防衛研修所戦史室『戦史叢書　ビルマ攻略作戦』（１９６7年）
防衛庁防衛研修所戦史室『戦史叢書　南方進攻陸軍航空作戦』（朝雲新聞社、１９７0年）
富士学校戦闘戦史編さん室『戦闘戦史　攻撃（前編）』（陸上自衛隊富士学校修身会、１９７3年）
聯隊編集委員会編『歩兵第百十四聯隊史』（１９８8年）
古峰文三「日本戦車開発構想史」『太平洋戦史シリーズ Vol. 34　帝国陸軍　戦車と砲戦車』（学研、２００2年）
教育総監部『戦車装甲車射撃教範』（陸軍省、昭和十六年四月、昭和十九年六月）

“逆襲と
その限界”戦術を支える
「実行の可能性」

第九章 オールド・ブリードを追い詰めた海岸への逆襲

ペリリュー島守備隊、最初の一日

太平洋戦争での対上陸戦闘で、日本軍は当初、水際での敵上陸部隊撃滅を目論んだ。しかしそのために徒に戦力を消耗して島嶼防衛を全うできなかったと評される。

とくに戦争も末期になると、日本陸軍は、ペリリュー島、硫黄島、そして沖縄と、内陸で坑道陣地を使用した強靭な戦いを繰り広げていることから、サイパン攻防戦に代表される「水際撃滅主義」の〝愚かさ〟がより目立つ（詳しくは補章戦術解説Ⅱ「日本陸軍の対上陸戦術」を参照）。

だが、上陸戦闘において上陸軍がもっとも危険な状態にあるのは、いまだ戦力がフルに発揮できない、まさに上陸直後なのである。つまり、水際において上陸軍を撃滅しようとすることは、理念のうえでは正しかったのだ。

太平洋戦争屈指の激戦となり、アメリカ海兵隊が唯一、戦い半ばで撤退を余儀なくされた戦場、ペリリュー島。海兵隊の損害の多くは、たしかに島内中央高地での日本軍の坑道陣地帯をめぐる戦闘で発生したものではあった。がしかし、上陸当日、アメリカ海兵隊は、おそらく硫黄島に匹敵する危機に立たされた。彼らは、少なくとも一個連隊が海に叩き落とされることを覚悟したのだ。

水際の攻防において、なにゆえにアメリカ海兵隊は窮地に追い込まれたのか、なにゆえに日本軍守備隊の反撃は、半ばまで成功し、そして最後は失敗したのか。

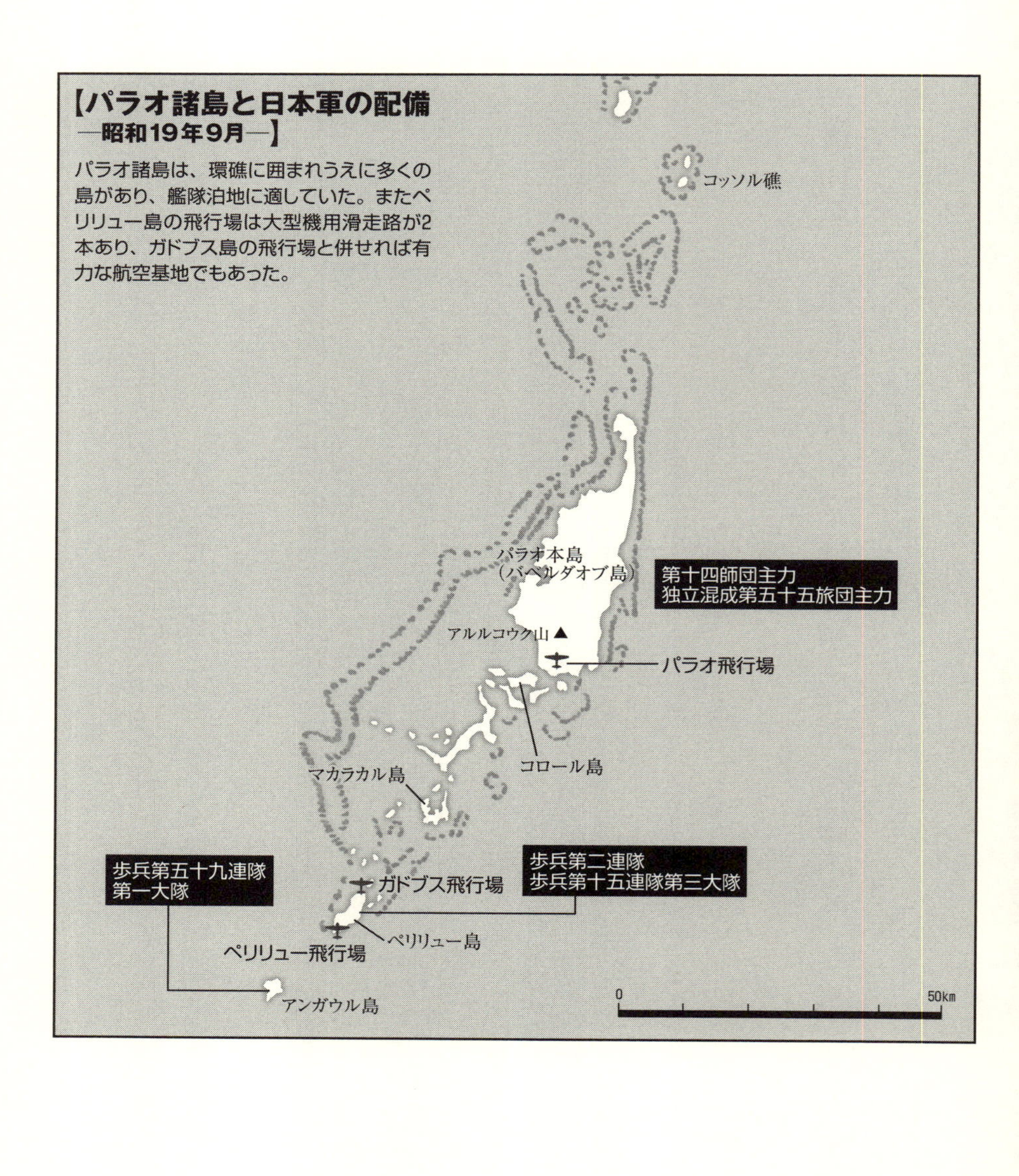
【パラオ諸島と日本軍の配備
―昭和19年9月―】
パラオ諸島は、環礁に囲まれうえに多くの島があり、艦隊泊地に適していた。またペリリュー島の飛行場は大型機用滑走路が2本あり、ガドブス島の飛行場と併せれば有力な航空基地でもあった。
コッソル礁
パラオ本島
(バベルダオブ島)
第十四師団主力
独立混成第五十五旅団主力
アルルコウク山
パラオ飛行場
コロール島
マカラカル島
歩兵第二連隊
歩兵第十五連隊第三大隊
歩兵第五十九連隊
第一大隊
ガドブス飛行場
ペリリュー島
ペリリュー飛行場
アンガウル島
0
50km

水戸歩兵第二連隊と高崎歩兵第十五連隊

上陸戦闘は、端からフェース・トゥ・フェースの近接戦となった。昭和十九（一九四四）年九月十五日。ペリリュー島に上陸した第1海兵師団の最左翼部隊である第1連隊K中隊のジャック・バラージ軍曹は、自らが射殺した日本兵が新品の綺麗な戦闘服を着用していることに気がついた。

射殺された日本兵は、アメリカ軍の上陸に際し、作業用の三装（軍服着用区分の最下級にあたる服装）の軍衣袴から、死に装束ともいえる一装のそれに着替えたのであろう。上陸直後に海兵隊員の多くが、この島の日本兵が被服のみではなく、体格と装備に優れていることに気がついた。証言記録の多くがそれを語る。前線の海兵は、自分たちの戦う相手が今までの〝ニップ[*1]（Nip）〟とは質の違う精強な部隊であることを理解したのである。

ペリリュー島を守る日本兵は、その装備・技量とも日本兵自らのスラングで言うところの「一装どころ」、つまり最上級であった。なぜならペリリュー島守備隊は、第十四師団隷下部隊として、水戸歩兵第二連隊と高崎歩兵第十五連隊を中心に編成されていたからである。

第十四師団は、昭和十五（一九四〇）年以来、関東軍所属兵団として満洲に駐屯し、対ソ戦を目的に激しい訓練を行ってきた。

昭和十九年になると日本軍の多くの部隊で予備役・後備役の召集兵の比率が増大していたのに対し、第十四師団では、将校の多くが士官学校出身者であり、兵士は昭和十六年度以降入営の現役兵を主体としている。「陸士出身・現役・対ソ戦」に高い価値をおく帝国陸軍においてこれは精鋭に値する。

軍隊の普遍的な価値観からすれば、伝統はすなわち戦力であった。水戸の〝歩二〟と高崎の〝歩十五〟という国軍創設期に編成された二つの連隊は、「光輝ある伝統」によって「戦闘惨烈ノ極所」でもなお容易に崩れない精神力を持っていた。これは敵として戦った第1海兵師団が、海兵の頭号師団として「古強者（オールド・ブリード）」の称号と伝統のもとに戦ったのと同じである。

加えて、この二つの連隊は、大日本帝国の軍隊ならではの特質を色濃く持っていた。国民国家・国民軍としての歴史がない大日本帝国とその軍隊は、江戸時代の「領民」を、「国民」としてキャッチ・アップさせるための価値観として、「武士道」を鼓吹した。第十四師団の編成補充地である常陸（茨城）、上野（群馬）、下野（栃木）は、板東武者の故郷である。同地の旧家の多くは、先祖は武士という家系をもつ。

武士道にしても家系にしても、どだい歴史的事実というよりはフィクションにすぎない。だが大事なのは、部隊という共同体の成員がそれを信じていることだ。第十四師団の兵士たちは――例えば会津や鹿児島の連隊と同じように――、ある部分において国家の価値観と自らの価値観を重ねることができたのである。

ペリリュー島で戦った兵士たちのおおよそのプロフィールはこうしたものであった。結論としていえば「戦意充溢」した「訓練精到」な部隊であり兵士たちだったのだ。

精鋭師団、南へ

満洲のチチハルで冬季演習準備中だった第十四師団に、ニューギニア方面への出動と師団改編の内示に接したのは昭和十九年一月のことであった。これを受けて三月五日、「軍令甲第百六号」にもとづいた改編と動員が完結する。これにより第十四師団は、いわゆる「海洋編成師団」となる。海洋編成師団とは、昭和十九年になって編成された島嶼防衛用の師団である。この師団は、師団の一部を自前で海上輸送できるように、揚陸用船舶を持つ輸送部隊を編制内に組み込んでいるほか、師団隷下の砲兵連隊、工兵連隊、輜重兵連隊といった特科部隊を解体し、それを歩兵連隊に組み込んでいることに特徴がある。これにより歩兵連隊は諸兵種（諸兵科）連合部隊として、限定的ながら、一つの作戦を終始できるようになった。

このような連隊規模の諸兵種連合部隊は、第一次大戦でドイツ軍が防御戦用に編み出したものだが、第二次大戦以降は一般的な部隊編合の方式となっていた。ただし海洋編成師団のそれは、編成が標準化されており、アメリカ軍の「RCT＝連隊戦闘団」を常設化したものに近い。そしてこの「連隊戦闘団」を、守備すべき各島嶼に「地区隊」として配備するのである。したがってペリリュー「守備隊」ではなくペリリュー「地区隊」が、軍隊区分による正しい名称である（本章では守備隊を適宜使用する）。

改編の終わった第十四師団は、すでに述べたようにニューギニアの第二方面軍へと送られるはずであったが、二転三転して結局は、中部太平洋を守備する第三十一軍の隷下として、昭和十九年四月二十四日にパラオ諸島に進出する。師団の揚陸がほぼ完了した二十六日から、中川州男（くにお）大佐率いる歩兵第二連隊のペリリュー島への移駐が始まる。

パラオ諸島においてもっとも重要な島は、泊地のあるパラオ本島（バベルダオブ島）と、ペリリュー島である。ペリリュー島には、大型機用の二本の滑走路を持つ飛行場が存在し、隣接した島（ガドブス島）には、戦闘機用飛行場がある。中川大佐は、とりあえず、連隊の三個大隊を島の全周に張り付けるように配置した（これらの大隊も独立戦闘が可能なように増強され地区隊と呼ばれた）。

師団全体の作戦計画としては、海上機動部隊である歩兵第十五連隊の増援があるはずだったが、孤立した島である以上、アメリカ軍の上陸正面を予測して重点を定めながらも、全周防備が必要だった。なぜなら、敵が攻勢や攻撃の主導権を握っている以上、いつどこから敵が来るかわからないし、戦理のうえで正しい場所に重点を定めても、その裏をかかれる可能性もあるからだ。「兵力が足りないから重点を定める」というのは攻勢・攻撃ならいざ知らず、防御戦闘ではリスクが大きいのだ。

ただしペリリュー守備隊には、その後、歩兵第十五連隊第三大隊と独立歩兵第三百四十六大隊（以下、独歩三四六）、九五式軽戦車を装備する師団戦車隊の増援があったから、兵力配置はだいぶ楽になった。第二連隊と同様、精鋭〝歩十五〟の第三大隊を上陸が予想される飛行場南部正面に、臨時編成部隊の独歩三四六を、上陸の可能性が低い次等正面である北部に配置することで、一個大隊（第一大隊）と戦車隊を予備にとることが可能となったからである。

では、ペリリュー守備隊はどのような防御構想をもとに作戦計画を立てたのであろうか。

水際撃滅

当初、パラオ諸島は「絶対国防圏」の「最後陣地として絶対確保する」場所とされた。なにやら判じ物めいたもの言いだが、これは、この場所で一連の軍事行動に決をつける決戦正面ではなく、なし得るかぎりの手段を用いて敵に渡さない場所ということである。つまり、その手段には持久も含まれているということを意味する。

しかし、第十四師団がパラオに進出した五月になると、同地はにわかに決戦正面として浮上した。海軍の「あ号」作戦、すなわち連合艦隊が総力を挙げて、来寇するアメリカ艦隊と雌雄を決する作戦に関連してのことである。

さらにマリアナ諸島の陥落（七月）により、パラオ諸島は、フィリピンの前哨拠点となった。この場合に求められた役割は、再び持久して、アメリカ軍の侵攻を遅らせることだ。

上層部の方針が転換したとはいえ、兵力の極端な増減がないかぎり、前線部隊が行う行動は、当然ながら上級司令部の命によって限定される。ペリリュー島の場合、その最低限の任務は飛行場を敵に渡さないこと、それが不可能でも飛行場の使用を妨害することであった。ただしそれは文字どおり最低限の任務であった。決戦にしても、持久にしても、来寇するアメリカ軍を撃破してしまえば任務は達成できるからである。

ペリリュー地区隊の防御計画の大要は以下のとおりであった。

まず方針として――、

「水際及び要点に堅固なる術工物を骨幹とする陣地を構築し且つ陣地は極力縦深ある支撑点式に編成し、熾烈なる火力と果敢なる反撃により依り敵を水際に撃滅す（方針第二項）」とある。なお「支撑」とは、反撃（あるいは攻撃）の足掛かりとなる拠点のことだ。

次に戦闘指導要領を見ると――、

「至近距離において短刀火力を発揮し之を水際に撃滅す（戦闘指導の要領第一項）」

「敵若し陸岸の一部に地歩を占めんとするや直ちに果敢なる反撃を行い遅くも同夜中に之を殲滅す（同第三項）」

いわゆる「水際撃滅主義」だ。だがこれでは、「水際撃滅主義」によって早期に戦闘力を失ったサイパン守備隊と変わらないように思える。では水際で海兵隊に苦戦を強いたペリリュー戦と、サイパン戦の違いはどこにあったのだろうか。

実は、水際撃滅といっても、主陣地をどのように設定するか、火力を集中して敵を撃破する陣前の地域（前地）をどこに設定するかは地形と状況次第であり、それには現場での判断が求められる。サイパン守備隊では主陣地を文字どおり水際（汀線）にまで推進し、前地を海上としていた。これに対し、ペリリューでは、主陣地線を海浜後端に下げ、前地を環礁内から海浜（砂浜）としていたのである。このわずかな違いが、上陸日当日に海兵隊に大損害を与えることになる理由であった。

こうした考えは、しかし、五月末に第三十一軍司令官が視察に訪れた際に問題となった。井上第十四師団長は、小幡第三十一軍司令官の極端な水際配備に激しく抗議したという。

この背景にあったのは、師団が輸送のために集結した大連において、大隊長クラス以上が大本営情報部から最新のアメリカ軍の戦術（編纂前の『敵軍戦法早わかり』）を教育されたこと、ニューギニアから帰還途中の小幡一喜第十八軍参謀から、井上師団長が同地における米軍の戦術を聴取していたからだったと思われる。

小幡参謀は「海岸線の如き鮮明目標は――中略――徹底的に清掃され破壊せらる」、したがって、主力を温存し「一部を海岸付近に配置せる堅固なる拠点により敵の上陸態勢整はざるに乗じ攻勢に出ずるを利ありとす」と報告している。小幡報告は、のちのペリリュー守備隊の戦闘要領に酷似しているのだ。ペリリュー戦の防御方針は守備隊長中川大佐のオリジナルというよりも、井上師団長（とその参謀団）が策定するとともに、第十四師団上級将校総意のものだったと言えよう。

たしかに第三十一軍司令官の指導により、ペリリュー守備隊は渋々ながら汀線に陣地を推進せざるを得なかった。しかし、サイパン陥落後にそれは旧に復した。ついで歩兵第十五連隊主力が一時的に進出し、築城工事を支援した。

築城工事は、いつもながら資材も器材も不足していたが、それに代わり――防者には絶対必要で、しかし多くの場合得ることができない――時間が与えられた。アメリカ軍がサイパン陥落後の戦略策定に手間取ったからだ。途中、軍司令官の「指導」が入ったものの、ほぼ一貫した防御方針は、アメリカ軍来寇までの五か月間という時間を有効に活用することができたのである。

守備隊は、海岸部に「強度大なるコンクリート」製[*2]の複合火点をはじめとした拠点陣地を構築し、さらに海岸部を突破されてもなお最低限の任務を達成するための、砲兵陣地を抱えた複郭陣地（全周防御可能な最終抵抗拠点）を、飛行場を瞰制する中央高地帯に築くことができた。加えて、陣地が既成した段階で、策定された反撃計画に基づく演習まで行っている。

こうしてペリリュー守備隊は九月十五日の朝を迎えることになる。

水際の攻防

アメリカ軍のペリリュー島への上陸準備は、すでに九月初旬から断続的に行われている空襲から始まっていた。九月十二日には、戦艦五隻、重巡四隻を主力とした支援艦隊による艦砲射撃が開始され、十三日からはＵＤＴ（水中破壊班）による上陸海岸の障害除去も始まる。

ペリリュー守備隊は、海岸からリーフにかけて各種障害や機雷を敷設していた。結局これらは、上陸部隊にさしたる損害を与えなかったが、さりとて無駄なわけでもなかった。地上戦における地雷原と同様、こうした施設は、敵の撃破よりも、誘致や警報装置の役割を担っているからだ。

米軍の障害除去の結果、中川大佐は米軍の上陸が予想どおりに飛行場に面した西海岸になると判断。十四日夜に東地区隊（第三大隊基幹）を反撃予備として、中央高地の水府山に集結するよう命じた。

砲爆撃が休止した夜間、将兵は、損害を受けた戦闘施設を復旧し、そして配置に就いた。中隊長、小隊長、そして

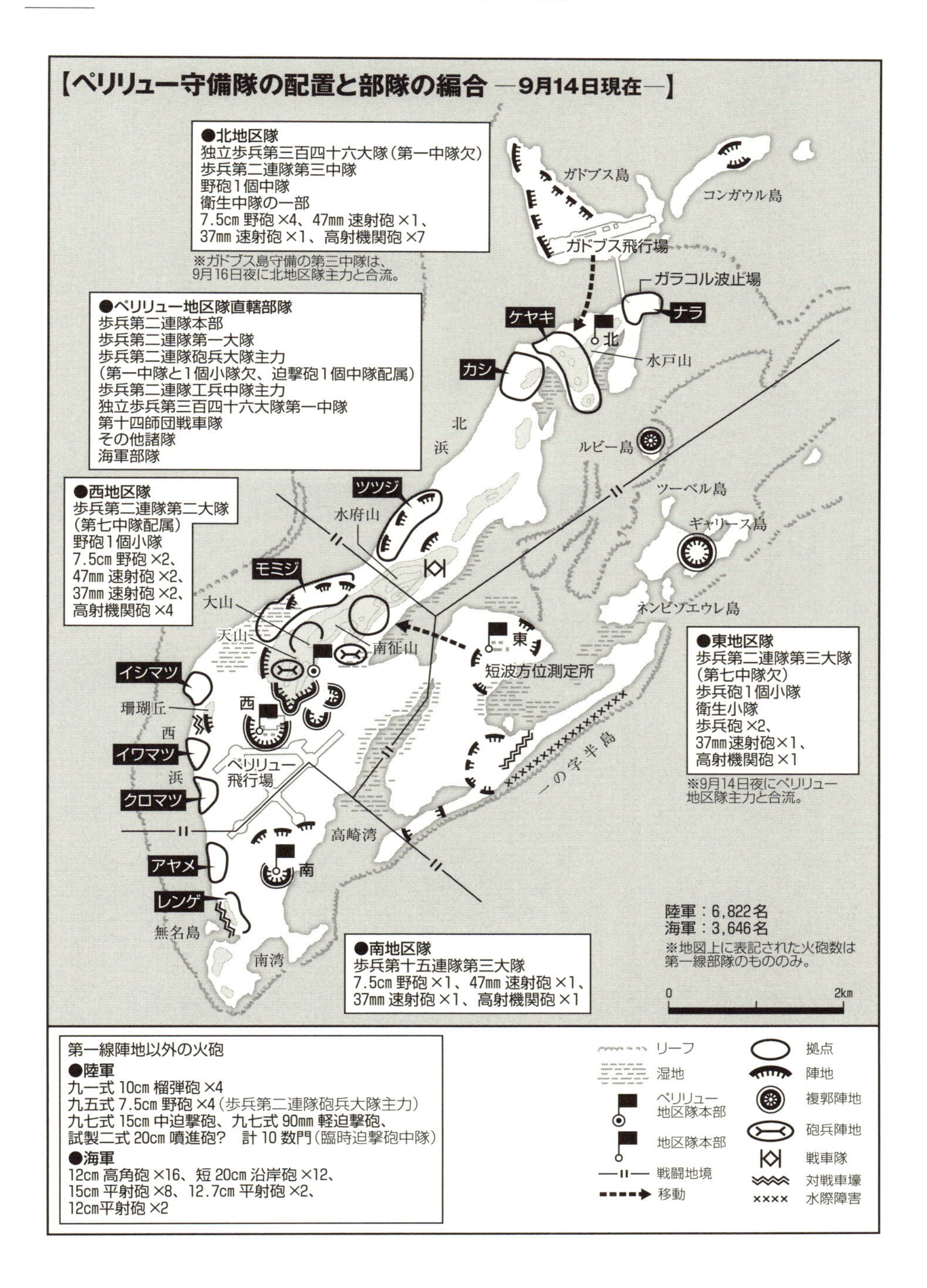
【ペリリュー守備隊の配置と部隊の編合 ―9月14日現在―】
●北地区隊
独立歩兵第三百四十六大隊（第一中隊欠）
歩兵第二連隊第三中隊
野砲1個中隊
衛生中隊の一部
7.5cm 野砲 ×4、47mm 速射砲 ×1、
37mm 速射砲 ×1、高射機関砲 ×7
※ガドブス島守備の第三中隊は、
9月16日夜に北地区隊主力と合流。
●ペリリュー地区隊直轄部隊
歩兵第二連隊本部
歩兵第二連隊第一大隊
歩兵第二連隊砲兵大隊主力
（第一中隊と1個小隊欠、迫撃砲1個中隊配属）
歩兵第二連隊工兵中隊主力
独立歩兵第三百四十六大隊第一中隊
第十四師団戦車隊
その他諸隊
海軍部隊
●西地区隊
歩兵第二連隊第二大隊
（第七中隊配属）
野砲1個小隊
7.5cm 野砲 ×2、
47mm 速射砲 ×2、
37mm 速射砲 ×2、
高射機関砲 ×4
●東地区隊
歩兵第二連隊第三大隊
（第七中隊欠）
歩兵砲1個小隊
衛生小隊
歩兵砲 ×2、
37mm速射砲 ×1、
高射機関砲 ×1
※9月14日夜にペリリュー
地区隊主力と合流。
●南地区隊
歩兵第十五連隊第三大隊
7.5cm 野砲 ×1、47mm 速射砲 ×1、
37mm 速射砲 ×1、高射機関砲 ×1
ガドブス島
コンガウル島
ガドブス飛行場
ガラコル波止場
ケヤキ
ナラ
北
水戸山
カシ
北
浜
ルビー島
ツーベル島
ツツジ
水府山
ギャリース島
モミジ
大山
天山
南征山
ネンビゾエウレ島
東
短波方位測定所
イシマツ
珊瑚丘
西
西
浜
イワマツ
ペリリュー
飛行場
クロマツ
一の字半島
高崎湾
アヤメ
南
レンゲ
無名島
南湾
陸軍：6,822名
海軍：3,646名
※地図上に表記された火砲数は
第一線部隊のもののみ。
0
2km
第一線陣地以外の火砲
●陸軍
九一式 10cm 榴弾砲 ×4
九五式 7.5cm 野砲 ×4（歩兵第二連隊砲兵大隊主力）
九七式 15cm 中迫撃砲、九七式 90mm 軽迫撃砲、
試製二式 20cm 噴進砲？ 計 10 数門（臨時迫撃砲中隊）
●海軍
12cm 高角砲 ×16、短 20cm 沿岸砲 ×12、
15cm 平射砲 ×8、12.7cm 平射砲 ×2、
12cm平射砲 ×2
リーフ
湿地
ペリリュー
地区隊本部
地区隊本部
戦闘地境
移動
拠点
陣地
複郭陣地
砲兵陣地
戦車隊
対戦車壕
水際障害

下士官・兵は、そこが自らの墓所となると覚悟し（あるいは諦め）てはいたが、それを頑なに信じているわけでもなかった。すでに師団長や連隊長から「玉砕」を禁じる命令が出ていたからである。

九月十五日。夜明けとともに、上陸支援のための最後の艦砲射撃が始まる。〇七：五〇、艦上機五〇機が、待機する上陸船団の頭をかすめるようにして島に向かうと爆弾を落とした。そして〇八：〇〇に上陸支援艇のロケット弾による制圧射撃とともに、一斉に上陸第一波が海岸に向かった。

アメリカ軍は、上陸海岸をホワイト1、2、オレンジ1、2、3に区分。そこに最初、五個海兵大隊を上陸させる計画である。

上陸部隊に対し、遠距離からの散発的な砲撃が始まり、数両のＬＶＴ（水陸両用兵員輸送車）が機雷に触れたが、それでも突進は順調だった。だが海岸への距離が一五〇メートルを切ると状況は一変した。イシマツ、イワマツ、クロマツ、アヤメ、レンゲという名がつけられた海岸拠点が一斉に射撃を開始したのだ。射線は、上陸する部隊に対し、斜射・側射となるように設定されており、舟艇群は至近から横殴りの射撃に晒された。まさに「短刀火力」であった。

第1海兵師団 上陸時の軍隊区分

LVT=水陸両用装甲兵輸送車
LVT(A)1=火力支援タイプ37mm砲搭載
LVT(A)4=火力支援タイプ75mm榴弾搭載
DUKW=運輸式水陸両用輸送車

- 師団戦闘司令部（上陸指揮艦『ドゥベージュ』）
- 師団前進戦闘指揮所
  - 第1海兵連隊戦闘団
    - 第1～3大隊
    - 第1海兵工兵大隊A中隊
    - 第1海兵衛生大隊A中隊
    - 第1海兵戦闘工兵大隊A中隊
    - 第1海兵戦車大隊A中隊　M4戦車×14
    - その他諸隊
  - 第5海兵連隊戦闘団
    - 第1～3大隊
    - 第1海兵工兵大隊B中隊
    - 第1海兵衛生大隊B中隊
    - 第1海兵戦闘工兵大隊B中隊
    - 第1海兵戦車大隊B中隊　（第1、4小隊欠）M4戦車×14
    - その他諸隊
  - 第7海兵連隊
    - 第1、3大隊
    - 第1海兵工兵大隊C中隊　（第2小隊欠）
    - 第1海兵衛生大隊C中隊
    - 第1海兵戦闘工兵大隊C中隊　（第1、2小隊欠）M4戦車×6
  - 砲兵群 *1
    - 第11海兵砲連隊　75mmパックハウザー×24　105mm榴弾砲×24*1
    - 第3榴弾砲大隊　155mm榴弾砲×12
    - 第8加農砲大隊　（C中隊欠）155mm加農砲×12
  - 装甲水陸両用トラクター隊
    - 第3装甲水陸両用トラクター大阪　LVT(A)1×24　LVT(A)4×48
    - 海軍火炎放射分遣隊　LVT4×9
  - 水陸両用トラクター群
    - 第1水陸両用トラクター大隊　LVT2、4×120
    - 第6水陸両用トラクター大隊　LVT2、4×80
    - 第8水陸両用トラクター大阪分遣隊　LVT2×20
    - 第454、456水陸両用トラック中隊　DUKW×50
  - 海岸設営班群
    - 第1海兵自動車輸送大隊　（C中隊欠）
    - 第1海兵戦闘工兵大隊　（A～C中隊欠）
    - 第33、37海軍設営大隊分遣隊　*2
    - 海岸宿営班
  - その他諸隊

*1＝上陸日に戦闘できたのは75mmパックハウザー中隊のみ。*2＝建設工兵部隊（シービーズ）

3個海兵（歩兵）連隊、1個砲兵連隊を基幹とするオーソドックスな「三単位師団」である海兵師団は、上陸作戦時には師団および軍団、軍（太平洋艦隊海兵軍）から様々な部隊の配属を受けて増強され、隷下の各連隊は、諸兵種連合の戦闘団（CT）となる。

どんなに激しい砲爆撃でもよく準備された陣地は完全に潰せない。それが第一次大戦からの戦訓であったが、第二次大戦のアメリカ軍は、そうした戦訓に無頓着に見えるときがある。この上陸作戦でも、当初、事前の砲爆撃は二日間と予定されていたほどだ。しかし、守備隊の海岸拠点で砲が破壊または使用不能になったのは、上陸海岸ではイワマツ拠点だけだった。

『スパイダー』のコールサインをもつ観測機は、上陸指揮艦に対し、LVT三八両[*3]が炎上していると報告し、その直後に守備隊の対空射撃により撃墜された。米軍のいう「ザ・ポイント」ことイシマツ拠点を潰す命令を受けていた第1海兵連隊K中隊は、上陸時にすでに部隊の半数を失い、第1海兵連隊自体は通信セクションが壊滅し、司令部との連絡が絶たれた。

もっとも、これだけの火力を浴びせられながらも海兵隊は次々と上陸した。至近距離からの射撃は命中率こそ高いものの、相手の数が多く、かつ前進速度が速いと、射撃時間が短くなり一気に押し切られてしまうからだ。強襲上陸は、開けた土地での長距離の突撃に他ならない。LVTの防御力と速度は、海兵たちには不満足ではあっても、その長距離突撃を保証するための必須の兵器だったのである。

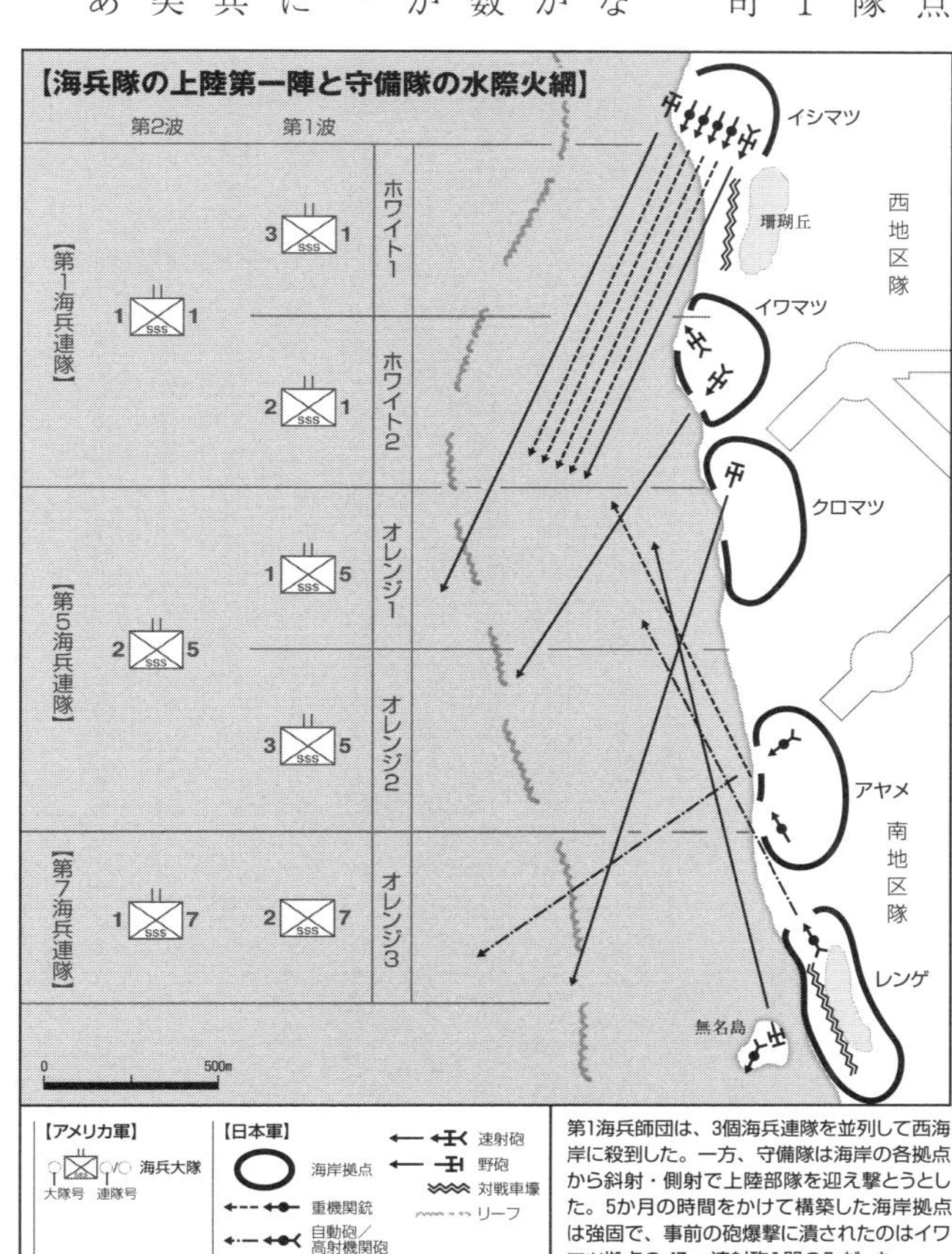

第1海兵師団は、3個海兵連隊を並列して西海岸に殺到した。一方、守備隊は海岸の各拠点から斜射・側射で上陸部隊を迎え撃とうとした。5か月の時間をかけて構築した海岸拠点は強固で、事前の砲爆撃に潰されたのはイワマツ拠点の47㎜速射砲1門のみだった。

こうして上陸した海兵隊ではあったが、そこに待ち受けていたのは歩兵火器の猛射と中央高地からの砲撃であった。守備隊は壕から出て積極的に近接戦闘を交えた。小隊あるいは分隊が突撃を繰り返す。海岸から進出しようとする海兵隊の指揮官や機関銃手は狙撃手に狙い撃たれた。なにしろ関東軍の狙撃手は、据銃から三秒以内に照準を行い、射程三〇〇メートルの伏せた的に、全弾を撃ち込む訓練をされているのである。

もっとも、自動火器を持つ相手への、壕から出た積極的な反撃は、瞬く間に守備部隊をすり減らすことになる。だが、いわゆる「浸透戦術」を身に付け、拠点の隙間から溢出しようとする海兵隊に対抗するにはこれしか方法はなかったのである。

天山の砲兵陣地からも短いが正確な砲撃が撃ち込まれた。イシマツ拠点に隣接する珊瑚丘拠点を守る工兵小隊長の長谷川少尉は、前面に蝟集する六両のＬＶＴと一〇〇〇名（と長谷川少尉は判断した）の海兵隊に対する砲撃を要請。断線により電話連絡ができないことから軍犬を伝令に出すと、〇八：三五頃、天山からの砲撃により、前面の敵は消し飛んだ。

この瞬間、ペリリュー守備隊本部は、すくなくとも西地区隊正面の第一波は撃退したと判断した。無論、第１海兵連隊は撃退されておらず、Ｋ中隊は、大損害を被りながらイシマツ拠点の制圧に——奇跡的に——成功した。イシマツ拠点は、少数の海兵に後方へと廻り込まれて制圧されたのだが、本来は後方へと廻り込む敵を阻止する「中間陣地」が存在するはずだった。おそらく砲爆撃で潰されたか、兵の配置が間に合わなかったのであろう。

とはいえ、第１海兵連隊は、海岸堡を確立することはおろか、海岸に張り付くのがやっとの状態であることには間違いなかった。

第１海兵連隊のちょうど反対側（西海岸南部）に上陸した、第７海兵連隊第１大隊は、海岸堡を確保し、内陸に進出できた。だが彼らの進撃もそこまでだった。前面はブッシュが深く、海岸陣地後方に縦深に配置された中間陣地が強力で、これ以上前進できなかったのだ。配属されるはずの戦車隊を載せた舟艇が砲撃を避けるため北に寄ってしまい、支援が受けられなかったのも痛かった。

この日、もっとも前進できたのがオレンジ2に上陸した第5海兵連隊第3大隊であった。第3大隊は副大隊長を失い、通信兵と器材を載せたＬＶＴがリーフで立ち往生してしまうという悪運に見舞われたが、海兵隊らしく各個に前進を開始していた。オレンジ2海岸は日本軍守備隊の間隙部であり、かつ、目の前が飛行場地区で地形障害もすくない。彼らは一気に高崎湾を望む地点に前進した。

もっとも中川大佐はこうした事態を予測していた可能性がある。というのも、西海岸南部に上陸し、飛行場に向かって前進する（つまり左に旋回して北進する）敵の右側面を叩けるように、南地区隊から二個分隊と山砲および速射砲を抽出し配備する計画だったからだ。しかしこの日本軍小部隊の移動は遅かったようだ。第5海兵連隊第3大隊は進撃中に側面を移動する日本軍と接触し、小戦闘をしている。これが計画にあった側面を衝くべき日本軍小部隊であろう。彼らは配置に就けなかったのだ。

午後になると、第5海兵連隊第3大隊の進撃も停止した。右翼の第7海兵連隊と連絡がとれず、またＬＶＴの損害と海岸の混乱から弾薬と水が不足しだしたからだ。

一六：三〇頃、後に『ペリリュー・沖縄戦記』を記すことになる第5海兵連隊K中隊のユージン・スレッジ二等兵は、遥か北のブラッディー・ノーズ・リッジ（中央高地）の麓を移動するＬＶＴ群を見た。だがそれは、ＬＶＴではなく「ゾウ虫のように醜い」日本軍の戦車であった。ペリリュー守備隊の逆襲、戦闘計画にある「第一号反撃」が始まったのである。

逆襲発動

防御とは、一定地域を確保する戦闘行動である。そしてそれには攻め寄せる敵を撃破しなければならない。撃破とは「敵の組織的戦闘力を破壊すること」と言い換えられる。そのためには、多くの場合「逆襲」ないしは「反撃」が必要とされる。逆襲や反撃は戦術次元以下では「攻撃」と同様の行動となる。したがって、逆襲部隊は、防御部隊中もっとも火力と機動力に優れている必要があった。火力と機動力こそが、敵の組織的戦闘力を破壊するための衝撃と破壊をもたらすからだ。ペリリュー守備隊で、逆襲部隊に指定されていたのは、第一大隊主力、第七中隊、師団戦車隊の全力一七両（一五両ともいう）であった。

中央高地南麓を移動してきた逆襲部隊は一六：三〇、一部の歩兵を戦車に跨乗させ、クロマツ、アヤメ陣地間を目指し、飛行場を横切って突っ込んできた（二両ほどの戦車はイシマツ陣地とクロマツ陣地間を目指した）。ちょうど、突出した第5海兵連隊の付け根（突破口の肩部）にあたる。

しかし、逆襲部隊の動きはすでに、一五：一五頃、空母『マーカスアイランド』の偵察機に発見されていた。警報が上陸指揮艦経由で、上陸部隊の前進指揮所に飛ぶ。一方、海兵隊のベテラン士官たち何人かは、日本軍の砲撃が、再び激しくなってきたことから、これを逆襲の兆候と見た。けれど、守備隊の激しい抵抗により、両軍はきわめて短い距離で銃火を交えており、誤爆の危険から航空支援は不可能であり、頼みのM４戦車は、この付近にわずか三両しか存在しなかった。

海兵隊は上陸開始後わずか三〇分という短い時間で、戦車三〇両を投入したが（突撃第四波）、このうち上陸に成功した車両は二七両。そのうち一八両が第1海兵連隊の支援に回っている。ちなみに内陸に進出でき、翌日まで生き残った車両は二一両。

ペリリュー守備隊は、中央部でこそ突破を許していたものの、上陸当初から一歩も引かない戦いによって、アメリカ軍の激しい砲爆撃を避けるための「紛戦・混戦状態」を発生させており、海兵隊の戦車は各所に分散された状態にあった。

守備隊の逆襲の矢面に立ったのは、上陸第二陣の第5海兵連隊第2大隊である。彼らは慌てて、四門の三七ミリ対戦車砲とバズーカ・チームを中心とした対戦車陣地を構える。強力な助っ人は、第1大隊の後方に放列を敷いた砲兵隊の七五ミリ・パックハウザー（分解可能の軽榴弾砲）中隊であった。

守備隊の戦車、そして歩兵たちは、ひたすら突進した。これに対し展望塔（キューポラ）から身を乗り出す車長を射殺し、手榴弾

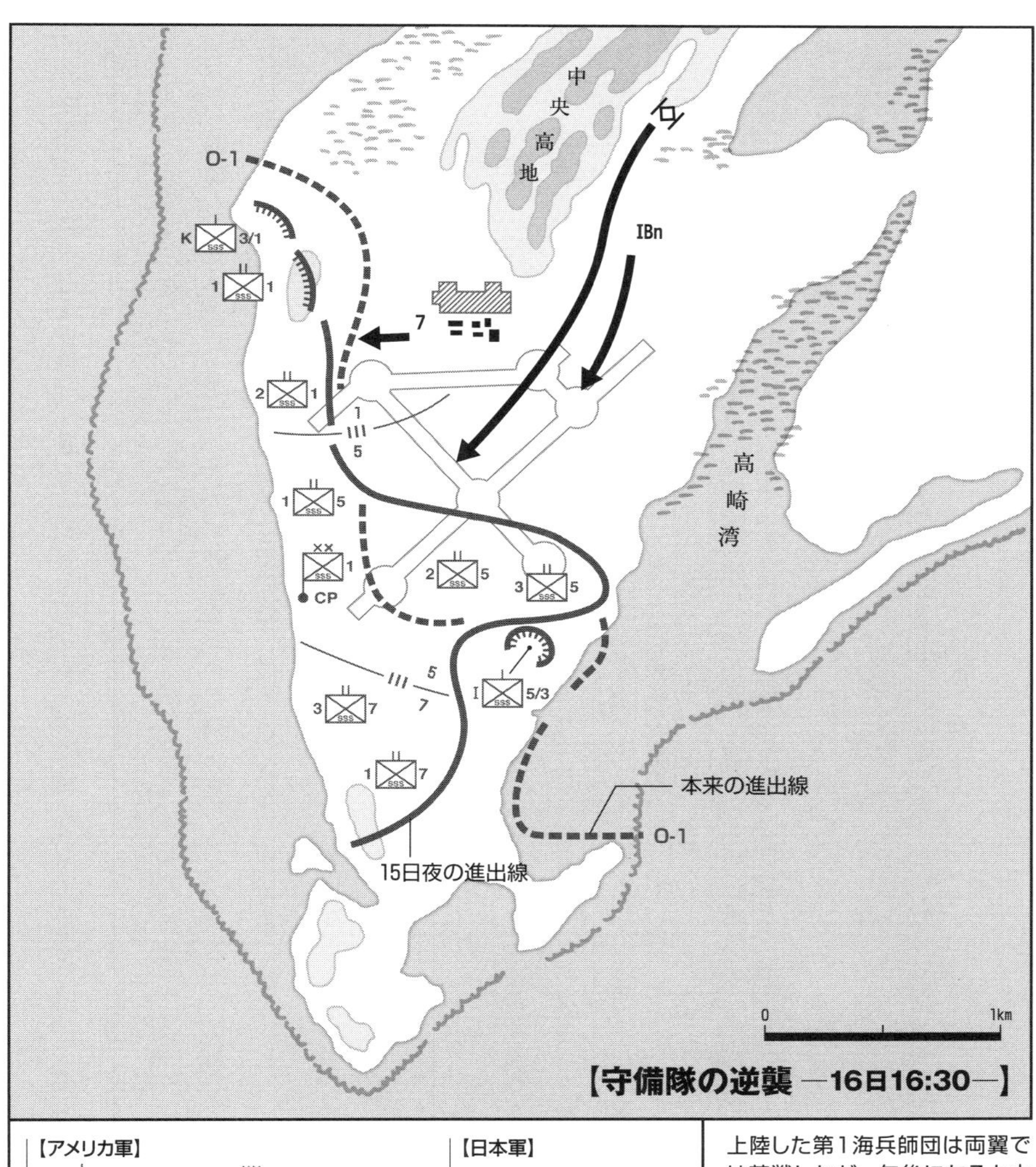

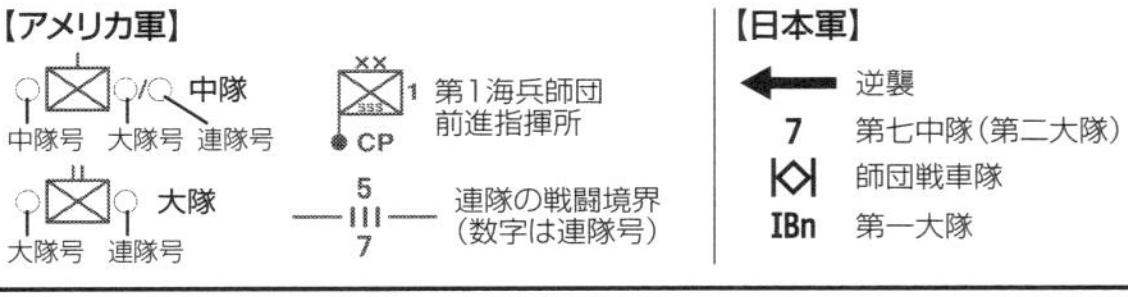

上陸した第1海兵師団は両翼では苦戦したが、午後になると中央部では、上陸当日の目標線である「O-1ライン」を超越して前進した。この突出部の付け根を狙い、守備隊は「第一号反撃」を発動した。だがそれは、いち早く対戦車火器を揚陸していた第5海兵連隊の第1、第2大隊の強力な火網によって粉砕された。

をハッチから投げ込んで撃破する海兵もいた。とはいえ一部の海兵が恐慌状態に陥ったのも事実だ。戦車による衝撃効果(ショック・アクション)である。逆襲部隊は、前進するにしたがい、第5海兵連隊の第3大隊の一部と、第1海兵連隊第2大隊に両側面からも叩かれた。それでも一両の戦車は、撃破されたときには、海岸に設置された師団前進指揮所から約九〇メートルにまで迫っていた。

しかし逆襲もここまでだった。一三両の戦車が撃破され、戦車隊も第一大隊も壊滅した。こうしてもっとも強力な部隊が潰えたとき、ペリリュー守備隊の水際撃滅作戦もまた潰えたのであった。

水際撃滅はなぜ潰えたか

この逆襲の失敗に対しては、ペリリュー戦を書いた多くの書物で分析されている。その主な論点は逆襲の時期と方向であり、九五式軽戦車の弱装甲・弱武装である。はたしてその分析は正しいのだろうか?

まずは時期についてだ。

守備隊が逆襲を始めた時間は、一六:三〇。当日の日没は一八:〇三。砲兵が目標を観測可能な最後の時間である第二薄明が一八:四九だから[*4]、守備隊は、歩・砲・戦の協同攻撃で打撃を加え、さらなる紛戦状態に持ち込み、アメリカ軍の夜間防備が間に合わないうちに夜襲により決をつける予定だったと考えられる。

「ペリリュー地区隊戦闘計画」には、「——前略——猛烈果敢なる反撃とを敢行し、敵海岸堡固からざるに乗じ、手段を尽くして之が撃催に務め、遅くとも当夜中に覆滅す」とある。

一方、海兵隊がいち早く対戦車戦闘を準備できたのは、サイパン戦で行われたような戦車を用いた逆襲が行われるであろうという、これまでの戦闘の教訓と、偵察の結果であった。これは守備隊から見てなかばしかたのないことであろう。

次に攻撃方向である。

「ペリリュー地区隊戦闘計画」の「第一号反撃計画」は西海岸への上陸に対するものだが、この計画では「戦車隊は全力を以て西地区隊の戦闘に協同」となっている。一方、西地区隊の正面、第1海兵連隊は、海岸堡をいまだ確立できないでいた。これをもって、当初の計画どおりに西地区隊に戦車隊を突入させていれば、すくなくとも一個連隊を海に追い落とすことが可能だったとされる。海兵隊の戦史もまたこれを認めている。しかし、弱体化した一個連隊を追い落としても、それは戦闘のレベルでの満足にすぎない。

それよりも、もっとも脅威である突出部隊の、しかし突出したことでさらけ出された突出部付け根という弱点を衝くほうが、防衛「作戦」に寄与するという意味で、戦術次元として正しいのである。とくに第5海兵連隊第3大隊の動きは午後になると鈍っているから、指揮官（中川大佐）が、敵突破部隊の攻撃が限界に達した、つまり戦いの潮目が変わろうとしている「戦機」と捉えてもおかしくない。

最後に、戦車の性能の問題である。これは戦術論ではなく兵器論にすぎない。なぜなら突入した戦車は、結局は至近距離で敵と相まみえるのである。相手が相応の対戦車火器を持っているのなら、装甲の厚さはあまり関係ない。例えば、ソ連軍のＫＶⅡ重戦車のような堅陣突破用の重戦車ならいざしらず、九五式軽戦車がシャーマン戦車であったとしても結果にあまり変わりはなかったであろう。

では何が失敗の本質的な原因だったのだろうか。

単純にいえば、戦車の数と砲兵の支援が少なすぎたことにあった。

本来、戦車は消耗品だ。このため日本陸軍でも、戦車隊の教範『機甲作戦要務書』において――損害を出しながらも突破力を保持するために――、戦車隊は重畳して使用することが重要と述べられている。

また砲兵の支援に関しては、『戦史叢書』では「砲迫支援のもとに反撃を開始」と述べ、先述したように海兵隊の前線指揮官も砲撃が激しくなったことを逆襲の前兆と捉えている。しかし、その砲撃は、先述した珊瑚丘陣地前に撃ち込んだ砲撃に比べて弱く、海兵隊を制圧さえできていないのだ。だから一部の勇敢な海兵が肉薄攻撃を行えたのだ。このような状態では逆襲（のための突撃）は不可能である。

ペリリュー守備隊は、各種火砲四八門（高射火器と速射砲を除く）を保有していたが、このうち逆襲の支援に使用できる火砲は迫撃砲一〇数門（実数不明）に一〇センチ榴弾砲と七センチ野砲、それぞれ四門でしかない。その支援砲兵もしかし、珊瑚丘陣地への支援砲撃ののち、激しい砲爆撃を受けている。制空権を取られ、観測機に上空を飛ばれているために、長時間の砲撃を行うと、砲の位置がばれてしまうのである。これでは敵を制圧するに足る支援砲撃は行えない。加えて、射撃指揮能力の低い日本軍砲兵は、実戦においてしばしば突撃支援射撃に失敗する。

ペリリュー戦において、その守備隊は、水際に強固な陣地を構築し、さらに積極的な戦闘で、米海兵隊の上陸を危殆に陥らしめることには成功した。しかし、それに止めを刺すことには失敗した。結論をいえば、中川大佐もまた多くの日本軍指揮官と同様、砲兵火力を軽く見ていたことと、自軍の突撃力を過度に評価していたことが原因といわざるを得ない。

逆襲は、戦術「論」として見た場合間違っていなかった。その意味で、中川大佐は優れた指揮官であった。だが逆襲に「実行の可能性」を与える技術は存在せず、指揮官はその事実に気がつかないか、目を瞑っていたのだ。それこそが日本陸軍の最大の問題点であるのだが、ペリリュー戦にもまたそれが如実に顕れていたと言えよう。

なお、第1海兵師団の上陸当日の損害は、想定していた数値の倍、死傷一一一一人であった。

その後、ペリリュー島守備隊は、中川大佐の指揮のもと、驚異的な防御戦闘を行い、十一月二十五日に全滅する。しかしそのときオールド・ブリードこと第1海兵師団は戦場にはいなかった。六四六七名の戦死傷者を出し（異説あり）、陸軍にその任務を引き継いで、すでに撤退していたのである。

●註

＊1＝ジャップと同様の日本（Nippon）の蔑称。

＊2＝もちろんコンクリートが足りていたわけではなく、珊瑚礁や椰子の丸太も使用している。

＊3＝結局全損は約二〇両だったが、当日の行動不能数はこれより多かったようだ。

＊4＝『戦史叢書　中部太平洋方面陸軍作戦〈2〉』。

●主要参考文献

防衛庁防衛研修所戦史室『戦史叢書　中部太平洋陸軍作戦〈2〉』（朝雲新聞社、1968年）
ジェームス・H・ハラス著、猿渡青児訳『ペリリュー島戦記』（光人社、2010年）
ユージン・H・スレッジ著、伊藤真・曽田和子訳『ペリリュー・沖縄戦記』（講談社学術文庫、2008年）
平塚柾緒『証言記録　生還　玉砕の島　ペリリュー戦記』（学研パブリッシング、2010年）
河津幸英『アメリカ海兵隊の太平洋上陸作戦（中）』（アリアドネ企画、2003年）
白井明雄『日本陸軍「戦訓」の研究　大東亜戦争期「戦訓報」の分析』（芙蓉書房出版、2003年）
Gordon L. Rottman. *US Marine Corps Pacific Theater of Operations 1944-45* (*Battle Orders*). OSPREY 2004.

輸送船から大発（大発動艇）に乗り移る陸軍将兵たち。大発は、兵士 70 名または物資 11 トン、車両ならば八九式中戦車まで搭載可能だった。【七章】

強襲上陸後、飛行場を占領し 12 月 9 日コタバル市内に入城した侘美支隊【第七章】

上陸海岸では日本軍の砲火により LVT が次から次へと擱座した。海兵隊はしばしば日本軍の狙い撃ちから身を隠すしかなかった。【第九章】

ようやく上陸したものの立ち往生する海兵隊員【第九章】

軽巡洋艦『ホノルル』の偵察機が撮影した上陸海岸に進撃中の LVT 群【第九章】

第十章　沖縄　嘉数高地の陣地防御

アメリカ軍、戦車二二両喪失!!　「あの忌々しい丘」と呼ばれた高地争奪戦

戦争の「階層構造」と陣地防御における「主導権」

沖縄の基地問題、とくに普天間基地がテレビのニュースで取り上げられる場合、たいていは滑走路を南側から俯瞰する形で映される。カメラが置かれるのは公園となった嘉数(かかず)高地である。

この場所からロングショットでカメラを左から右へとパンさせれば、沖縄本島を南北に走り、首里に向かう二つの街道を見渡せた。つまり首里を目指して南下するアメリカ軍の接近経路を見下ろすことができるのだ。

このため同高地は激しい攻防戦の舞台となった。アメリカ軍は一日で戦車二二両を失うという損害を出している。嘉数高地の攻防こそが、沖縄戦前半の戦局の焦点であった。戦後、嘉数守備隊の生存将兵は回想する。「嘉数では最後まで負ける気がしなかった」と。

嘉数守備隊は、なにゆえにアメリカ軍の数次にわたる攻勢から、この高地を守り通すことができたのであろうか。陣地防御における「主導権」からこの戦いを考える。

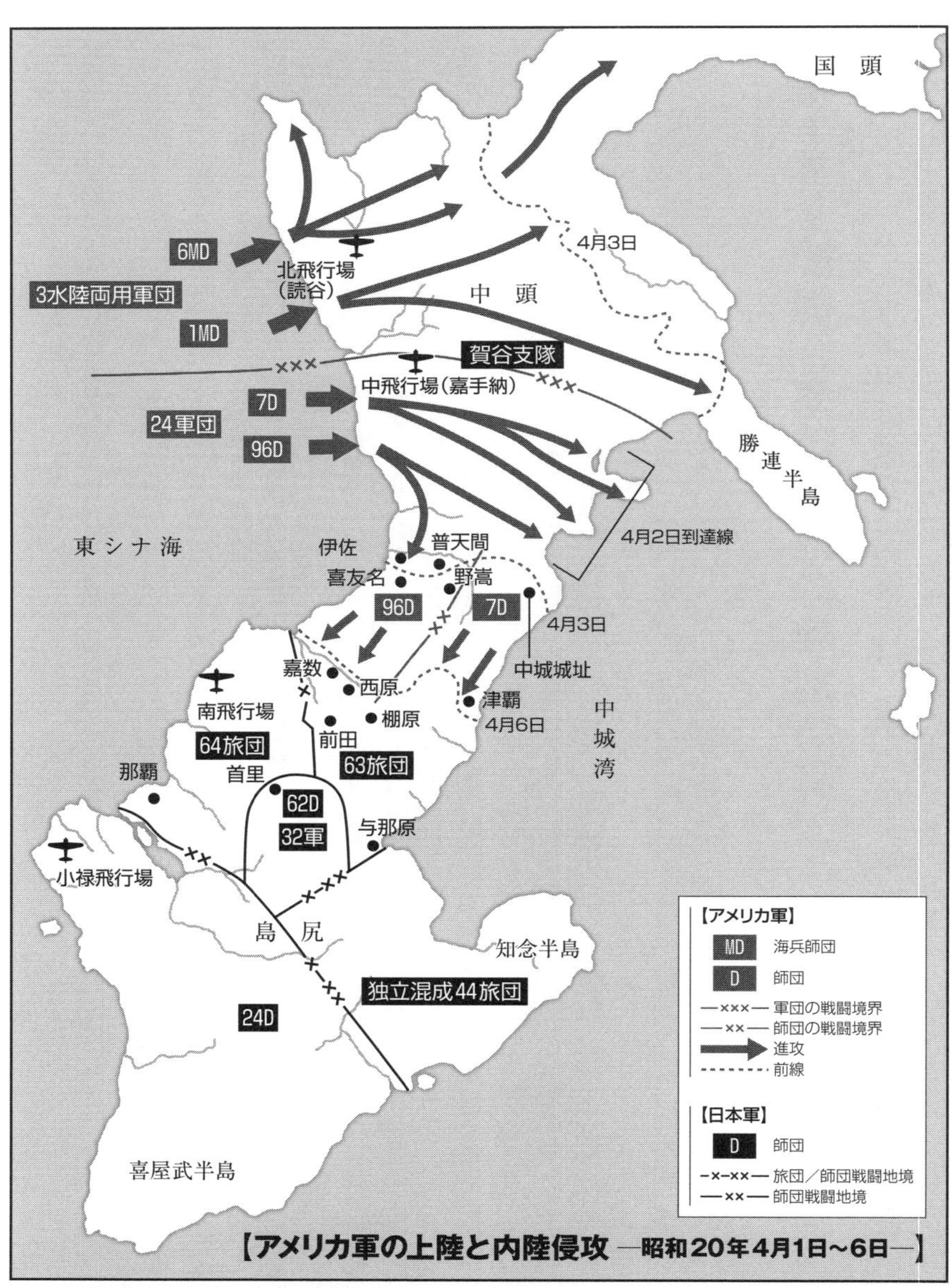

アメリカ陸軍第7師団と第96師団は、上陸後、日本軍の大きな抵抗を受けずに東へと進出し、2日は東海岸まで占領する。その後、小規模な戦闘を交えながら南下、第三十二軍が設定した主陣地帯に達し、嘉数高地の攻防戦が始まる。

接触

アメリカ軍が嘉手納海岸に上陸してから四日目。昭和二十（一九四五）年四月四日朝――。

嘉数北約一キロの大山にある日本軍前進陣地を守る独立歩兵第十三大隊[*1]第五中隊の第二小隊長・鯛家栄少尉は、一個中隊ほどの車両を伴う部隊が陣地の前に現れたのに気がついた。

この日の朝は霧が出ており視界が悪かった。鯛家少尉は、この部隊が自分たちよりも前方に出て、すでにアメリカ軍と戦っている賀谷支隊（独歩十二大隊基幹）が後退してきたものと判断した。だが様子が違う。陣前約三〇〇メートルで停止した部隊を、双眼鏡で確認するとそれはアメリカ軍の偵察部隊（第96偵察隊であろう）だった。

敵部隊は、偽装された第二小隊の存在に気づいていない。小隊は、無警戒に近づいてくる敵に至近距離からの急襲射を浴びせた。アメリカ兵の一群は死体を残したまま後退した。一方、東の神山にいた第五中隊主力も、戦車を含む約一個大隊（第383歩兵連隊第3大隊）の攻撃に晒された。中隊主力は戦車一両を撃破するものの、一時は陣地を寸断された。もっとも損害は軽微で、中隊主力は陣地を保持した。四月四日にアメリカ軍と戦闘を交えたのは、独歩十三大隊のみではなかった。独歩十三とともに北正面第一線部隊として、その東に連なる独立歩兵第十四大隊の各隊も同じだった。

首里を目指すアメリカ軍の本格的攻勢が始まったのである。

四月一日に上陸したアメリカ第10軍主力（第24軍団）は、三日には右旋回が終わり、右翼（西翼）を第96歩兵師団、左翼（東翼）を第7歩兵師団とし、伊佐（いさ）～喜友名（きゆな）～野嵩（のだけ）～中城（なかぐすく）城址を連ねる線に展開。南下の態勢をほぼ整えた（第7師団が実際に戦闘に加入するのは翌五日）。

アメリカ軍の作戦計画では、L＋10、すなわち上陸一〇日目に第24軍団を普天間東西の線に到達せしめて、軍レベルでの海岸堡を確立させる予定だったから、これはずいぶんと速い進攻である。よく知られているように沖縄防衛

【4月3日における両軍の態勢】

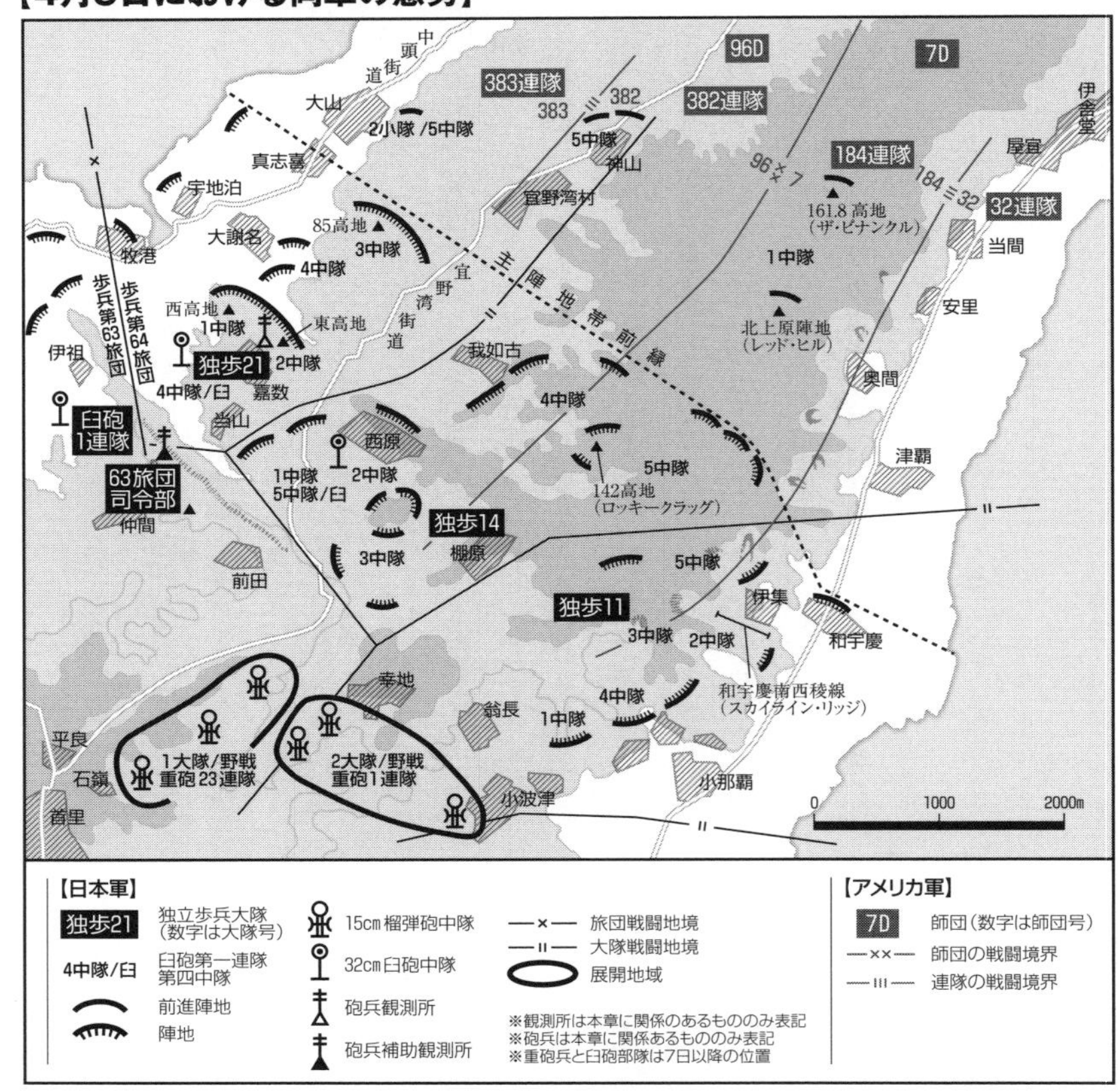

南下したアメリカ軍第7師団と第 96 師団は、4 月 4 日、第三十二軍の主陣地帯前方、前進陣地群に接触した。

第三十二軍は、台湾防衛のために一個師団が引き抜かれて兵力が減少したのちは、中頭地域北部にある北（読谷）、中（嘉手納）の両飛行場をなかば捨てて、中頭南部から島尻地域に防御線を緊縮していたからだ。

これは端的にいえば、首里を中心に全周防御陣を敷いた形になる。ただし配備の重点は南の島尻地域で、同地域では、上陸してきたアメリカ軍に対し、逆に攻勢に出て上陸地点沿岸で殲滅することを目論んでいた。その一方で北正面は持久というのが当初の方針であった。

持久正面である北部を担当するのが、独歩第十三大隊が所属する第六十二師団であった。同師団は昭和十八（一九四三）年五月に中国大陸の華北で編成された対ゲリラ戦用の治安師団ではあるが、昭和十九年の大陸打通作戦、その第一段である河南の会戦で野戦師団に劣らぬ活躍を見せている。

師団の編制は、一般的な野戦師団とは異なり、二個の歩兵旅団（第六十三、第六十四）が、それぞれ四個の独立歩兵大隊を持ち、砲兵部隊や捜索部隊等はない。師団の将兵は、第三十二軍のもう一つの師団である第二十四師団が現役兵主体であるのに対し、予備役兵が主だった（平均年齢二十五歳）。だが大陸での実戦経験から、これらの老兵は高い戦闘能力を持っていた。

独立歩兵大隊は、五個中隊編成で連隊砲（四一式山砲）を保有し、実質は小型軽装備の連隊であった。このため大隊長には、大佐または古参の中佐を充てたが、昭和十九年以降は、一般の歩兵大隊に準じて少佐や大尉も大隊長に任じられるようになった。また沖縄戦においてとくに強みとなったのが、各大隊が五個の中隊を持っていることだった。というのも、アメリカ軍相手の戦闘では、一回の交戦で中隊の戦力が半減してしまう例がしばしばあったからだ。しかし五個の中隊を持つ第六十二師団の各大隊は、そのマン・パワーによって粘り強い戦いができたのだ。

四日深夜、第五中隊は大隊長原宗辰大佐の命令により前進陣地を撤し、嘉数南方の当山に移動。大隊の予備となった。

緒戦の失敗

五日。アメリカ陸軍公刊戦史『沖縄　最後の戦い』は「第96歩兵師団は沖縄において鉄の抵抗が始まることに注意を払った」とある。

前日の激しい抵抗と夜間の素早い後退は、神山・大山の陣地が前進陣地であることを意味していた。であるならば、この日に日本軍の主陣地に接触する可能性が高い。さらにそれを裏付けるのが昨日から始まった重砲の砲撃である。昭和二十年になるとアメリカ軍はかなりのところ、日本陸軍の定型的な戦術だけでなく、戦術判断に影響を与える組織文化まで解明していたのである。

アメリカ軍の予測は正しかった。北方防衛の第六十二師団のうち北正面を守る歩兵第六十三旅団は、嘉数北約一キロ、現・普天間基地南西端にあった八五高地（現在は基地の建設により消失）から、我如古（がねく）西、南上原（うえばる）のラインを主陣地帯前縁（第一線）としていたのである。もっともそれは一つながりの線というよりは、中隊単位で独立拠点式に編成されたもので、独歩十三大隊の陣地編成（陣地の構成）は、八五高地の第三中隊の後方、大謝名（おおじゃな）と宇地泊（うじどまり）に第四中隊を配置し、嘉数高地は、最後まで固守するための全周防御可能な複郭陣地――通称、腹切り場――として、大隊本部、第一、第二中隊、火力支援部隊である配属の独立迫撃砲第八中隊を置いていた。

中隊を独立単位とし、それらを重畳させて縦深陣地とするのは一見、理に適っているように見える。しかし中隊は、所詮は戦闘単位で、戦術という術策を施すことはできない。このため独立任務を与えられた中隊の指揮官は心理的にも不安になるという。しかし、それを平気で行ってしまうところが、中国大陸での対ゲリラ戦で、しばしば中隊単位での独立戦闘を行ってきた第六十二師団の隷下部隊らしい。

とはいうものの、独歩第十三大隊の主陣地前縁は、三日間の戦闘で突破され、九日には腹切り場、すなわち主陣地帯の最終抵抗拠点である複郭陣地にまで押し込まれてしまうのである。さらにこの三日間で、第三、第四中隊は実質的に全滅（七日の撤退命令後、大隊本部が掌握できた将兵は二〇名程度）。主陣前縁を奪回するために逆襲に出た第五中隊は中隊長以下多数が戦死し、組織的な戦闘能力を失った。またこの一連の戦闘で、貴重な対戦車兵器である、配属の独立速射砲第二十二大隊[*4]の一二門の四七ミリ速射砲は、たった二門にまで減じてしまった。

このようになってしまった理由は、まず主陣地左翼端の形状にあった。八五高地と第四中隊陣地は、アメリカ軍側に突出していたのである。加えて、陣地周辺は、隣接する独歩第十四大隊の正面とは異なり、平坦な地形であった。八五高地といってもアメリカ軍の攻撃方向から見れば比高一五メートル程度なのである。このため、砲爆撃だけでなく、日本軍がもっとも恐れる（苦手とする）歩兵と戦車が協同した包囲攻撃を受けてしまったのだ。

では、なぜこのような陣地編成にしたのであろうか。そもそも日本軍に限らず陣地防御の要諦は、地形を上手く利用し、敵の総合的な戦力を分断することにかかっているのではないか？

実のところ、八五高地と第四中隊陣地は、敵が牧港以南に上陸した場合に海正面に効果を発揮できるような選地だったのだ。独歩第十三大隊の西隣には、西海岸に面して歩兵第六十四旅団が守備に就いている。彼らの正面にアメリカ軍が上陸した場合、八五高地と第四中隊陣地は、部隊の間隙を塞ぎ、右翼の側防陣地として機能する場所だったのである。

沖縄戦の戦記・戦史において、北正面での戦闘は、さも第三十二軍の予想どおりにアメリカ軍が進攻してきたような印象がある。これは、おそらく第三十二軍高級参謀八原大佐の著作や彼を主役にした戦記や映画の影響であろう。

しかしながら、一個師団（第九師団）が抽出されたのちに二度にわたって行われた部隊の配備転換で、第六十三旅団が最終的な陣地構築に使用できた期間は五〇日（第六十四旅団と第二十四師団は一〇〇日、独立混成第四十四旅団が五〇日）足らずでしかなかった。第二十四師団の砲兵連隊本部附・二位少佐は、「北方戦線の防御準備は不十分」「新配備に伴う射撃準備は特に第六十二師団正面が不十分であった」としている（『戦史叢書　沖縄方面陸軍作戦』）。実際、日本軍としては例外的に豊富な重砲兵群も、四日の射撃開始命令に即応できたのは、一個大隊一二門のみで、主力が南方からの移動を終わり全力で支援砲撃ができるようになったのは九日以降である。これでは主陣地の戦闘が始まった段階で北正面全域に有効な支援を行うことは不可能だ。

一方、順調に攻撃を進めるアメリカ軍も少なからぬミスを犯していた。独歩第十三大隊の陣地群を攻撃したのは第383歩兵連隊だが、その第1大隊は、七日と八日に艦砲と砲兵の掩護を受けて嘉数高地に小規模な攻撃を行っていた。二回の小攻撃は、そのつど日本軍の抵抗の前に撃退されたが、本来ならば威力偵察ないしは地形捜索になるべきものだった。

だが、第96師団はこの攻撃からそのようなことは汲み取らなかったようだった。これは筆者の個人的な印象だが、沖縄戦を通じてアメリカ軍は、地形を読み取る能力に不足しているように思える。そして地形に対する理解不足が嘉数高地での苦戦の要因となるのだった。

あの忌々しい丘

ここで、嘉数高地の地形を説明しよう。

冒頭で述べたように、嘉数高地は、嘉手納の海岸から、沖縄本島を南北に走る中頭街道（ほぼ現在の国道58号線に重なる）と宜野湾（ぎのわん）街道（中街道。同じくほぼ現在の国道330号線に重なる）を見渡せる。嘉手納海岸に上陸したアメリカ軍が、首里を目指して南下する際の接近経路三本のうち、東海岸道を除く二本を瞰制することができるのだ。このため同高地は、沖縄守備第三十二軍の主陣地帯の重要拠点となったのである。

高地の形状は、東西約一キロの一見なだらかな丘で、航空写真（つまりアメリカ軍使用の地図のもと）では、周囲を畑に囲まれたこんもりとした森にしか見えない。標高九二メートルの東高地（現・嘉数高台公園）と標高七〇メートルの西高地からなり、稜線のやや西側に鞍部が存在する。東高地は馬ノ背状だが、西高地は南北に二〇〇メートルほどの広さがある台状を呈しており、さらに細かくいえば頂部は北と南の二か所ある。戦史叢書『沖縄方面陸軍作戦』では、嘉数集落を起点に東高地を「嘉数北側高地」、西高地を「嘉数西側高地」と記し、アメリカ軍は、東高地をカカズ・リッジ、西高地をカカズ・ウエストと称していた。

アメリカ軍が嘉数高地に接近するにあたり最大の障害となるのが、高地北側直下を流れる比屋良川（ひやら）である。比屋良川は、幅は狭く水量も多くないので、渡渉は容易だが、両岸が四〇メートルほど落ち込む渓谷で、車両の通過が不可能なのはもとより、戦闘行動に際しての渡渉地点は限られる（現在は砂防地区として護岸工事が施され、さらに急傾斜となっている）。加えて、牧港地区の水源であったため樹木の伐採は禁止されており、生い茂った木々がこの渓谷を隠していた。

こうした地形から、戦車を使用する場合には、戦車は宜野湾街道を通らなくてはならず、歩兵と戦車は異軸攻撃となって歩戦砲の調整と連携が難しい。そのうえ宜野湾街道は、比屋良川の橋を渡った直後から嘉数高地と西原高地の間で上り坂の隘路となっている。したがって、嘉数高地を攻略するには、できれば歩兵単独で奇襲的に高地に上り、爾後、砲兵の支援を受けて確実な占領を期するといった方法が最良であった。そしてこれは、アメリカ軍が最初に嘉数高地に対し本格的な攻撃を行った際に採った方法でもあった。

一方、独立歩兵第十三大隊と配属の独立迫撃砲第八中隊は、嘉数高地の地下に棲息壕を掘り、逆襲口を南斜面に設けていた。高地稜線には、コンクリート製の機銃トーチカや掩蓋銃座、監視哨

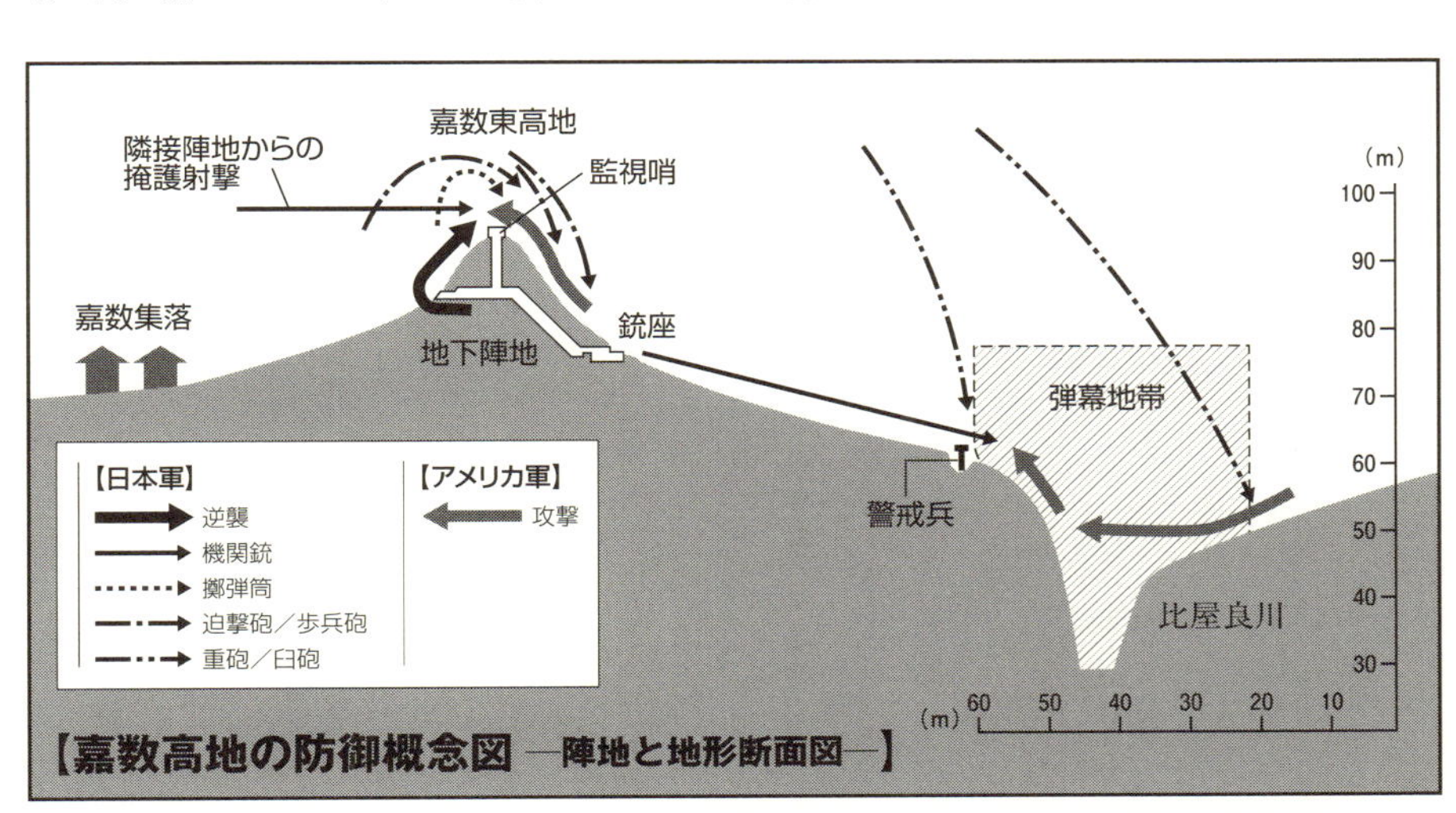

嘉数高地は急峻な地形ではなかったが、比屋良川の渓谷が地形障害となっている。重砲や臼砲はこの線を弾幕地帯に設定していた。高地守備の歩兵部隊は、地下に棲息壕を設け、高地稜線に乗り出した敵への逆襲を行う。このため自隊や隣接部隊の射線を稜線上に集中できるようにしていた。また比屋良川から嘉数高地までの平坦地も射撃できるように、対敵正面の台脚部に銃座を設けている。

がわずかに存在する。高地や稜線を遮蔽物・掩護物にして、敵対する側と反対側に主要な戦闘設備を設ける、いわゆる反斜面陣地である。ただし、敵方斜面にも台脚部に比屋良川の渡渉地点を押さえるようにいくつかの銃座や戦闘壕は存在した。比屋良川の渓谷と森に掩蔽された河岸で、まず敵を食い止めようとしたようである。独歩第十三大隊にとって幸運だったのは、最終的な配備転換以前から、彼らがこの地で陣地構築にあたっていたことである。当時の戦闘正面は海岸方向だったが、それでも他の部隊に比べれば、十分な陣地構築時間があったのだった。

四月九日払暁。この日、第96師団は独歩第十三大隊を、まずは出し抜くことに成功した。攻撃を担当する第383歩兵連隊は、第1、第2大隊を並列させて、準備砲撃を行わず、正面から嘉数高地に登ったのだ。

この日、薄明は〇四：五四から始まる。空が明るくなるなか、第383歩兵連隊は密かに比屋良川を渡った。A、C中隊（第1大隊）は嘉数東高地の稜線に取り付き、L中隊（第3大隊）は嘉数西高地に上がった。I中隊のみは対岸で遅れていた。

日本軍が、アメリカ軍の攻撃に気が付いたのは、日の出の頃であった。[*5] アメリカ陸軍公刊戦史には「一つのピル・ボックス（筆者注：トーチカ）が、A中隊を狙って火を吹いた」とある。ちなみに、現在、嘉数高台公園には、ちょうどA中隊を狙える位置にトーチカ（監視哨の可能性もある）の遺構がある。これが射撃を開始したのだろうか。

嘉数東高地の独歩第十三第二中隊、西高地の第一中隊は、稜線上のアメリカ兵に軽機関銃を放ち、擲弾筒と迫撃砲を撃ち込んだ。さらに迫撃砲中隊と重砲兵は比屋良川沿いに弾幕を形成し、アメリカ軍の後続を遮断した。

稜線が狭く、展開する地積が少ないことから密集した状態で射撃に晒されるA、C中隊は堪え切れずに後退の許可を求めたのだ。だが、連隊本部から返ってきたのは、「増援を送るので死守せよ」の命令であった。激しい砲火を冒して到着したB中隊、わずか約四〇名も、その場で釘付けになった。三個中隊は昼を待たずに嘉数東高地から追い落とされた。一方、L中隊は嘉数西高地の北峰を確保したが、第一中隊に三方向から攻撃され、無傷の兵士は三名のみとなった。あげく味方の艦砲射撃の誤射もあった。一六：〇〇過ぎ、味方の発煙弾の支援により、彼らは撤退した。

第383歩兵連隊の損害は、戦死・行方不明・負傷合わせて三二六名。生き残った兵も、当分戦闘に耐えられそうもなく第1大隊は戦闘力を喪失した。

第96歩兵師団のアイデアはたしかに良かった。だが、比屋良川の地形への分析が甘く、高地上の兵力が少なすぎ、かつ砲兵の支援も効果的ではなかった。このため日本軍の逆襲に耐えられなかったのである。

一方、日本軍は、前田高地から戦況を見ていた旅団長が決断を下し、旅団予備の独立歩兵第二百七十二大隊を増援に送った。本来、同大隊は独立混成第四十五旅団（石垣島、八重山守備）の隷下部隊で、三個歩兵中隊と機関銃中隊、大隊砲小隊から成る。

翌十日、アメリカ軍は再び攻撃を仕掛けてきた。今度は艦砲射撃を含めた準備砲撃を行う。三個の空母飛行隊も嘉数攻撃部隊の支援に割り当てられた。攻撃に参加するのは、左（東）第一線が第383歩兵連隊第2大隊、中央で嘉数高地の鞍部を目標とするのが同連隊第3大隊。右（西）第一線が第381歩兵連隊第2大隊。二つの連隊を使用するので、攻撃の指揮は副師団長のイスレイ准将が執った。

アメリカ軍は、一五分間の砲撃のあと〇七：〇〇に攻撃を開始。西からの攻撃は進展し、右翼隊は砲撃をかいくったあとは、ほとんど抵抗を受けることなく嘉数西高地の北峰を確保する。中央と左翼の攻撃は最初から躓いた。弾幕射撃が激しく、比屋良川を渡河できない。それでも中央隊は、嘉数高地鞍部までは到達したが、ここで攻撃は行き詰まった。左翼隊は弾幕地帯を避けようと宜野湾街道方向に進路を変えたが、先頭が渡河した直後に砲撃に捕まり、現在の比屋良川公園付近で完全に釘付けとなった。

嘉数西高地では激戦が続く。小隊長クラスの損害が累積し、西高地上のアメリカ軍は徐々に組織的な戦闘力を失いつつあった。攻撃総指揮官のイスレイ准将は、予備の第381歩兵連隊第1大隊を投入。攻め口が狭いため中隊を重畳させて攻撃を行った同大隊は、しかし、比屋良川渡河の最中に狙いすましたかのような砲撃を受け、嘉数高地に進出できたのは大隊の半分にすぎなかった。

アメリカ軍の攻撃が行き詰まった時点で、独歩第十三大隊は、西高地上の敵に果敢な逆襲を行ったが、昨日のようには敵を駆逐できなかった。一つにはアメリカ軍の兵力が大きかったことだったが、もう一つは、新たに配属された独歩第二百七十二大隊が配備に就いたのが戦史叢書の記述とは異なり、十日の明け方で、疲労していたうえに戦場に不慣れだったからだ。[*6]

翌十一日、高地西部から進出しようとするアメリカ軍を、独歩第十三大隊は、第二中隊と、さらに新たに配属された独歩二百七十三の第二中隊で食い止めた。

十二日もまた同様の戦闘が続いた。攻撃先鋒となった第381歩兵連隊第1大隊は、稜線を嘉数東高地に向かって前進した。しかし集中砲撃を浴びてすぐに攻撃は頓挫した。「いまだかつてない猛砲撃」とアメリカ軍公刊戦史は記す。

嘉数守備の日本兵たちは、敵味方の砲撃に際しては安全な坑道式の棲息壕に隠れていればよい。このため日本軍砲兵は味方撃ちを恐れずに砲撃ができた。自軍陣地を俎板に見立て、その陣地上の敵を周囲からの火力で潰す、まさしく「俎板戦法」である。それでも日本軍砲兵は高地上のアメリカ兵を一掃することはできなかった。砲の絶対数が足りないうえに、射撃を長時間続けると、アメリカ軍観測機によって陣地が露見してしまうからであった。嘉数への射弾観測は、東隣の西原高地からも行われていた。西原高地の独立機関銃第四大隊本部で観測を行っていた同大隊副官の環(たまき)中尉は、射撃要請に対して、重砲隊から「観測機が向かってくるから暫く待て」と、上空を観測機が飛ぶために砲撃ができないという返事を何度か受けている。

嘉数西高地には、第381歩兵連隊の二個大隊が必死の思いで張り付いていた。

キルゾーン

この十二日、夜半から攻守は一時的に所を変えた。大本営と上級部隊である第十軍の度重なる慫慂により、第三十二軍はついに攻勢に移転することに決心したのだった。もっともそれは、八原参謀の指導によって、選抜された大隊を使用した陣前出撃に修正された。嘉数正面からは、独立歩兵第二十三大隊を配属された独立歩兵第二十三大隊

（山本支隊）が出撃する。

独歩二十三の山本重一少佐は、最前線を飛び回って指揮するタイプの指揮官だったが、兵隊から累進した将校（少尉候補者十一期）だったせいか、その攻撃は慎重で、数組の挺進隊を出撃させたのみだった。これは筆者の想像だが、このの ち独歩二十三は嘉数高地の守備に当たることと、第六十二師団は攻勢に必ずしも賛同しているわけではないことから、師団司令部から山本少佐になんらかの示唆があったのかもしれない。一方の独歩二百七十二大隊は明けて十三日〇三：〇〇過ぎに大隊総力を挙げた攻撃を行った。しかし、嘉数西高地北斜面でアメリカ軍の火網に捉えられ、大隊は全滅し攻撃は失敗した。

攻撃の失敗が明白になった十三日の昼、第六十二師団は戦線を強化するため予備隊を投入した。独立歩兵第十三大隊には先の独歩第二十三大隊のほか、独歩第二百七十二大隊主力（二百七十二大隊と同様に、本来は独混四十五旅団隷下）、第二十四師団歩兵第二十二連隊第三大隊（十七日に配属を解かれ原隊復帰）が配属された。

十二日以降、戦線は静かになった。アメリカ軍は次期攻撃の準備に入った。十五日には新鋭の第27歩兵師団が投入され、この師団が嘉数から牧港までの戦線西翼を担当することになった。

嘉数高地では、十六日夜に独歩二百七十三大隊が、嘉数西高地付近を奪回しようとしたが、失敗。同大隊の戦力は一個中隊程度にまで落ち込んでしまった。独歩十三を中心とした嘉数高地守備隊は、陣地防御にもかかわらず大きな損害を出してきた。これはひとえに日本軍の近接戦闘火力の低さにあった。しかしそれでも戦線を維持するためには逆襲は必要だし、接近戦を交えなければ、戦う前にアメリカ軍の砲爆撃に潰されてしまうのであった。

第六十二師団司令部は、戦力が低下した独歩第十三大隊と、独歩第二十三大隊を交代させようとしていた。しかしそうはならなかった。四月十九日、戦局が大きく動いたのである。

新たに前線に出た第27歩兵師団には一つの奇策があった。それは日本軍からの捕獲文書にあった「米軍は夜襲を行わない」という分析を逆手にとったもので、歩兵第六十三旅団と六十四旅団の接合部である牧港で夜間隠密渡河を行い、嘉数高地を西から包囲しようとする計画である。

この夜襲は予想以上に上手くいった。前日の十八日夕方、まず一個中隊が渡河して対岸を掃討。一九：三〇から渡河器材を前進させ、明けて〇三：〇〇までには車両用のベイリー橋まで組み立ててしまったのだ。日本軍はこれを察知できなかった。嘉数西高地からこの牧港は、例えば重機関銃でも火制できる距離にあるし、砲兵の観測点にもなる。だが、嘉数西高地は十日以来、アメリカ軍が必死に保持していたからだ。

これと連動し、第24軍団主力も動き出した。嘉数高地攻略を担当するのは第27歩兵師団の第105歩兵連隊。第27師団は、第96師団が地形の関係から使用をためらっていた戦車も使用した。

戦車隊は宜野湾街道の隘路を突破し、嘉数集落を攻撃する。アメリカ軍は嘉数集落に強力な日本軍予備隊が控置されていると判断していたのである。幸い、なぜか比屋良川に架かる宜野湾街道の橋は壊されていなかった。

〇六：〇〇、一大砲撃が始まった。砲兵二七個大隊計三二四門が火ぶたを切る。嘉数のみではなく日本軍主陣地全線が目標である。さらに戦艦をはじめとした艦艇一一隻の艦砲射撃、延べ六五〇機の航空機が、日本軍後背地を襲う。

アメリカ軍砲兵は、ここで優れた技を発揮した。ＴＯＴ（time on target）と呼ばれる同時弾着射撃と火力の機動である。簡単にいえば三二四門の大砲が放つ砲弾が、ほぼ一か所のエリアに同時に集中し、その一束になった火線が、日本軍陣地を舐めるように移動していくのである。

〇六：二〇、砲撃の弾着は五〇〇ヤード（約四五〇メートル）奥に延ばされ、第一線の歩兵中隊は前進の構えを見せた。〇六：三〇、砲撃は再び前線（とおぼしき場所）に戻ってきた。射程の延伸と歩兵の偽突撃は、第一次大戦以来の古典的なトリックだった。今にも突撃を開始するそぶりを見せて地下棲息部の敵を地上におびき寄せ、そこを砲撃で叩くのである。しかし日本軍は騙されなかった。

四〇分間におよぶ実に一万九〇〇〇発の砲撃後、第27師団はついに一斉に前進を開始した。第105歩兵連隊の第1大隊は三個中隊を並列して比屋良川の渓谷に下り、嘉数東高地を目指し対岸をよじ登りはじめる。

だが、その瞬間を待ち構えていたように台脚部と高地上から日本軍の火線が延びた。コンクリート並みの強度を持つ隆起珊瑚礁（琉球石灰岩層）の下に造られた日本軍地下陣地は太平洋戦域最大の砲撃を受けてもびくともしなかっ

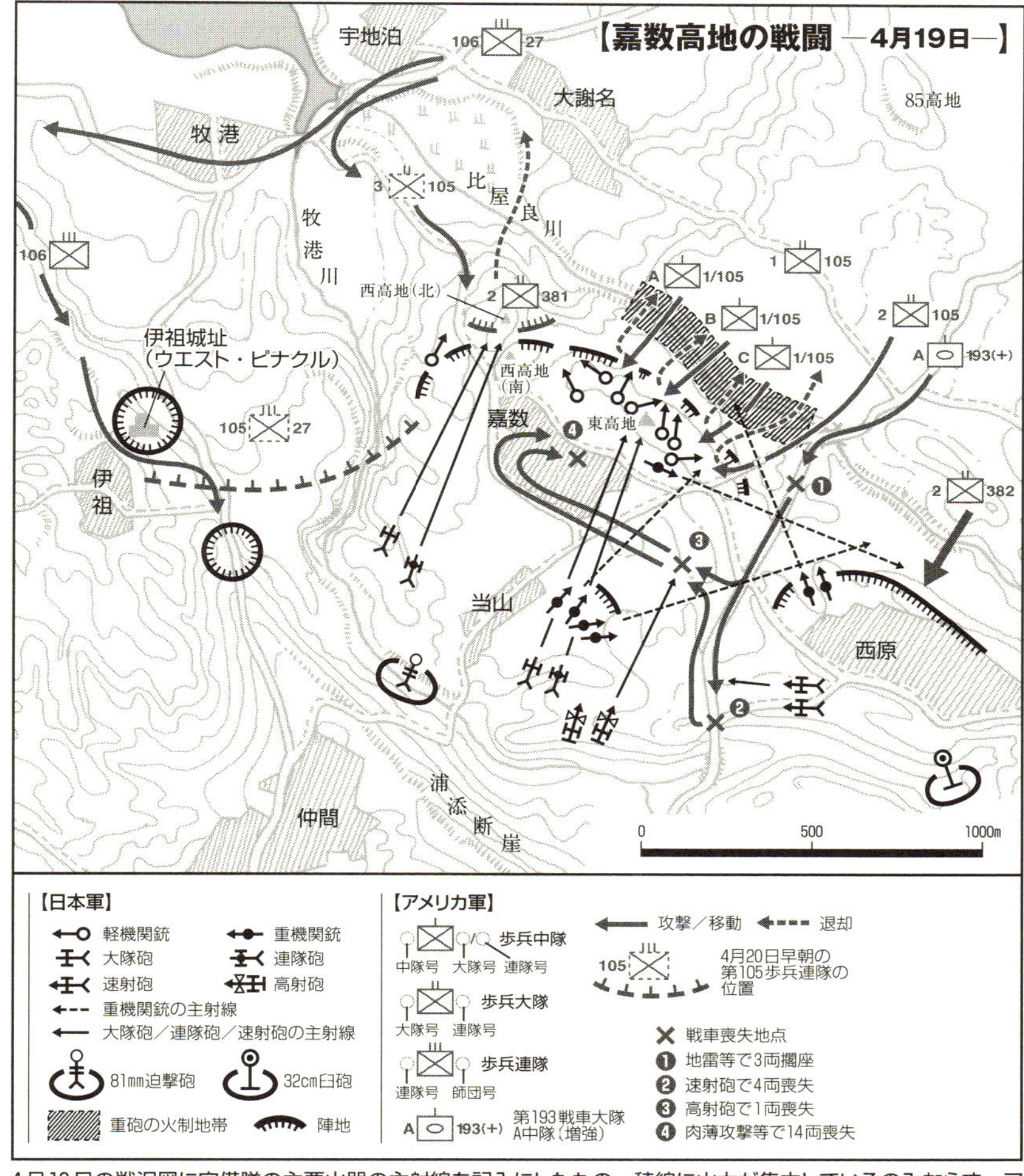

4月19日の戦況図に守備隊の主要火器の主射線を記入にしたもの。稜線に火力が集中しているのみならず、アメリカ軍の接近経路に対して、斜射・側射ができるように火網が構成されているのがわかる。

嘉数高地攻撃のアメリカ軍機甲部隊(4月19日)
第193戦車大隊A中隊 M4戦車×19 ※定数17両に、大隊本部中隊から2両増加
第713火炎放射戦車大隊の1個小隊 M4火炎放射戦車×5
連隊自走砲中隊の2個小隊 105mm M7自走砲×6

河津幸英「アメリカ海兵隊の太平洋作戦(下)」より

嘉数守備隊の兵力(昭和20年4月19日)
守備隊主力
独立歩兵第十三大隊(1個中隊程度)
独立歩兵第二十三大隊(半個大隊・重機関銃×2)
独立歩兵第二百七十二大隊(1個小隊程度)
独立歩兵第二百七十三大隊(1個小隊程度)
独立機関銃第四大隊(重機関銃×6)
独立速射砲第二十二大隊第三中隊(47mm速射砲×2)
仮編迫撃砲第二大隊(8cm迫撃砲×48〈定数〉)
野戦高射砲第八十一大隊の一部(7cm野戦高射砲×2)

直協重砲兵
野戦重砲兵第二十三連隊第一大隊(15cm榴弾砲×12)
独立臼砲兵第一連隊の1個中隊(32cm臼砲×8)

た。激しい射撃に停滞した第105歩兵連隊の上をさらに激しい砲撃が襲った。

〇八：三〇、戦車隊は単独で宜野湾街道を前進した。戦車が嘉数高地の裏に回り込まなければ歩兵が前進できないからだ。第193戦車大隊A中隊を基幹とする三〇両の戦車隊は、まず嘉数高地と西原高地を隔てる鞍部で三両が地雷と対戦車障害で擱座した。

この鞍部を登りきったところで、右に曲がると嘉数集落に入る。各戦車は、日本軍の狙撃に備えて、車長はハッチを閉めて車内からペリスコープで外を見ていたはずだ。しかし、ペリスコープからの狭い視野では、急坂の頂上にある嘉数集落への入り口を見つけるのは難しい。おそらくそれが理由で戦車隊は嘉数集落へ向かう道を間違えて街道を直進してしまった。そしてそこには八五高地の戦闘で壊滅した独速二十二の生き残り、武田藤雄少尉が指揮する二門の四七ミリ速射砲が待ち構えていた。

武田少尉は、砲撃が終わって戦場が静かになったとき、空が真っ青だったと回想している。そうしたなか戦車が現れた。武田少尉は隊列がなかば通り過ぎるのを待って、射距離三〇〇から二〇〇メートルで後側面に狙いを集中した。ここで四両が失われる。

こののち、ようやく嘉数集落への道を見つけた戦車隊は、瓦礫と化した集落に入り込むが、この際、高射砲の水平射撃で二両が撃破される。さらに集落内では肉薄攻撃や連隊砲の直射等で六両が破壊された。結局、投入された戦車隊で無事に自陣まで戻れたのは戦車二両、M7自走砲六両であった。

そう、比屋良川に架かる橋は、アメリカ軍戦車隊をキルゾーンに誘い込むための罠だったのだ。独立歩兵第十三大隊長の原大佐は、巧みな火網を構成することで歩戦の分離を図り、貧弱な対戦車能力でもM4戦車を撃破できるようにお膳立てをしていたのである。

戦車隊が壊滅したことから嘉数高地の攻略も不可能になった。この日の夕刻、第105歩兵連隊のみでなく嘉数西高地で頑張っていた第381連隊も撤退。嘉数高地は完全に日本軍によって奪回された。嘉数高地をめぐる戦いは、今度もまた日本軍の完勝であった。

主導権

嘉数高地の戦いは防御における模範戦例とされている。すなわち陣地構築の巧みさ、組織的な火力運用、さらに大戦末期の日本軍の特徴としては反斜面陣地の活用である。しかしながらこれらは陣地防御の基本でもある。陣地によって敵の戦力を分断、火力を低下させ、相対的に自軍の戦闘力を優位にするのである。ではなぜ、嘉数陣地はあれほどの強靭性を発揮したのであろうか？

ここでは、〝主導権（イニシアチブ）〟という点からこの戦いを考えてみたい。

戦いにおいて大切なのは主導権とされる。この抽象的な概念は、具体的なレベルに押し込むと選択肢の多様性と言い換えることができるであろう。さまざまな術策によって、敵が対応できなくなるように追い込むのだ。だからこそ、攻撃とくに奇襲的な先制攻撃が主導権を握る有効な方法となるのである。

では防御、とくに固定的な陣地防御ではそれは可能なのか。防御ではそもそも先手をとることはできない。だがしかし防御もまた主導権が重要とされ、軍の教育では「受動の状況に陥るな」とされる。

陣地防御において主導権を握る第一の手段が陣地の選定である。ここでさらに戦略―作戦―戦術という「戦争の階層構造」を加味して考えてみよう。例えば戦術次元なら作戦次元で、作戦次元ならば戦略次元において、それぞれ一つ上の階層で、敵をしてそこを攻めざるを得ない場所に陣地を選定し、そこを攻撃するしかないように相手を〝追い込む〟のである。本章で言えば、首里を目指すアメリカ軍が、どうしても攻撃せざるを得ない場所が嘉数高地であった。つまり攻撃以外の選択肢をなくしてしまうのである。すべてはそこから始まるのだ。

嘉数高地の戦闘において、日本軍は細かい駆け引き（戦術的な選択）をあまりしていない。むしろアメリカ軍のほうが、第一回の攻撃のように、奇襲的な方法をとるなど、戦術的な柔軟性を持っていた。だがそれはあくまでも戦術次元であり、その選地（ポジショニング）の妙により、日本軍は戦術次元よりも、高次の作戦次元で優位を得ていたのである。戦場を選ぶという意味で主導権を握っていたのは嘉数高地守備隊だったのだ。

だからこそ少なからぬミスを犯しながらも日本軍は嘉数高地を最後まで保持できたのである。そしてどんなに損害が出ても、主導権を握っている以上、生存将兵は、「嘉数では負ける気がしなかった」と、回想するのである。

けれど牧港から進入したアメリカ軍によって、主陣地帯の側面を迂回されて後方に入り込まれると、嘉数高地の作戦次元での優位は失われた。主陣地帯の保持すら難しくなった状態では、すでに嘉数高地の作戦次元における本来の価値は低下してしまったのだった。

戦力をすり減らした嘉数高地の主、独歩第十三大隊は大勝利をおさめた十九日に後退。こののち嘉数高地は徐々に蚕食され二十二日には嘉数地区からすべての日本軍が撤退した。

二十三日、第三十二軍は戦線整理のためすべての部隊を後退させ、第二十四師団を前線に投入し、防衛ラインの再構築を図った。

翌二十四日、第24軍団の各師団から大隊を抽出した四個大隊基幹のブラッドフォード任務部隊がおそるおそる嘉数集落に踏み込んだとき、そこに日本兵は一名もおらず、遺棄兵器も、死体も、ゴミさえもなかったと伝えられる。

●註
＊1＝以下、独立歩兵大隊は、独歩○大隊または独歩○とも略称する。
＊2＝おおむね石川地峡から首里までの沖縄中部地方。
＊3＝おおむね那覇市以南の地方。
＊4＝以下、独速二十二とも略称する。なお独歩第十三大隊に配属されていたのは第二、第三中隊で、第二中隊は全滅。
＊5＝『戦史叢書』では、「○六○○時ころ」、アメリカ陸軍公刊戦史『最後の戦い』では「○六○○時の少し後」としている。この日の日出は午前六時一三分。
＊6＝水之江拓治HP『沖縄戦史』より。生存者の証言とされる。

●主要参考文献

富士学校戦闘戦史編さん室「〃沖縄〃嘉数における13ｉＢｎｓ／62Ｄの戦闘」『戦闘戦史　防御（前編）』（陸上自衛隊富士学校修身会、１９７４年）
防衛庁防衛研修所戦史部『戦史叢書　沖縄方面陸軍作戦』（朝雲新聞社、１９６６年）
河津幸英『アメリカ海兵隊の太平洋上陸作戦（下）』（三修社、２００３年）
Roy E. Appleman, James M. Burns, Russell A. Gugeler, and John Stevens, *OKINAWA: THE LAST BATTLE*. CENTER OF MILITARY HISTORY UNITED STATES ARMY, 1960. Web 版
水ノ江拓治『沖縄戦史　公刊戦史を写真と地図で探る「戦闘戦史」』（http://www.okinawa-senshi.com/）

第十一章　ノモンハンの戦い　金井塚大隊の帰還

歩兵第六十四連隊第三大隊の防御と退却

優れた戦術で
戦い抜いた部隊には
指揮官の卓越した
「統率」が存在した

ノモンハンの戦いは、昭和十四年夏、満洲国西部国境地帯のホロンバイル高原を流れるハルハ河周辺で生起した大規模国境紛争である。この戦いは、帝国陸軍の軍事組織としての未熟さを証明した戦いとして知られてきた。

しかし、ここ数年、ソ連崩壊後の資料公開に基づく研究によって、ソ連軍もまた大きな損害を出していることが判明した。その数、日本軍の約二万名に対し、約二万五〇〇〇（戦死約七六〇〇）名。これをもって日本軍の勝利とする評者もいる。しかし勝敗とは、その戦いの目的において判断するものであろう。損害比（キルレシオ）といったミクロなものではなく、その目的を達成したか否かという視点で見れば、自ら主張する国境線を確定させたソ連軍のまがうことなき勝利であった。

純粋に戦闘の視点で考えても、日本軍は最後の局面において、連隊長クラスをはじめとして、多くの指揮官が戦死。各部隊は戦闘能力を喪失して、全滅あるいは敗走に追い込まれた。

そうした壊滅的な状況のなか、それでも撤退命令が出るまで陣地を固守し、そして敵の重囲下を、負傷者を見捨てることなく帰還した部隊が存在した。その一つが歩兵第六十四連隊第三大隊である。

本章は、大隊長金井塚勇吉少佐に率いられた歩兵大隊の生還の物語であり、死地のなかで発揮された金井塚大隊長の統率（リーダーシップ）の戦史である。

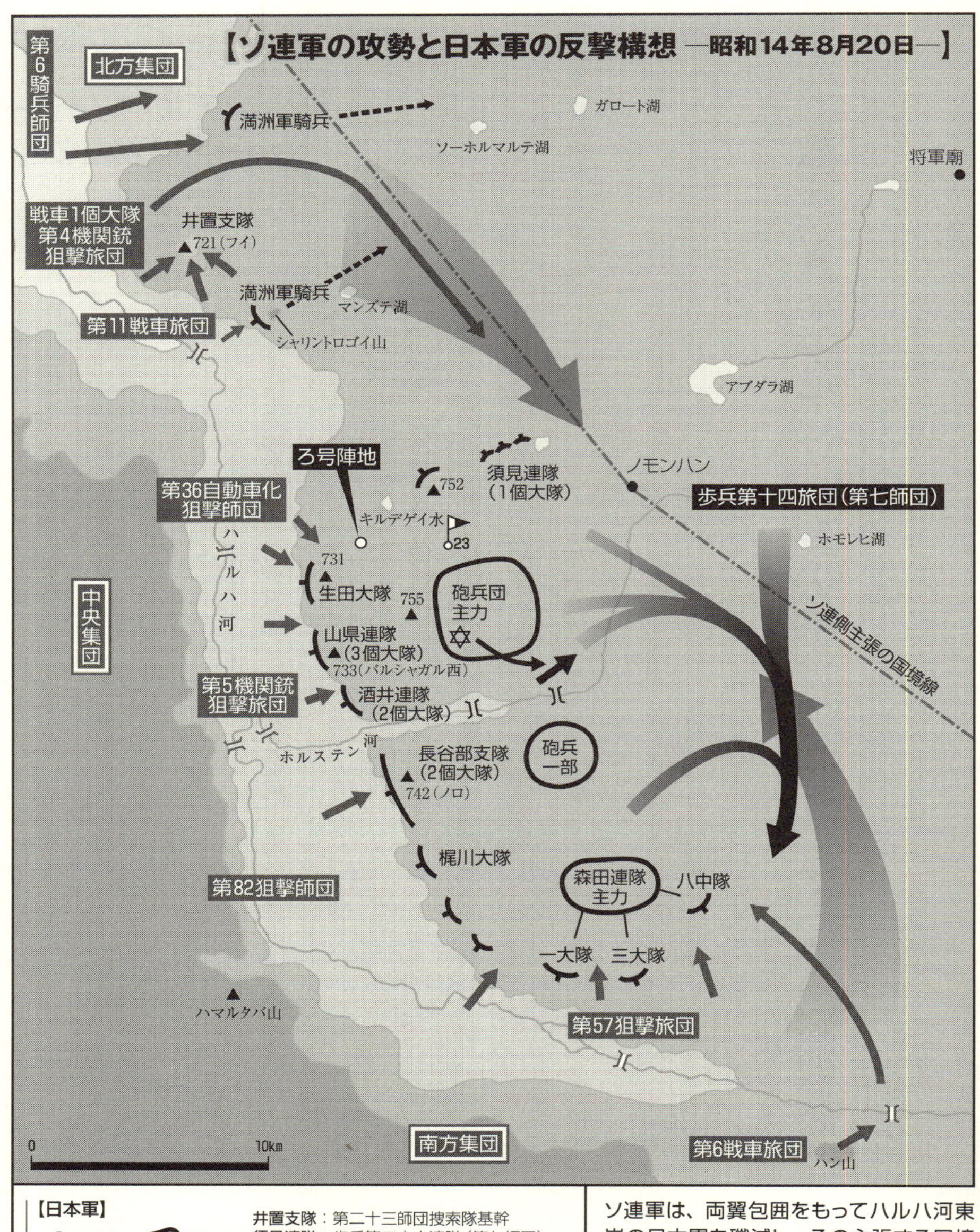

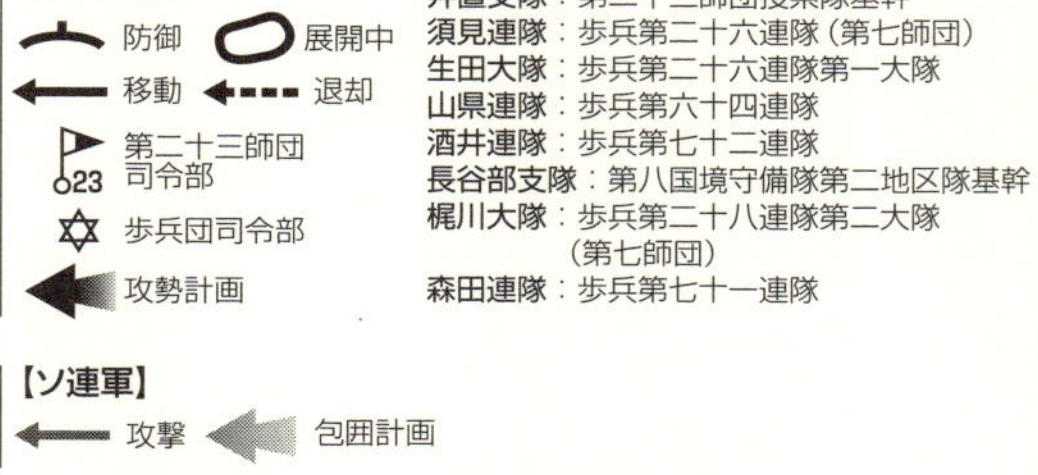

ソ連軍は、両翼包囲をもってハルハ河東岸の日本軍を殲滅し、その主張する国境線を回復しようとした。これが「八月攻勢」の骨子である。一方の日本軍は、前線の各部隊および増援の第七師団の一部をもって、ソ連軍南翼を逆包囲しようと計画した。この結果、ホルステン河北岸は山県連隊の3個大隊と須見連隊の1個大隊で守備することになった。

ジューコフの〝カンナエ〟

昭和十四年（一九三九）八月二十日〇六：一五、ノモンハンの西方、ハルハ河東岸に展開する日本軍は、鋼鉄の暴風に襲われた。

金井塚大隊（第三大隊）が所属する第二十三師団歩兵第六十四連隊（歩六十四）は、ホルステン河北岸の緊要地形であるバルシャガル西高地（バル西高地＝七三三高地）を守備していた。そのやや後方に位置する、野戦重砲兵第一連隊（野重二）の榊原重男軍曹は「前面の視野一ぱい、半円形を画いて爆煙の屏風が出来る」と日誌に記した。

その爆煙の下に位置する歩兵第六十四連隊では、後方（つまり野重一などの砲兵陣地）が、ソ連軍の爆撃に晒されていること確認するとともに、はるか北方のフイ高地（第二十三師団捜索隊を基幹とする井置支隊が守備）が、猛砲爆撃で火柱が林立しているのを望見した。「ああ、フイ高地がやられている」と、歩六十四の将兵は溢れる涙をこらえ得なかったという挿話が残っているのだが、数日後、彼らは、南方のノロ高地の戦友たちからも同じように思われるのである（もっともノロ高地も状況は似た状態だった）。

砲爆撃が一旦休止し、ソ連軍狙撃兵[*1]（歩兵）の前進が始まる。第三大隊は、前面の敵を約八〇〇と認識していたが、実際には、第5機関銃狙撃旅団の約一五〇〇。さらに歩兵第六十四連隊に向かったのは、この一個旅団と第36自動車化狙撃師団の二個連隊、約六〇〇〇。火砲は師団・旅団の装備が五六門。支援重砲が九六門である。

ゲオルギー・コンスタンチーノヴィッチ・ジューコフ中将[*2]率いる第1軍集団の総攻撃、いわゆる「ジューコフの八月攻勢」が始まったのだ。

ソヴィエト赤軍の作戦教範『一九三六年発布臨時赤軍野外教令』は、戦間期ソヴィエト軍事思想の集大成であるとともに、作戦・戦術次元でのドクトリン文章であった。その特徴の一つとして、戦闘力に関する様々な事項を数値化し、かつそれは、最下限をもって規定されていることが挙げられる。

ソ連軍の攻勢が始まったときの日本軍の兵力は、新設された第六軍の隷下兵団である第二十三師団を基幹に、歩兵一七個大隊、火砲は重砲を含めて約八二門(連隊砲、速射砲等は約一一六門)。これに対する第1軍集団は、歩兵三七個大隊(作戦予備を含む)、重砲を含めた火砲約一四〇門(この他、連隊砲、迫撃砲等は約三九八門)、戦車約四三〇両、装甲車約三八〇両という兵力であった。歩兵大隊数と火砲門数で約二倍強、戦車と装甲車は比較にならない。それでもソ連軍の規定では、歩兵・砲兵戦力は若干足りなかった(その足りない分を、戦車・装甲車の数量で補っているのだが)。

むろんジューコフの八月攻勢は、そうした物量ありきのものではない。ソ連軍の用兵思想である「縦深作戦理論」[*3]にきわめて忠実だったがゆえに物量が必要とされたのだ。

まず奇襲を追求するために――これは『野外教令』に則ったものではあったが、彼らの視点では兵力が不足していることも理由だった――徹底的な欺瞞・偽遍工作を行った。限定的な攻撃を数度行ったあと、陣地構築を装い、偽の情報を交信して、攻撃の意図は当面ないと日本軍に思わせたのだった。

攻勢作戦の骨子は、長距離砲そして航空機を用いて日本軍配備の全縦深を叩いて制圧する。そして三つに分けた部隊のうち中央集団が日本軍主力を拘束し、戦車・装甲車を主体とする北方集団と南方集団の二つの機動部隊を両翼から突進させて、二重包囲(両翼包囲)により日本軍の殲滅を目指す「全縦深同時制圧と包囲殲滅」である。これにより、国境線(ソ連・モンゴル側主張の国境線=ノモンハン・ブルド・オボ西側を南北に走る線)を回復するのだ。

ノモンハンの戦いを記述した不朽の名著、アルヴィン・D・クックスの『ノモンハン　草原の日ソ戦』では、この八月攻勢を「ジューコフの傑作」と称し、またアメリカの軍事史家は「ジューコフのカンナエ」と形容する。カンナエの戦いとは、紀元前二一六年、カルタゴの将軍ハンニバルが二重包囲によってローマ軍を殲滅した戦いである。

ソ連軍の攻勢が始まったとき、関東軍、第六軍、そして激しい攻撃に晒されている第二十三師団の首脳部に咄嗟に浮かんだのは、ソ連軍が攻勢に出たという「浮動の状況」を捉えて逆に攻勢をかけることであった。これは、包囲を目指すために突出する軍隊は、突出することで逆に包囲されるという戦理からであったが、この状況における攻勢移転は、机上の空論でしかない。その背景には、日本陸軍の徹底した攻勢主義、なかんずく「以寡撃衆（かをもってしゅうをうつ）」、つまり敵より少数であっても積極的に相手を攻めるという思想が存在していた。

ソ連軍を宿敵としていた日本陸軍は、つねに情報収集は怠っておらず『赤軍野外教令』をはじめ、各種の文書を収集翻訳し、ソ連軍の理解に努めていた。そうした資料によれば、ソ連軍が膨大な兵力を使用するのは当然であったはずだ。しかし現実としては、ソ連軍の鉄道端末から戦場までは、未舗装道路で約七〇〇キロの距離があった。これでは『赤軍野外教令』に定められた戦いなどできない、と、日本軍側は考えていた。これが、ノモンハン戦を通じて、日本軍が、ソ連軍の戦力を常に少なく見積もる大きな理由であった。だからこのソ連軍の一大攻勢も、こちらから攻勢に出れば、逆に敵を撃破できるとしたのであろう。

だがそれは誤りであった。ソ連軍は、戦力が足りないという〝現実〟のなかで、どうにか算段して打って出てきたのではなかった。様々な努力によって〝現実〟を変え、[*4]戦力を集中できたからこそ攻勢を行ったのであった。なんとなれば、「凡て戦闘を行うに当りては之に必要なる充分の資材を備えざるべからず――中略――戦闘に当りて資材の補給竝集結を遺憾無からしむことは指揮官及幕僚の最大の責務なりとす」（陸軍偕行社編纂部、昭和十二年翻訳『赤軍野外教令』綱領第十七）とされているからである。

日本陸軍は、ソ連軍の情報を集め、分析する努力はしていた。けれどその用兵思想を理解して、実戦に役立てることに著しい欠落があったのだ。

第36自動車化狙撃師団と第5機関銃狙撃旅団の主要装備

—8月20日現在—

	人員	小銃	軽機関銃	重機関銃	12.7mm重機関銃	迫撃砲	76mm連隊砲	76～152mm砲	45mm対戦車砲	戦車	装甲車
第36自動車化狙撃師団	6,103名	4.660挺	115挺	44挺	12挺*1	16門*2	32門	8門*3	20門	—	36両
第5機関銃狙撃旅団	2,534名	2,084挺	121挺	58挺	8挺*4	—	8門	7門	22門	—	43両

表は、山県支隊（歩兵第六十四連隊基幹）攻撃の主力となったソ連軍部隊の人員と装備である。第36自動車化狙撃師団は極東方面で最初に編成された自動車化歩兵師団で、ノモンハン戦では砲兵の一部は戦闘に参加していない。それでもこの師団と機関銃狙撃旅団が持つ歩兵砲（連隊砲）や重機関銃の数は、日本軍に比べ膨大な数になった。ソ連軍砲兵の猛威が知られるノモンハンの戦いではあったが、歩兵用重火器の数も日ソの間には隔絶した差が存在したのである。

＊1＝他に高射機関銃24挺。＊2＝他に擲弾筒54基　＊3＝戦闘参加は砲兵連隊の一部のみ。また他に高射砲4門。＊他に高射砲4門

マクシム・コロミーエツ『ノモンハン戦車戦』P101表を抜粋して作成。

そしてこの第六軍の攻勢は、ジューコフの傑作を傑作足らしめることになった。なぜなら、これにより第六軍主力は強力なソ連軍に頭から突っ込むことになったからだ。カンナエの戦いでは、ローマ軍主力中央が結果的に突出した（後退しなかった）ことにより、カルタゴ軍の完全な包囲網に捕まった。そしてノモンハンの日本軍は、その攻勢によって、ソ連軍の二重包囲を全きものとしたのである。

守勢正面

ソ連軍の八月攻勢が始まったとき、日本軍の各部隊は、ハルハ河にほぼ直交するホルステン（ハイラスティーン）河の南北に分かれた状態でソ連軍と対峙していた。ソ連軍の攻勢が始まり、既述のように、それに対しての反攻が第六軍と第二十三師団で計画されるのだが、それは、ホルステン河の北側地域と、南岸の一部から兵力を引き抜いて、ソ連軍の右翼側（戦線南翼）を攻撃しようというものであった。

ホルステン河北岸地域では、最左翼の歩兵第七十二連隊[*5]が引き抜かれた。残るは、歩兵第六十四連隊長の山県武光大佐が指揮する山県支隊（歩六十四の三個大隊と歩二十六第一大隊＝生田大隊）と、北面して、第二十三師団の右側背を守る、師団予備の歩兵第二十六連隊主力（第七師団）のみであった。とはいえ、このうち歩二十六は、諸方に部隊を派遣しており、連隊長の須見大佐が掌握しているのは大隊長一人と二個中隊でしかなかった。

ソ連軍の攻勢の矢面に立つことになった山県支隊の各部隊は、北から七三一高地の生田大隊、バル西（七三三）高地の第二大隊、残置された第九中隊（第三大隊）、そして第一大隊と、おおむね標高七〇〇メートルの線に展開した。その東方（後方）に、守勢正面に残された砲兵が展開する。

第三大隊は、第九中隊を旧陣地に残し、第十中隊を砲兵を掩護するために後方の七五五高地に、主力は連隊本部のそばに位置した。第三大隊に与えられた命令は、第二大隊右翼方面への増援の準備と、連隊の右側背の警戒であったから、この段階では連隊の予備である。

歩兵第六十四連隊が担当する正面は、第一大隊が四キロ、第二大隊が五キロと、当初の担当正面の倍となった。これに生田大隊の約三キロを足すと、ざっと一二キロ。本来なら一個師団が必要とされる正面幅だ。それでも一個大隊（実際には二個中隊）をわざわざ予備に取るのは、どだい兵力不足で、現在の線を守り切れないことと、山県支隊が守備にあたる期間は主力の攻勢が成功するまでの数日と考えたからであろう。つまり、陣地線（実際には「線」というよりも「点線」なのだが）を突破されても各隊は現在地を固守し、かつ予備を投入することで敵を足止めして、時間を稼ぐという構想だったと思われる。第三大隊主力が、予備陣地の構築を行っていることからもこれは裏付けられる。連隊長の山県武光大佐は、第一次ノモンハン事件[*6]での不手際があって評価が低く、また機を見るに敏な指揮官ではないようだが、歩兵らしく粘り強い性格の持ち主のようである。

ところで、こうした敵前での部隊の移動と再配置は、本来ならきわめて困難なことであった。しかし、二〇：〇〇頃の攻撃によって一時的に混乱が生じたものの、各隊とも翌二十一日未明には、新しい配備に就くことができた。

これはソ連軍側に理由があった。初動の猛砲爆撃で始まった総攻撃ではあったが、しかしこの日、もっとも進撃できたのは南方集団のみであり、北方集団は、わずか八〇〇名で砲兵の支援もない井置支隊のフイ高地陣地を攻めあぐね、また中央集団も、一〇〇〇メートル程度しか前進できなかった。

ソ連軍の練度は総じて低く、敵の全縦深を制圧していながら、一挙に部隊を突入させることができなかった。とくに、近接戦闘の鍵となる、直協砲兵と歩兵の、歩兵と戦車の協同が上手くいかなかったのだ。

後に、ジューコフは、ノモンハン戦がもっとも苦しい戦いだったと回想する。彼にとっては、戦術や戦技の次元では不本意な戦いであり、これが苛烈な統帥を生み出すことになる。日本軍以上の死傷者数は、この練度の低さと、それをカバーしようとしたジューコフの統帥の結果だったのだ。加えて、フイ高地への攻撃をめぐり、ジューコフと、上官のシュテルンとの間には根深い確執が生まれることとなる。

攻勢二日目。山県支隊正面で、まずソ連軍の集中攻撃にあったのは、生田大隊であった。大隊の守備地域は、右（北）翼端で突角となっており三方向から攻撃される地形だ。狙撃約二個大隊、戦車二両、野砲四門、迫撃砲四門に攻撃された大隊は抗しきれなかった。陣地そのものは保持していたが、731高地は明け渡してしまう。同大隊は、第一中隊長が代理で少尉、第三中隊長が前日に戦死しているから、戦闘力がかなり低下していたと考えられる。[*7]
とはいえ、ソ連軍中央集団の攻撃は、ホルステン河南岸のノロ（七四二）高地付近に集中しており、山県支隊は、熾烈な砲爆撃下にあったものの、戦況は生田大隊を除き相対的に安定していた。その状況が変化するのが、第六軍の反攻が始まる二十四日からであった。

死地への転進

攻勢移転の前日の二十三日一〇：〇〇。金井塚（第三）大隊に、新たな連隊命令が下された。弱体化した生田大隊の右に連なり、七五二高地南方約三キロの、「ろ号陣地（キルデゲイ水陣地）」と呼ばれる砂丘の要点を占領して支隊の右側背を守らせようとしたのである。

これで支隊には予備兵力がなくなるが、これは、師団の予備としてウズル水から七五二高地間を警戒している須見部隊（歩二十六）を攻勢正面に転用するという師団の処置を受けて、そのあいた穴を埋めようとしたのであろう。

ただし、連日の砲爆撃で、有線電話による師団司令部との連絡は、途絶えがちになっており、かつまた攻勢移転に大わらわの師団司令部は、守勢正面の部隊にろくな支援も指導も行わなかったから、単純に生田大隊の右翼をソ連軍が迂回することを恐れた配置とも言える。いわば戦線を延ばす「延翼運動」である。

大隊は、二三：三〇、連隊本部の東側に集結した。といっても、金井塚少佐がこの時点で掌握しているのは、本部と重火器以外は第十一中隊のみであった。第九中隊は、第一、第二大隊の間に配置されたまま、第十中隊は単独で七五五高地の守備に就いたままである。第十二中隊には、山県大佐が直接指示を与えており、翌日には大隊に復帰させる予定であった。

連隊本部で、山県大佐はとっておきの日本酒『白鷹』を取り出し、「これで最後だよ」と金井塚に勧めた。[*8]そして大隊の将校全員を集合させると「恐らく、補給もなく孤立した戦闘になると思うが、師団主力の攻撃が成功するまで三〜四日頑張って貰いたい」と訓示した。[*9]

金井塚勇吉少佐は、陸軍士官学校二十九期生で、四十五歳。同期生のなかで陸軍大学を卒業した者は、例えば、参謀本部作戦課長の稲田正純や、関東軍作戦課長の寺田雅雄のようにすでに多くが大佐になっている。

金井塚は、前年の昭和十三年（一九三八）に新設された歩兵第六十四連隊[*10]の生え抜きではなく、負傷した譜久村少佐の後任として、七月二十三日の総攻撃直前に孫呉の国境守備隊から着任した大隊長である。金井塚は、歩兵第六十三連隊（第十師団）の中隊長として満洲事変で初陣を飾り、日中戦争初期に、華北地方を転戦してきた歴戦の野戦将校であった。

歩六十四は、第一次ノモンハン事件からずっと戦い続けており、損耗と疲労で、その士気はいささか沈滞気味だった。新任大隊長の金井塚が砲火を冒して、敵側を双眼鏡で観察しているときも、他の将校は壕の中に頭をひっこめたままだった。ちなみに歩六十四は、金井塚少佐が着任するまでに、三人の大隊長のうち一名が戦死し、二名が負傷している。ソ連軍の狙撃手が猛威を振るう戦場で、これは危険な行為ではあった。しかし、指揮のためには状況判断が必要だし、状況判断には、頭を出してでも敵を子細に観察しなければならない。指揮官にとってそうした当たり前のことも、このときの第三大隊の将校たちはできなくなっていたのだ。その反面、これまでの状況を知らないであろう新任大隊長を危ぶむ雰囲気も当然ながら部下将校たちの間には存在した。しかし、金井塚少佐は、その後に続く戦闘において、勇敢な指揮ぶりで、連隊の最先頭を進み、第二十三師団の攻撃が頓挫すると、今度は攻め寄せるソ連軍を撃退した。一般的に、士気を高揚させるのは勝つことである。第三大隊の勝利は、勝利とも言えない小さなものだったが、沈滞していた士気を奮い立たせ、金井塚が部下と連隊長の信頼を得るには十分だった。

二三：五〇、大隊は出発した。対陣状態が続いたため、兵士たちは、様々な方法で入手した生活用具をあれこれと持っていたが、そうしたものは捨てさせられ、ありったけの弾薬を持たされた。もっとも対戦車地雷は一〇個ほどしか支給されず、鉄条網も交付されなかった。

行軍は遅れ気味だった。目指す砂丘は直線距離で六キロ程度。本来なら二時間ほどの行程だったが、昼間の砲爆撃のために事前の進路偵察ができなかったからだ。

〇三：〇〇頃、師団砲兵（野砲兵第十三連隊第二大隊）の第六中隊の観測所を訪ね、中隊長の草葉宏中尉と、直協支援についての打ち合わせを行った。

八月下旬のこの地の日出は〇六：〇〇前後。大隊には焦りの色が見えはじめた。夜明けまでに目的地に到着し、配備に就かなければ、一面の草原地帯で、寄るべき陣地もないままソ連軍の攻撃を迎え撃たなくてはならない。加えて金井塚少佐には生田少佐と連絡をつける必要もあった。

あたりが少しずつ明るくなってきた。日本軍の陣地とおぼしき砂丘を横切ろうとしたとき、そこが一面の砲弾痕で覆われた地域であることがわかった。生田大隊の陣地であった。ようやく生田大隊と連絡がなり、金井塚少佐は生田少佐と邂逅すると敵情と連絡要領を打ち合わせ、お互いの健闘を祈ると、先行した自分の部隊を追いかけた。

時刻は、〇四：〇〇を過ぎようとしていた。ここで、金井塚大隊にとって幸運が訪れる。濃い霧が発生したのだ。この霧で行軍はさらに遅れたと思われるが、これによって夜が明けても、ソ連軍に発見されることなく「ろ号陣地」に到着し、部隊を配備させることができた。

もっとも戦況は、ちょっとした幸運でどうにかなるようなものではなかった。金井塚大隊が移動していた二十三日から翌二十四日未明にかけて、師団の最北端に位置し、なかば見捨てられた状態になりながらも、信じられないほどの頑強さでフイ高地を守っていた井置支隊の戦力が限界に達したのであった（二十五日〇二：〇〇過ぎに支隊残余は、井置中佐に率いられて突破脱出する）。

ソ連軍北方集団は、包囲環を完成させるため、大挙して南下してきた。霧が晴れた一〇：〇〇頃、陣地からは、戦車・装甲車各一〇〇両ほどが、陣地東北約四キロ付近を南進するのが望まれた。第９装甲車旅団の一部と第６戦車旅団の一部であろう（ただし車両数が多すぎるのだが、そうした誤認はしばしば発生する）。

ソ連軍北方集団は、先行していた第９狙撃機関銃旅団をもって、東に向けた防衛ラインを形成することで、東方からの日本軍の増援を遮断し、第9装甲車旅団には、山県支隊後方の日本軍砲兵を襲わせた。日本軍砲兵陣地は、前日から戦車による襲撃に晒されていたが、それはこの日から本格化する。歩兵が砲兵を掩護できず、草原のそこかしこで、砲兵の凄惨な自衛戦闘が繰り広げられ、今度は、歩兵部隊が砲兵の支援を受けられなくなる。

作戦次元でのソ連軍の包囲は、ほぼ完成した。あとは包囲環を圧縮して日本軍の各部隊を圧し潰すだけである。はたして山県支隊の指揮下部隊は、この時点で戦況をどのように認識していたのか。昭和四十八年に陸上自衛隊富士学校が編纂した『戦闘戦史』は、金井塚少佐の敵情認識を次のように記す。「容易ならぬ情勢のなかに、半ば孤立した陣地を守備する任務の重大さをつくづく感じさせられた[*11]」

もっとも、「戦術単位」でしかない大隊は、当面の戦術的課題に取り組むしかない。それは、大隊が各個に戦って各個に生き残り、味方の攻勢が成功するまで、すこしでもソ連軍の戦力を吸引することであった。〇五：〇〇発令の大隊作戦命令の第二項には「前略――極力当面の敵を陣地前に牽制撃滅し、師団の転進（筆者注：攻勢移転のこと）並びに右側背を掩護せんとす」とある。

したがって、陣地強化中の金井塚大隊にとっては、南下していった機甲部隊よりも、霧が晴れると同時に始まったソ連軍の砲撃が問題だった。だがその目標は、生田大隊の陣地であった。霧に紛れて配備に就いた大隊は、どうやら敵に発見されていないようで、目標にはならなかったのだ。これで陣地強化のための工事時間が稼げる。金井塚は「更に企図秘匿に徹するよう」指示した。

夕方、砲撃に追われるようにして、一両のトラックが「ろ号陣地」にやって来た。山県連隊長、軍旗旗手の小山秀久少尉、分遣されている第十中隊長の富田良美中尉[*12]、砲兵第六中隊長草葉宏中尉である。

山県連隊長は、報告を受けると、陣地を巡視し、兵士一人ひとりについてその労をねぎらうと、ふたたび連隊本部へと帰っていった。

これが彼らとの最後の別れとなった。山県大佐は八月二十九日に自決。小山少尉も草葉中尉も同日戦死。第十中隊長は、二十五日に中隊と運命を共にした。

夜遅く、第十二中隊が到着した。夜を徹して陣地強化作業は続く。包囲された連隊規模部隊の最北端の大隊陣地。そこは「死地」であった。

「ろ号陣地」の死闘

金井塚大隊が守備に就いた「ろ号（キルデゲイ水）陣地」は、比高二〇メートルほど、東西南北とも約一〇〇〇メートル強、東、北、西と稜線が連なる馬蹄形の砂丘である。敵方に対して傾斜が強く、味方側には緩い。土質は砂地で、傾斜が急なところでは三歩上ると二歩ずり落ちるような状態であったが、以前守備していた七三三高地付近に比べ、土中に水分を多く含んでいるようで、壕を掘っても法面（のりめん）が崩れるようなことはなかった。

七月の攻勢が頓挫した後、関東軍は、第二十三師団に対して、後の攻勢再興を含みつつも、冬営を視野に入れた陣地構築を命じた。それから約ひと月を経たが、陣地はフイ高地を除き満足なものは存在しなかった。これは、しかし当然のことで、ハルハ河西岸のソ連軍砲兵の射程内で、かつ東岸のソ連軍陣地の目前での陣地構築だからだ。日々、ソ連軍の砲撃と限定的な攻撃*13に晒されながらの作業では、築城がはかどるわけもない。そのうえ、関東軍からも新設された上級司令部の第六軍からも築城資材の支給は、ほとんどなかった。加えて、上級司令部の強力な指導もないから、各部隊とも目の前の戦闘に忙殺されて、陣地構築には熱心ではなかった。

結局、各部隊とも、指揮と生活のための掩蔽部および簡単な散兵壕を拠点式に構築したのみであった。「ろ号陣地」もそうした陣地の一つである。数あるノモンハンの戦史・戦記では「キルデゲイ水陣地」と書かれている例が多いようで、これは冬営のための陣地が、なかば忘れられた存在だったからだろう。

したがって金井塚大隊が、同地の守備に就いた時点で、〝砂丘〟に存在したのは、七月中の争奪戦で日ソ両軍が築いた古い崩壊した壕や、生田大隊が造りかけた交通壕、須見連隊の小隊が掘った壕など、様々なものが入り混じっていただけだった。これを戦える陣地に造り変えねばならない。

金井塚勇吉少佐が指導して築いた陣地の細部は、攻勢主義・運動戦の軍隊でありながら、防御に回ったときの日本陸軍がしばしば見せる戦術次元での傑作だった。

砂丘の稜線上には、敵方に遮蔽できるように監視壕や重軽機関銃掩体を構築し、個人掩体は、そこから敵との反対斜面を五〇から六〇メートルほど下がった位置に掘らせた。砂丘を盾として、攻撃するソ連軍歩兵（狙撃兵）が稜線を乗り越えたときを、一般の小銃手が狙えるようにしたのだ。これなら、戦車が砂丘を乗り越える前後に、その視野が狭められるから、肉薄攻撃を行いやすい（協同する狙撃兵を小銃手が狙いやすいので、歩兵と戦車の分離も容易だ）。一方、防御戦闘で歩兵火力の背骨となる機関銃は、正面に対して遮蔽されているので、敵に対して必然的に斜射・側射となる。いわば太平洋戦争後半に日本軍が定形化した反斜面陣地（第十章「沖縄　嘉数高地の陣地防御」、補章　戦術解説Ⅱ「日本陸軍の対上陸戦術」を参照）なのだが、この頃は、けっして一般的なものではない。これは優れた指揮官が状況に合わせて発揮する「臨機応変の才」と言えるものであろう。

また陣地の細部を見ると、二人に一つの予備壕を造らせ、さらに個人掩体（タコツボ）は、目立たなくするように胸墻（掩護用の盛土）をなくし、身長プラス腕の長さほどに深く掘らせ（射撃時は足場を利用する）、底部には横穴を設けるようにした。教範と異なる深い個人掩体は、火炎放射攻撃に対して防御効果が高く、これで多くの兵が救われることになる。

さらに金井塚大隊長は、陣地東南約四〇〇メートルに背面掩護の小隊陣地を設け（第十二中隊の第一小隊）、南約四〇〇メートルには、偽陣地を造って、砲撃の分散を図った。

先述したように金井塚大隊は、霧に助けられて配備に就けたわけだが、ふたたび彼らに幸運が訪れた。陣地中央の窪地を掘ったところ水が湧き出したのである。ノモンハンの戦いで日本軍を苦しめたのは水不足であった。給水車や給水部隊の兵が背負う搬水嚢によって、各部隊は水を供給されていたが、それも部隊が孤立するなかで絶たれてしまっていた。

「ろ号陣地」が、本格的な攻撃を受けたのは翌二十五日の一五：〇〇頃からだった。この日も早朝、ソ連軍の大部隊

ノモンハン戦・最終局面での金井塚大隊の人員装備

—8月24日現在—

部隊	将校	准士官以下	主要装備
大隊本部	4	35	
第十一中隊	4	103	軽機関銃：6挺 擲弾筒：6基
第十二中隊	4	99	軽機関銃：6挺 擲弾筒：6基
第三機関銃中隊（1個小隊欠）	3	50	重機関銃：5挺
大隊砲小隊	1	47	70mm 歩兵砲：1門
速射砲中隊（配属）	0	38	37mm 速射砲：2門

「ろ号」陣地を守った金井塚大隊の戦力は、実質的には半個大隊でしかなく、また各中隊ともこれまでの戦闘で人員と装備が減少していた。
※中隊の軽機関銃と擲弾筒の数は不明なため定数を表示した。
「〝ノモンハン〟キルテゲイ水付近における 3Bn ／ 64 i の防御戦闘」『戦闘戦史 防御（前編）』等より作成

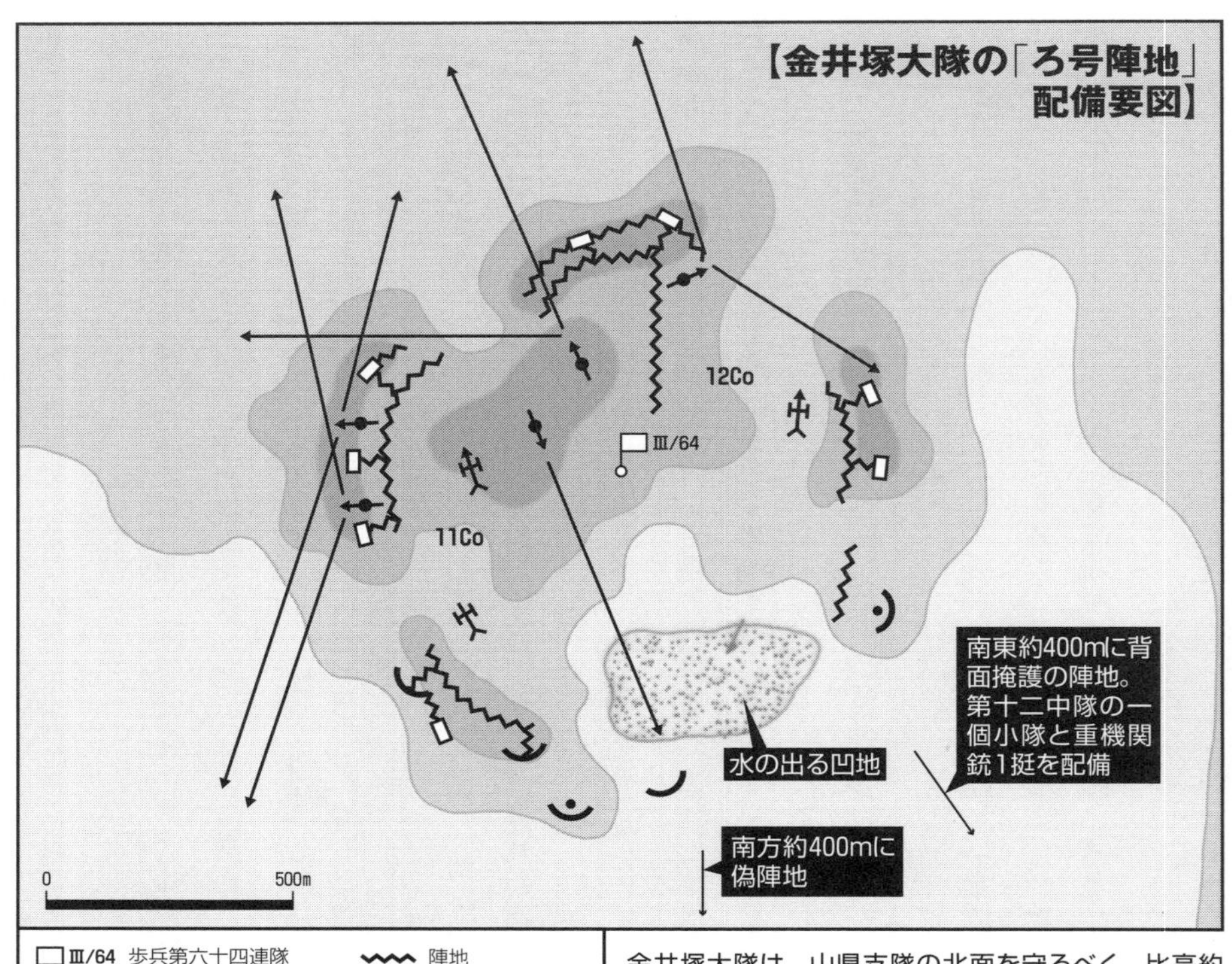

金井塚大隊は、山県支隊の北面を守るべく、比高約20mの馬蹄形の小丘陵に陣地を設けた。しかし同大隊は、大隊といってもわずか2個中隊の戦力でしかなかった。

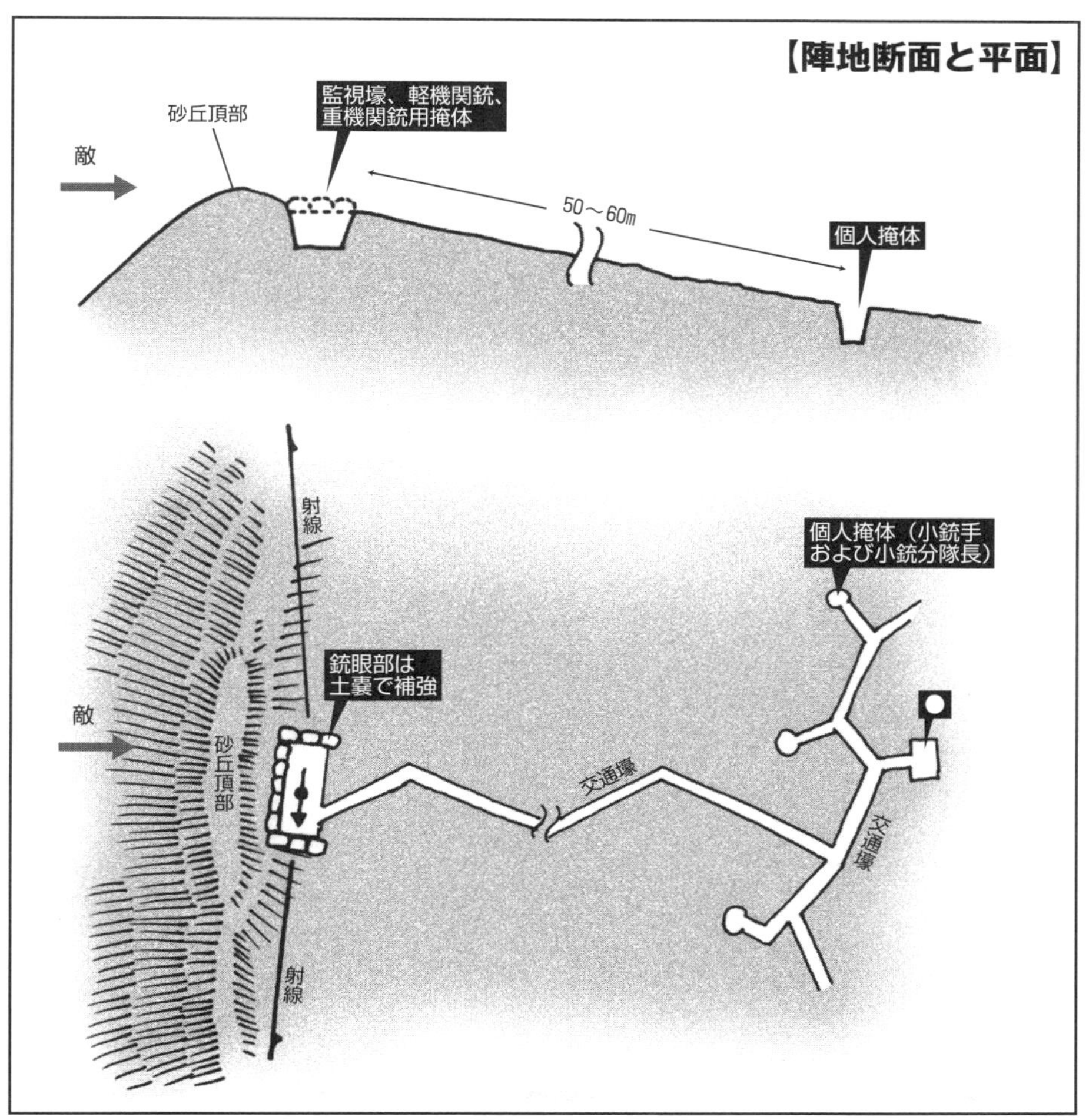

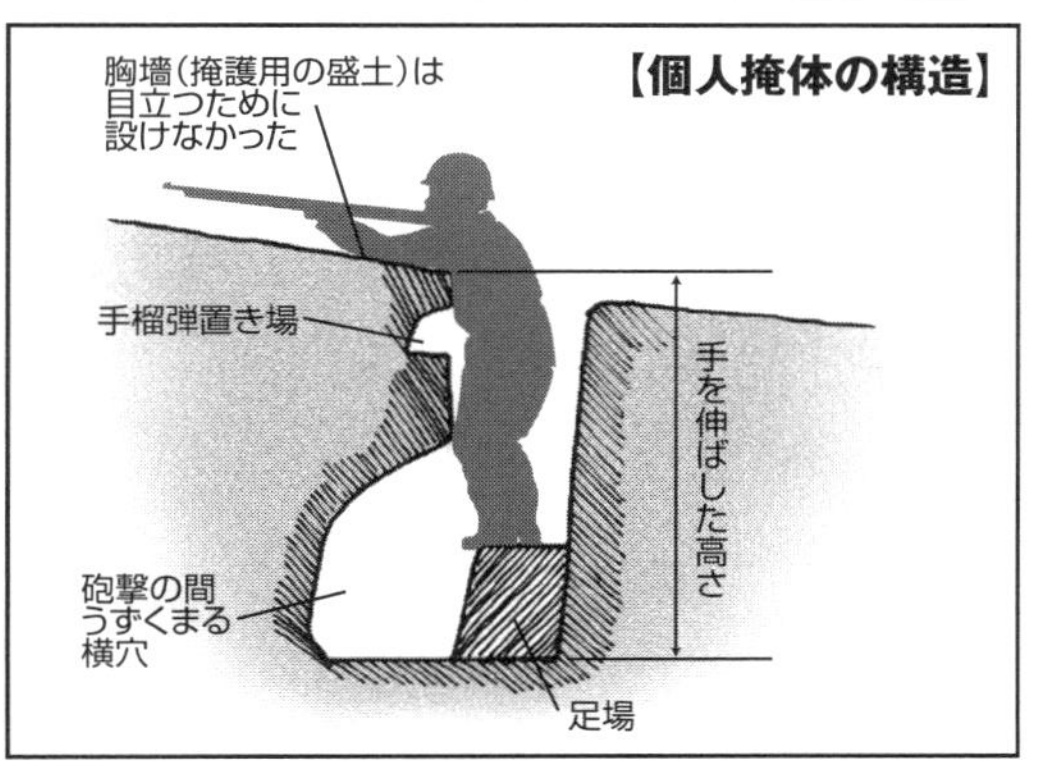

【「ろ号陣地」の構造】

金井塚大隊が構築した「ろ号陣地」は、斜射・側射に火力発揮の重点が置かれ、また個人掩体は、秘匿性と防護力を高める工夫が凝らされていた。自隊の戦力と任務を的確に分析したうえで『築城教範』にとらわれない発想の自由さが感じられる。

が南下するのを望見した。

激しい砲撃で、大隊の歩兵が頭を上げられないうちに、ソ連軍は戦車を先頭に間合いを詰めてきた。陣地中央の速射砲がこれを迎え撃つが、砂地で砲が傾き、最初は命中しなかった。大隊副官の町田中尉が、砲火を冒して駆けつけ、草地まで砲を移動させて射撃を再開すると、瞬く間に、三～四両の戦車を撃破した。ソ連軍は後退した。

この戦場で、歩兵部隊が持つ九四式三七粍速射砲はソ連戦車キラーであった。軽量で命中精度も良く、ノモンハン戦で撃破されたソ連戦車の七五～八〇パーセントが、速射砲によるものだった。これに対して、火炎瓶によるものは五～一〇パーセントにすぎない。

一方、生田大隊は、ここ数日来のもっとも激しい砲撃で、打ちのめされてしまったようだった。戦車が、生田大隊の陣地後方に入り込み砲撃している。それに応ずる速射砲の射撃もない。むしろ金井塚大隊の速射砲による遠距離射撃のほうが効果的で、戦車三両を撃破するほどだった。生田大隊との電話は断線し、無線にも応答がなかった。

夕刻、攻めあぐねたソ連軍は後退し、金井塚大隊の将兵は、陣地の修復と強化を始めた。連隊本部との連絡を回復しようと電話線の保線兵が出かけたが、あまりにも断線箇所が多く、修理は無理だった。生田大隊には下士官が連絡に向かったが、そこに見えた人影はロシア語を話していた。

二十六日の夜が明けると、生田大隊の陣地には赤旗が林立していた。前夜、大隊長の生田準三少佐は、胸に砲弾片を受けて負傷。大隊の残余は、大隊長を守りながら歩六十四の本部に合流するしかなかったのだ。

生田大隊陣地の消滅で、金井塚大隊と歩六十四第二大隊（津久井明雄少佐）が守るバルシャガル西（七三三）高地との間に約五キロの大きな間隙が開いた。ソ連軍は当然、ここから金井塚大隊の後方に侵入する。つまり陣地が完全に包囲されるのは時間の問題となったのである。金井塚少佐の檄が飛ぶ。

「全員褌を締め直して頑張れ！[*14]」

ソ連軍の砲撃が開始されたのは昼頃であった。そしてこの砲撃は、なんと夕方まで続く。一七：〇〇、歩戦協同攻撃が始まった。

攻撃が集中したのは完全包囲の邪魔になる南東に置かれた第十二中隊第一小隊の陣地であった。主陣地からは、重機関銃、速射砲、大隊砲でこの陣地を支援。夜に入って、第一小隊を撤退させたときには、小隊の人員は半減してしまったが、それでも撤退した小隊陣地の陣前には、ソ連軍の戦死者五〇以上が遺棄され（つまりソ連軍は、それ以上の損害を出したということだ）、戦車、装甲車、それぞれ三両が炎上していたから、「極力当面の敵を陣地前に牽制撃滅」という大隊の任務は、どうにか達成できていたと言えよう。

二十七日、この日も早朝から、南方の山県支隊主力方面に猛烈な銃砲声が響き渡っていた。「ろ号陣地」の周辺には、北、南東、西に砲兵が配置された。一四：〇〇頃から、この三群の砲兵の十字砲火に晒されるようになる。南東の敵砲兵は、四～五門ほどだったが、しかし地形的に無防備な陣地背面に砲弾を撃ち込んでくるので厄介だった。

一五：〇〇。北東と西から歩戦協同部隊が迫る。戦車は、砂丘を利用して砲塔のみを出して支援射撃を続ける。手も足も出なかった。それでも金井塚大隊の将兵は、好機を見つけては射撃を続けた。すでに弾薬の

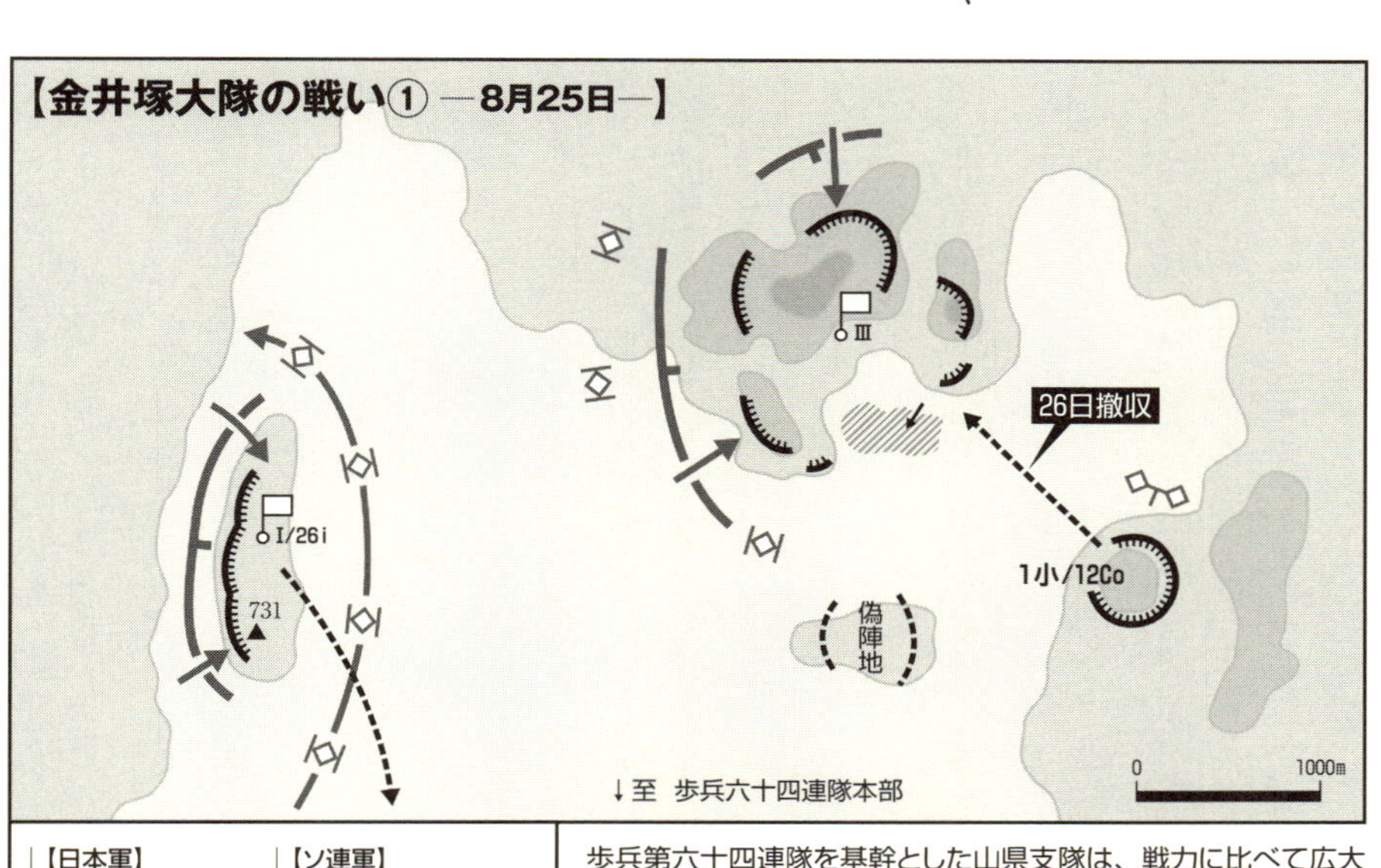

歩兵第六十四連隊を基幹とした山県支隊は、戦力に比べて広大な正面を守ったために、各陣地との間に大きな間隙が空いていた。ソ連軍はその間隙に侵入して、山県支隊の陣地群を攻撃した。突出した生田大隊の陣地にまず攻撃が集中されたが、火力の低い金井塚大隊からは、自陣地を守りながら生田大隊の戦闘を支援することは困難だった。それでも生田大隊の背面に回り込んだ戦車を速射砲で撃破している。

節約命令は出ていたが、陣地の守備に就くときに、苦労しながら運んだ弾薬によって、射撃を躊躇するようなことをせずにすんだのだった。

ついに、ソ連軍は陣地の一部に侵入してきた。第十一中隊の中央（ほぼ真西側）に戦車四両に支援された二〇〜三〇名ほどのソ連兵が「ウラー」の叫び声をあげて突入してきた。他のソ連兵は、稜線の向こうから届かない手榴弾を投げてくる。第十一中隊の兵は、これを白兵戦で叩き出す。

日露戦争では、ロシア軍の銃剣突撃の前に何度も苦杯を舐めた日本軍だったが、皮肉なことに、近接戦闘でも火力が重視されるようになる一九三〇年代も後半になってから、日本軍は白兵で、ソ連軍を苦もなく撃退できるようになっていたのだ。

このときのソ連軍の銃剣突撃は、おそらくなんらかの懲罰であろう。ジューコフは、戦意に欠ける、あるいは怯懦だと判断した将兵を容赦なく処罰しているからだ。加えて述べるなら、ソ連軍の攻撃開始時間がいつも遅すぎるのも気になるところだ。この遅い攻撃開始の時間により、ソ連軍は日没までに日本軍を攻めきれず、夜を迎えて時間切れになってしまうのだった。おそらくこちらはソ連軍全体の技量不足に起因すると考えられる。

ノモンハン戦でのソ連軍の問題として、上級司令部からの命令伝達に無線や電話よりも連絡将校が多用され、かつその連絡将校が道に迷ったり、単独行動中に戦死してしまう例が挙げられている。さらに――すでに述べたように――各兵科の協同も上手くいかなかった。ソ連軍の攻撃開始時間が遅いのは、命令下達の遅延や、兵科間の行動調整に手間取るということが積み重なってのことであろう。

夜、金井塚大隊長は、いつものように陣地を巡回して、部下の将校はもとより、兵士一人ひとりを激励した。とくに小隊長たちに対し「辛くても過早な陣前突撃をするな。現陣地を守り抜け」と諭した。彼は、日中の砲撃が激しいなかでも、しばしば陣地各所を回って、部下を力づけていた。

頽勢に陥った防御一般に言えることだが、個々の兵士は、自分だけが生き残っていると錯覚して、絶望的な孤独に陥りやすい。この結果、自暴自棄な突撃に出たり、壕から不用意に姿を現して命を落とすことが、しばしば発生する。

とくに金井塚大隊の陣地は、反斜面陣地で斜射・側射を主体としているので、視界が限られており、重機や軽機は、自分の正面を撃てない構造だ。戦術的に理があっても、こうした陣地で戦い慣れていない将兵には、心理面での負担が大きいのである。これを、金井塚少佐は、第一線を回ることで取り除いたのだった。このような大隊長を見て、中隊長や小隊長も、積極的に部下を訪れるようになった。戦術の実行は統率と不可分のものである。歴戦の野戦将校である金井塚少佐は、それを十分に心得ていたのだ。

二十八日、この日も、昨日と同じような戦いが繰り広げられたが、戦闘は、二一：〇〇頃まで続いた。おそらくこの夜間戦闘は、後述するバル西高地攻略戦と連動したものであろう。死傷者が続出し、速射砲が二門とも破壊された。

二十九日、対戦車火器がなくなったことから、ソ連軍戦車は、至近距離まで前進し、陣地を確実に破壊していった。陣地埋没による死者が増えていった。大隊砲も破壊され、重機関銃は残すところ二挺。擲弾筒の弾薬も残数はわずかとなった。部下将兵の士

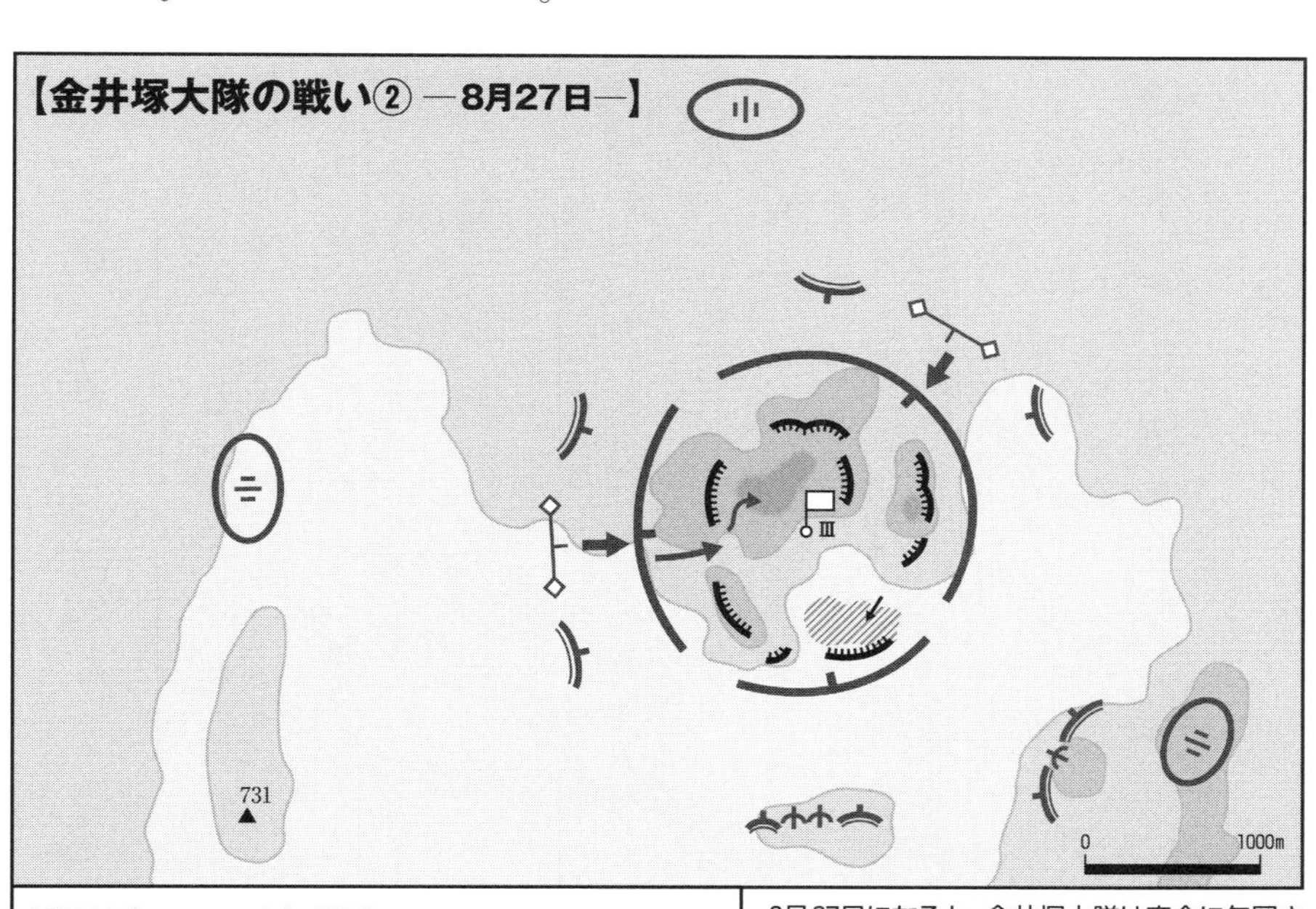

8月27日になると、金井塚大隊は完全に包囲されて敵中に孤立した。とくに至近距離に迫った野砲による砲撃には抗すべくもなく、一時はソ連軍歩兵の侵入を許した。それでも将兵の高い戦技、指揮官の統率、そしてソ連軍の拙攻により、陣地を保持した。

気が高いことが救いであったが、おそらく陣地は、持って、明日いっぱいであろう。

このまま全滅か、それとも後退か、それは指揮官にとって、とてつもなく難しい判断であった。なぜならば、仮に後退と決心しても、敵との接触を断つことができるのか、さらに敵の包囲を突破することは可能なのか、そして歩けない負傷者をどうするのか、という問題があるのだ。かててくわえて突破行動中に敵に襲撃されれば、部隊が四分五裂した状態で全滅するという不名誉な結果を残すことになりかねない。

幸いだったのは、すでに二十六日の段階で、「連隊本部に合流せよ」の支隊（連隊）命令が出ていることであった。これで「独断撤退」だけは免れる。命令に対する義務は果たせたのである。けれど、部隊指揮官としての義務、すなわち部下に対する責任は、金井塚大隊長の、その肩に背負われたままであった。

虎口からの脱出

ここで、金井塚大隊が撤退に至るまでの全般状況を簡単に記しておきたい。

まず、主力の攻勢作戦だが、これは二十五日に失敗に終わる。着想において無謀、準備と実施において拙劣であり、攻勢の主体となった歩七十二と歩二十八は二日間で五割以上の死傷者を出した。

ソ連軍の攻撃が最初に集中したホルステン河南岸の長谷部支隊（第八国境守備隊の二個大隊。ノロ高地守備）と梶川大隊（歩二十八第二大隊）は、二十五日に損耗が七割を超えて、二十六日には独断撤退に追い込まれる。撤退の過程で部隊はバラバラになった。同日、歩七十一の森田徹連隊長が戦死。同部隊主力は、師団の後退命令を受けて壊滅状態で戦場から離脱した。

一方、山県支隊と砲兵団主力が守るホルステン河北岸地区では、二十六日の穆稜（ムーリン）重砲兵連隊の全滅を皮切りに、砲兵部隊が次々に消えていった。二十八日にはホルステン河北岸に残る日本軍の火砲は、野砲兵第十三連隊（第二十三師団）のわずか三門のみとなった。

歩兵部隊では、既述のように生田大隊が二十五日深夜から翌未明にかけて壊滅。二十八日深夜から二十九日未明にかけて、第二大隊が守るバル西（七三三）高地が第24自動車化狙撃連隊の猛攻によって陥落した。バル西高地は、しかし前日に山県連隊本部は「ほとんど全滅」と認識していたから[*15]、残余の兵は驚異的な粘り強さで戦ったことになる。同高地は、ソ連軍が「レミゾフ高地[*16]」と名付けた場所で、この高地の占領によりジューコフは、スターリンに事実上の勝利宣言となる報告を打電した。

ホルステン河にもっとも近い場所に位置していた第一大隊（赤井豊三郎少佐）は、連隊からの命令によって後退の機会を狙っていたが、二十九日〇三：〇〇の、要旨「連隊はノモンハンに向かって戦線を離脱する。大隊はノモンハンで連隊に復帰せよ」の命令によって撤退を開始するが、連隊本部の救出に向かった師団主力（といっても一個連隊にも満たない集成部隊）と出会う。

赤井少佐は、師団参謀から連隊本部の救出に同行するように要請されたが、彼は、自分が命令を受けるのは連隊からのみと拒絶して、独自の行動をとった。守勢正面の連隊を置き捨てにした師団に対して含むところが当然あっただろう。この抗命と受け取られかねない行為によって、赤井と、この九日間で五九パーセントという損耗を出した彼の大隊は、撤退に成功する。

一方、同時刻には、連隊本部も、生田大隊の残余、第二大隊の残余、および野砲兵第十三連隊の残余とともに撤退を開始する。だがこの決断は、残念ながら遅すぎた。師団の救出隊とも行き会えず、後退途中に天明を迎え、ソ連軍の掃討部隊に捕捉された。生田少佐は、戦車の襲撃から負傷兵を守ろうと戦死。山県大佐と野砲兵第十三連隊長の伊勢高秀大佐は自決した。一六：二〇と記録されている。

ここで時間を二十六日までさかのぼらせる。

金井塚大隊が、無線で「連隊主力位置（筆者注：七三三高地東方）に後退せよ」の命令を受けたのは生田大隊が壊滅した二十六日であった。山県連隊長としては、生田大隊が壊滅したために防御線を緊縮するつもりだったのであろう。しかしこの命令は敵と近接して交戦している以上は不可能で、金井塚はその旨を連隊本部に返電した。翌二十七日も同様の命令を受けて、後退の準備をしようとしたが、なにしろ当日は、陣内にソ連軍に突入されるほどの激戦であり、やはり後退は不可能と判断された。

二十八日一八：〇〇「日を経るに従いますます（筆者注：第三大隊が）不利となるをもって、旧兵団本部方向より主力位置に復帰すべし」との電文を受けた。

敵との接触中あるいは交戦中の後退行動は、敵との接触を絶つ「離脱」と、敵から離れる「離隔」に大きく区分される。喧嘩に喩えるとわかりやすいが、取っ組み合いの最中に、強力なパンチか蹴りを喰らわし、相手を振りほどくのが「離脱」。「離隔」はそれこそ走って逃げることだ。例えば、後退行動の後衛となるのは、現在ならば自走砲に支援された戦車部隊が最適なのは、強力な打撃力と速力を持っているからである。

しかし、そうしたものは金井塚大隊にはなく、そして後退が命じられるような不利な状況では、自軍の戦力が磨り減っているのだから、ますます離脱は困難になる。

二〇：〇〇に、金井塚大隊長は、部下の各隊長と副官、軍医を集めて意見を求めた。意見は「このままでは犬死にだから強行突破をしてでも連隊主力と合流すべし」と、「脱出は犠牲が多くなる、玉砕してでも、一日でも陣地を長く守り、敵を引き付ける」の二つに分かれた。

将校の意見としては、実は、どちらも正しい。とくに後者は、日本軍ならではなのだが、けれど、仮に脱出途中に大量に犠牲者を出し、そして彼らを置き捨ててしまえば、のちに部隊が再建されてもその歴史（戦闘力の一要素となる「伝統」）に大きな汚点となる。戦友を見捨てるということは、戦闘組織としての継続的なチーム・ワークに傷がつくのだ。

ただ、どちらにしても最後の決断は、指揮官が独りで決定しなければならない。とはいえ、部下将校への意見聴取は、図らずも状況認識の共有にはなったであろう。

金井塚大隊長は、この日も、現在地死守の許可を願う電文を打ち、最後にこう付け加えた。

「なお、連隊正面の敵情及び師団主力方面の状況を承りたし」

これに対し、連隊本部からの返電はなく、ようやく二十九日の〇三：三〇になってから、内容が矛盾する電文を受信した。

「〇三：三〇連隊本部はノモンハンに向かい移動中」

「連隊は、現在地を固守せんとす」

「貴隊の御健闘を祈る」

おそらく、この電文により、金井塚大隊長は後退を決意したはずだ。なんとなれば電文が矛盾して意味不明なのは、最悪の状況が考えられるからである。

そして二十九日夜――。

金井塚大隊長は、

「大隊は、本夜敵の重囲を突破し、旧連隊本部位置に至り連隊主力に合せんとす」

との命令を下達した。

脱出命令は、次のような判断にもとづいていた。少し長いが『戦闘戦史』から引用しよう。

①連隊主力方面は、相当激戦中なるものの如し。

②師団主力方面の戦況は、有利に進展しつつありとの判断は錯覚にして、実は意の如く進捗せざるならん。しからば、大隊のみ孤立現存ずるは無意味なり。

③弾薬・糧食欠乏その極に達したり。

④本日の如き戦闘を明日も継続するに於いては、徒に敵砲兵の餌となり、全滅は必至の運命にある。

⑤将兵一同、「現陣地を守りて徒に敵砲弾の餌にならんよりは、負傷者を背負いて敵陣に突入し、最後の刄（ママ）を宿敵に浴せ、恨みを晴らして護国の鬼とならん」との意気充実しあり。

⑥銃砲声の動きより判断するに、戦場は次第に東方に移りつつあるが如し。

重要なのは、②と⑥である。②は、任務の前提が変化したこと、⑥は、どうにかして敵の包囲をすり抜けてしまえば（これも「離脱」となる）、なんとか離隔できることを意味している。また、⑤の、士気が高いことも重要だ。士気が高くなければ、後退途中に逃亡兵を続出させ、敗走となってしまうからだ。

しかし、⑥についての状況判断は間違っていた。このとき金井塚大隊は、一四個近い大隊に包囲されていたのだった。

ともあれ、脱出のために集合場所は陣地後方の窪地、時間は〇一：〇〇との命令が下された。翌日の日出は〇六：一四。はたして、敵前で配備から離れられるかどうか。天明までに連隊に合流できるのかどうか。部下の各隊長たちは、疑問を抱きながらも、熾烈な戦闘を指揮していた。

二三：〇〇時頃、ようやく敵の攻撃が低調になった。大隊の将兵は、各個に、そしてひそかに配備を離れた。

脱出時の注意事項として、負傷者は、一人残らず連れていくこと、友軍の方向を星により一兵残らず徹底させること、静粛に留意して防音装置を確実にすることなどが指示された。

歩行不能の負傷者は、約一〇名。担架は二組しかなかったので、小銃と、筵やカマス、付近の草を利用して応急の担架を作ったが、戦死者は連れてゆくことも、荼毘に付すこともできず、戦友が指を切り取って持ち帰り、その場に丁重に埋葬した。

この日は月齢一五、つまり満月だった。銃剣に草を巻き[*17]、偽装をやり直す。再分配した小銃弾は、一人あたり一〇発前後。手榴弾は、三人に一個。対戦車地雷は各中隊二〜三個。

四周にはソ連軍の赤吊り星（信号弾）が上がり、心細いばかりだったが、前方、側方、後方を、健全な兵から編成された、突撃隊、側方警戒隊、収容隊で囲んだ隊形を形成すると出発した。大隊附の永田利満軍医中尉の記録によれば、総員は二八六人であった。

数歩歩くと、砲弾の炸裂音が轟然と響き渡った。捕捉され、砲撃を受けたと思われたが、誰かが不発弾を蹴ったためらしい。遺体を埋葬することはできず、不運な戦死者の身体を毛布で包み、その場に残すしかなかった。

大隊は、途中、ソ連軍の戦車隊、砲兵陣地、指揮所に行き会ったが、それらをかわし、南下を続けた。

脱出から敵中突破は、金井塚大隊長の敵情に関する誤断がありながらも、信じられないほどに上手くいった。これには二つの理由が考えられる。一つは、昨日のジューコフの「勝利宣言」によって、ソ連軍が油断していたこと、もう一つが、何度も書くがソ連軍将兵の練度の低さだ。夜間の警戒能力が低く、金井塚大隊以外でも多くの将兵が、このソ連軍の練度の低さ、とくに夜間警戒の拙劣さによって助かっているのである。

連隊本部が存在しているとおぼしき場所に到達したが、しかし大隊は、ついに連隊主力に会うことはできなかった。既述のように、すでに全滅していたからだ。むろん第三大隊はその事実を知らないから、金井塚少佐は、連隊本部からの最後の電文である「ノモンハ

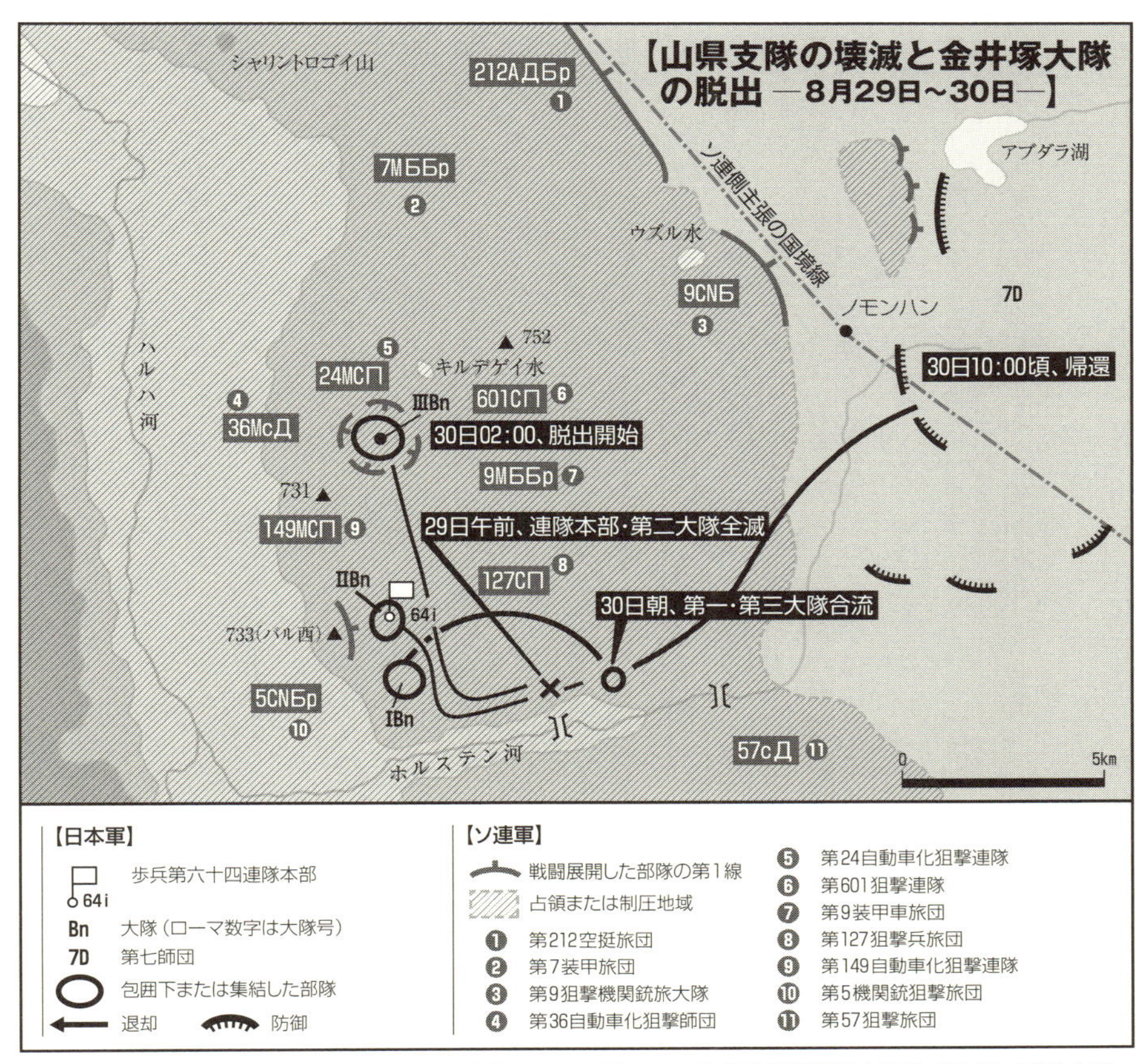

8月28日の段階で戦場のほとんどはソ連軍に占領された。翌29日に山県支隊は退却を開始するが、連隊本部、第1大隊などは夜明けとともにソ連軍に捕捉されて全滅した。ただ一人戦い続けた金井塚大隊は、緻密な行動計画とソ連軍の警戒能力の低さに助けられて脱出に成功。先に退却を開始していた第一大隊とともに第七師団の占領地に帰りついた。

ンに向けて移動中」を思い出し、ホルステン河沿いにノモンハンに向かうことに決した。大隊は、南下を続け、夜明け前にホルステン河河畔に到達した。そこは昨日、連隊主力、砲兵連隊、生田大隊の残余が戦車に襲撃された場所であった。累々と転がる戦死者の中から、重傷者を発見して収容した。

夜が明け、ホルステン河の対岸から射撃を受けたが、河谷と河岸の地形を巧みに利用しながら前進を続けた。ソ連軍の配備から考えると、おそらくこの時点で、第１２７狙撃連隊、あるいは第５機関銃狙撃旅団の後方地域に到達していたと考えられる。

もし金井塚少佐の決断が遅れ、出発時間が〇一：〇〇よりも遅くなっていたら、連隊主力のように拠るべき地形のない場所で、ソ連軍部隊の真ん中で朝を迎えることになったであろう。

〇七：〇〇頃、ホルステン河屈曲点に到達。そこで、先行して後退した第一大隊に期せずして会合した。分遣されていた第九中隊は、第一大隊と一緒に後退したから、彼らは、ようやく親部隊である第三大隊に復帰したことになる。お互い、死地に投じられ、死の顎を抜け出た者同士、その喜びもひとしおであったろう。

一〇：〇〇、先行させた第一大隊の後を追い、第三大隊もノモンハン兵站末地に到着。

奇跡のような金井塚第三大隊の陣地防御と、敵中突破。その成功の理由はなんであろうか。

まずは、二つの幸運が挙げられるだろう。霧によって陣地配備を秘匿できたために築城時間がとれたこと、そして水があったことから将兵の肉体的な戦闘力を維持できたことだ。

戦闘力の維持でもっとも重要だったのは、無理をしてでも弾薬を大量に運び込んだことである。守備兵は、砲兵に対し手も足も出なかったが、それでも陣地を攻略するために接近してくるソ連兵に対しては、最後まで戦う手段があったのだ。水と弾薬、それが戦闘力の源泉だったと言っても過言ではない。

加えて——身も蓋もない言い方だが——戦技・戦術のレベルにおいてソ連軍の能力が低かったことも挙げられよう。戦いは相対的なものなのである。

とはいえ、これらは第三大隊を取り巻く環境でしかない。「環境」を活用して任務を達成できるか否かは、将兵の能力、そして指揮官の指揮能力にかかっている。第三大隊を含む歩兵第六十四連隊の将兵の戦技は、ノモンハンの戦いを終始戦った部隊として、十分なレベルに達していた。

また金井塚少佐の指揮能力、なかでも統率力は、卓越したものであった。彼の経歴を考えるうえで忘れてはならないのは、日中戦争初期における一大苦戦（見方によれば敗北とも言える）である台児荘の戦闘[*18]に参加していることであろう。彼は、この時点における日本陸軍の数少ない、頽勢に陥った防御戦闘の経験者なのであった。おそらくそうした経験のなかで統率力を磨いてきたのだろう。

八月二十四日から三十日にかけての戦闘での第三大隊の損害は、戦闘参加人員三八八名に対し、戦死七二名、負傷五七名、行方不明者〇。損耗率三三パーセント。第一大隊の同期間の損耗率は、先述したように約五九パーセント。同じく歩兵第六十四連隊全体の同期間の損害は——明確なものがないのだが——損耗率六〇パーセントを超えているとされる。

金井塚勇吉少佐率いる第三大隊は、そうした戦いから還ってきたのであった。

●註

＊1＝ロシア／ソ連軍では、歩兵を伝統的に狙撃兵と呼ぶ。

＊2＝当時のソヴィエト赤軍の階級呼称では「軍団指揮官」だが、煩雑になるため一般的な階級呼称に統一する。なおジューコフは七月に「師団指揮官」＝少将相当から昇進した。

＊3＝一九三〇年代に完成したソ連軍の軍事思想の骨幹を成す理論で、その現象面を簡単に述べれば、敵の配備の全縦深を同時に制圧することで、自軍部隊の機動を確保し、これにより敵の全縦深を突破するとともに包囲殲滅。爾後、後続梯団を使用して敵の予備隊をも殲滅する。ノモンハン戦における八月攻勢はこれの応用で、本文に記したとおり、日本軍の配備を全縦深にわたって制圧することで自軍の機動力を保持し、制圧・拘束された日本軍を優勢な機動力をもって両翼から包囲することを作戦の骨子とした。

＊4＝これには、ジューコフの上官にあたる極東正面軍司令官のグレゴリー・シュテルンの働きが大きかった。

＊5＝第三大隊は満洲里警備のために、連隊砲中隊、速射砲中隊を除きノモンハン事件に参戦していない。

＊6＝五月十一日～三十一日の間に戦われた最初の戦闘。この戦いで、山県大佐の指揮する支隊では、指揮下の師団捜索隊（東捜索

隊）が全滅している。

＊7＝『戦史叢書』や五味川純平の『ノモンハン』に度々引用される第二十三師団長小松原中将の日誌（『小松原日誌』）によれば、大隊は昼間に逆襲を行って中隊長が戦死するなどの大損害を出したとされるが、『ノモンハン　草原の日ソ戦』の巻末資料「ノモンハン事件の主要参加部隊幹部一覧」では二十一日に戦死した中隊長はいない。

＊8＝『ノモンハン　草原の日ソ戦』。

＊9＝「〝ノモンハン〟キルデゲイ水付近における3Ｂｎ／64ｉの防御戦闘」『戦闘戦史　防御（前編）』。

＊10＝初代の歩兵第六十四連隊は明治三十八（一九〇五）年に編成されたが、大正十四（一九二五）年、宇垣軍縮により廃止された。

＊11＝前掲、「〝ノモンハン〟キルデゲイ水付近における3Ｂｎ／64ｉの防御戦闘」。

＊12＝富田中尉の戦死は、前掲「ノモンハン事件の主要参加部隊幹部一覧」では八月二十二日に戦死となっている。だとすると第十中隊の指揮官は坂本啓甫少尉の可能性もある。

＊13＝とはいえ、八月二十日の攻勢を偽装するために行われた限定攻撃は、本格的な攻勢を思わせる激しさだった。

＊14＝前掲、「〝ノモンハン〟キルデゲイ水付近における3Ｂｎ／64ｉの防御戦闘」。

＊15＝前掲「ノモンハン事件の主要参加部隊幹部一覧」によると津久井少佐の戦死は、二十八日。

＊16＝七月八日の戦闘で、安岡支隊に所属する戦車第三連隊に対して勇戦し、砲撃で戦死した第149狙撃連隊長レミゾフ少佐を記念して付けられた。

＊17＝銃剣が黒染となるのは昭和十六（一九四一）年から。

＊18＝昭和十三（一九三八）年三月から四月七日にかけて山東省南部台児荘で行われた戦闘。この戦いで、金井塚大尉（当時）が所属する歩兵第六十三連隊（瀬谷支隊）は、台児荘を攻めあぐね、中国軍になかば包囲されたあと転進した。

●参考文献

防衛庁戦史室『戦史叢書　関東軍〈1〉』（朝雲新聞社、1969年）

富士学校戦闘戦史編さん室「〝ノモンハン〟キルデゲイ水付近における3Ｂｎ／64ｉの防御戦闘」『戦闘戦史　防御（前編）』（陸上自衛隊富士修身会、1974年）

五味川純平『ノモンハン』（文藝春秋、1975年）

アルヴィン・Ｄ・クックス著・岩崎俊夫、吉本晋一郎訳・秦郁彦監修『ノモンハン　草原の日ソ戦—1939　上下』（朝日新聞社、

１９８９年）
秦郁彦『明と暗のノモンハン戦史』（ＰＨＰ研究所、２０１４年）
古是三春『ノモンハンの真実』（産経新聞出版、２００９年）
マクシム・コロミーエツ著・小松徳仁訳・鈴木邦宏監修『ノモンハン戦車戦』（大日本絵画、２００５年）
赤軍参謀本部（偕行社編纂部訳）『１９３６年度発布臨時赤軍野外教令』（偕行社、昭和12年）

終戦「後」の戦いを、
指揮官は
いかに統率したか

第十二章

占守島　八月十八日の対上陸戦闘

戦車第十一連隊、霧の中の突撃

北海道・北恵庭に駐屯する陸上自衛隊第11戦車大隊は、帝国陸軍の伝統を強く意識する部隊であり、部隊マークとして戦車の砲塔に「士魂」の文字を大きく書く。その由来は、帝国陸軍の戦車第十一連隊が、部隊号の十一を武士の「士」に見立て、「士魂部隊」と称したことにある。

戦車第十一連隊は、太平洋戦争末期に、北千島の占守島(しむしゅとう)の守備に就き、終戦後の八月十八日に侵攻してきたソ連軍を迎え撃った。この戦いで同連隊は、連隊長とほとんどの中隊長が戦死するという犠牲を払ったが、侵攻してきたソ連軍に対して大打撃を与えた部隊として有名である。

このため、巷説では、彼らの活躍により、ソ連軍の北海道侵攻は防がれたとも評されることほどさように戦車第十一連隊の戦いは劇的であった。それゆえに、いわば軍記物のように現在も語られているのである。しかし、本章で記すのは軍記ではない。なにゆえに、彼らは終戦後の戦闘でありながら死を賭した戦いができたのか。さらになぜソ連軍の上陸をなかば阻止し得たのか。そして多大な犠牲を払わなければならなかったのか。

指揮官の統率と戦車戦術の視点で描いてみたい。

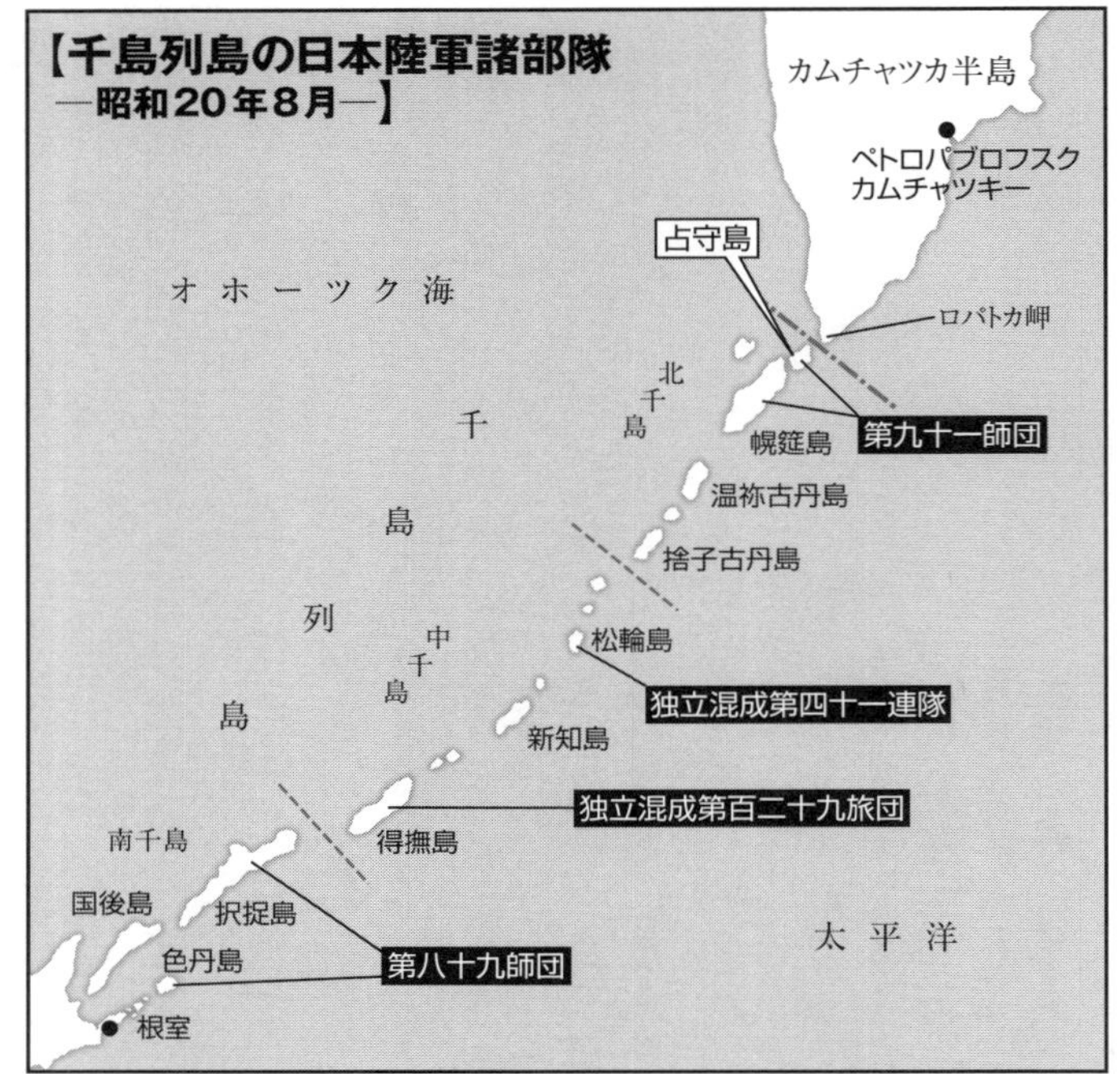

北海道の根室から東北にカムチャッカ半島にまで延びる千島列島は、太平洋戦争開戦後、アメリカ軍の支作戦方面として警戒された。昭和 20 年になると、本土決戦のために千島列島の兵力も本土に転用されたが、それでも三個師団弱の地上兵力が展開していた。また最北端の占守島では、兵力の不足とドクトリンの変更から水際での防御を廃し、幌筵海峡沿いに兵力の集中を図った。

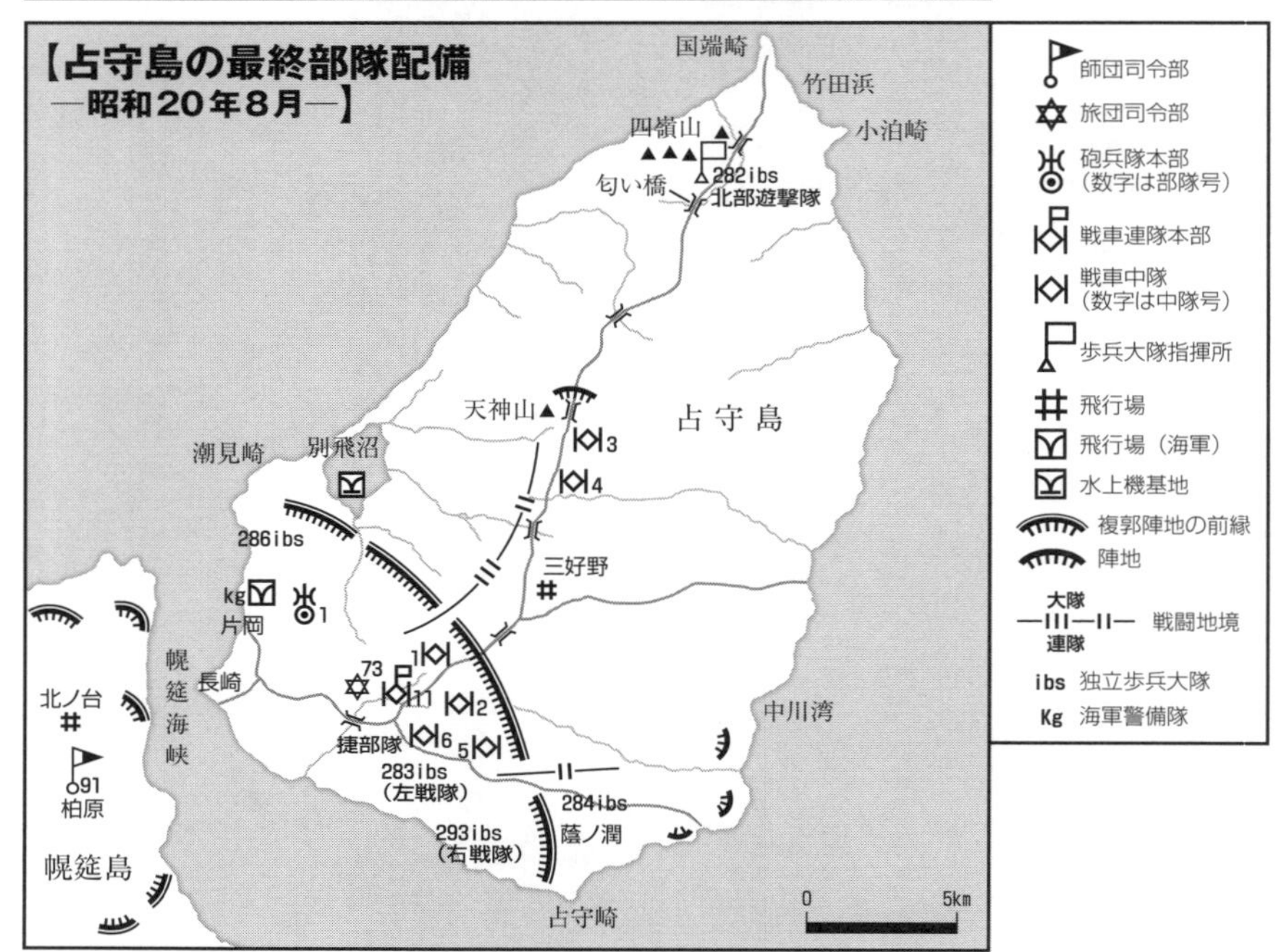

北辺の要衝

昭和二十年八月十五日正午――。

「ただ今より重大なる放送があります。全国聴取者の皆様ご起立ねがいます」。

玉音放送である。このとき、大日本帝国の戦争は終わったのだった。

しかし日本の降伏は、ソ連にとって最悪のタイミングであった。ここで戦いを止めれば、ヤルタ会談で認められた戦争の果実、すなわち、南樺太の返還、満洲における商業・鉄道運営の利益優先権、千島列島の領有権[*1]をつかみ損なう。このため、ソ連は、八月十五日の天皇の布告（玉音放送による終戦の詔勅）を停戦命令とみなさず、天皇が軍隊に正式な降伏命令を下達するまで戦闘を継続する、という名目で戦いを続けるのである。一九三八年に山岳狙撃師団として編成され、カムチャツカ半島で警備任務に就いていた第１０１狙撃師団にとって、八月十五日正午は戦いの始まりだったのだ。

日本標準時の正午はカムチャツカ半島では午後三時[*2]となる。同時刻、カムチャツカ半島太平洋岸、ペトロパブロフスク・カムチャツキー港には、あらゆる種類の船が集められ、第１０１狙撃師団[*3]の将兵が乗船を開始していた。彼らの行き先は占守島。ここを急襲し、占領するためである。

占守島は、カムチャツカ半島から根室の間に連なり、太平洋とオホーツク海を画す千島列島の最北端に位置する。面積は三八八平方キロ（佐渡島の半分程度）。火山列島のために山がちな千島のなかでは唯一平坦な島である。

千島列島を軍事的な視点で見ると、アメリカに対しては支作戦正面、ソ連に対しては太平洋への出口を塞ぐ防波堤の価値をもっていた。つまり占守島をはじめとした千島列島へのソ連軍の侵攻は、太平洋への出口を確保するという彼らの宿願を果たすための作戦だったのである。

もっとも、日ソ中立条約が存在し、アメリカと戦う日本にとって、千島列島の戦備は、あくまで対米戦のためのものだった。とくに昭和十八（一九四三）年五月にアリューシャン列島のアッツ島守備隊が全滅すると、その重要度はにわかに増した。以後、日本軍は千島列島に大兵力を送るが、当初から重視されたのが、最北端の占守島と、幌筵（ほろむしろ）海峡という狭水道を隔てた幌筵島北部であった。

占守島と幌筵島北部は、アリューシャン列島に近いだけでなく、海峡両岸は北千島の枢要部とも言える地区で、長崎（占守島）・柏原（幌筵）の港湾と、片岡・三好野・北ノ台の三つの飛行場が存在する（幌筵島南部には加熊別、擂鉢、武蔵の飛行場、占守島の別飛沼に水上機基地がある）。また、平坦な地形である占守島を守るには相応の兵力も必要とされた。戦車連隊が置かれた理由もここにある。

昭和十九年に入ると、千島列島に逐次配備された部隊の指揮系統を再確立するために部隊の改編・新編が行われ、三月二十七日に千島防衛軍として第二十七軍が、四月十二日には北千島守備部隊として第九十一師団が編成された。この師団は、二個旅団、十二個独立歩兵大隊と、連隊規模の砲兵二個を基幹とする守備に適した特異な編制を採っており、師団司令部を柏原に置き、歩兵第七十三旅団が占守島の、同七十四旅団が幌筵島の守備を担当した。

満洲の斐徳（ひとく）に駐屯していた戦車第十一連隊に、「イ号演習」の秘匿名称で動員が下されたのは、それに先立つ二月十三日。朝鮮半島、本州、北海道を経て、全部隊が占守と幌筵に揚陸されたのは五月十五日。同日、戦車第十一連隊は第九十一師団に編合される。六月一日には、満洲駐屯の戦車第一師団捜索隊から抽出された独立戦車第二中隊も戦車第十一連隊に配属された。

昭和十九年六月、北千島の兵力は約五万、航空機は陸海軍合わせて約一四〇機となっていた。だが、この兵力は終

第九十一師団の戦闘序列

（昭和20年8月15日）

- 師団司令部
  - 峡東地区隊（歩兵第七十三旅団基幹：占守島）
    - 独立歩兵第二百八十六大隊基幹
    - 独立歩兵第二百八十四大隊基幹
  - 捷部隊
    - 戦車第十一連隊主力（本部、第三、四、整備中隊）
    - 左戦隊（独立歩兵第二百八十三大隊／戦車第一、二中隊基幹）
    - 右戦隊（独立歩兵第二百九十三大隊／戦車第五、六中隊基幹）
  - 北部遊撃隊（独立歩兵第二百八十二大隊基幹）
  - 峡西地区隊（歩兵第七十四旅団基幹：幌筵島）
  - 師団第一砲兵隊
  - 師団第二砲兵隊
  - 師団速射砲隊
  - 師団防空隊
  - その他諸隊

戦時（つまりソ連侵攻時）には、地上兵力で半数、航空機が陸海軍合わせて八機までに減少する。航空隊は南方へ、地上兵力は本土決戦準備のために抽出されてしまったからだ。

最終防衛態勢

占守島の部隊配備も、日本軍の他の島嶼守備隊と同じように、二度ほど大きな変更があった。最初は水際配備から後退配備への変更であり、二度目は部隊の減少による防御地域の縮小である。

占守島の土質は、薄い表土の下がすぐに岩盤で、このため坑道式陣地の構築には長い時間が必要であった。さらに冬季は積雪のために本格的な陣地構築が困難でもあった。とくに、歩兵に比べて築城のための作業量が多い砲兵は、強固な陣地が構築できないという問題が発生した。昭和十九年後半には、来年の春がアメリカ軍の侵攻の可能性がもっとも高いと見積もられていたから、これでは陣地構築は間に合わない。このため、砲兵による歩兵への密接な支援（とくに対戦車戦闘）は諦め、すでに海岸に強固な陣地を構築していた砲兵の一部はそのまま水際陣地に残すことになった。

戦車第十一連隊の連隊長が来嶌（くるしま）則和大佐から池田末男中佐（当時）に代わったのは、第九十一師団が、こうした内陸への後退配備に移行する準備時期であった昭和二十年一月二十二日（正式な指揮権発動である命課布達式（めいかふたつしき）は二十四日）のことである。

築城工事が本格化した五月中旬、池田連隊長は、歩兵部隊と協同する陣地編成（構成）を第七十三旅団長に報告した。これは砲兵が歩兵を十分に支援できない現状を踏まえて、戦車連隊を分割して歩兵の支援を行おうとしたものであったと考えられる。

本来、島嶼守備における戦車隊は、攻勢移転または逆襲の際の、水際への機動打撃が任務であった。だが、アメリカ軍の砲爆撃を避けるために、師団が後退配備を採る以上、現状にもっとも適合した戦車隊の任務は、移動する対戦車トーチカとなって歩兵に協力することであった。池田中佐は、機動打撃部隊を率いながらも状況を鑑みて、より実行の可能性が高く、かつ師団の作戦に寄与する方策を具申したのである。

伝えられる多くのエピソードにより、〝前近代の戦士〟の面影が強い池田連隊長ではあるが、その前職は四平(しへい)戦車学校の戦術教官であり、戦車部隊の各種教範編纂にも携わっている。戦術に深い理解を持つ、高い知性を持った軍人だったといえよう。

第九十一師団の将兵が新配備のための陣地構築に励む五月、第九十一師団から歩兵大隊二個、野砲中隊四個などが、本土決戦準備のために抽出された。この結果、第九十一師団の任務は、敵上陸部隊の撃滅ではなく、幌筵海峡の確保とされ、ふたたび守備態勢を変更することになったのである。

これが第九十一師団の最終防衛態勢となるのだが、占守島での部隊配置は、以下のようになる。

まず、上陸にもっとも適してはいるが枢要部には遠い竹田浜を含む北部に一個大隊（独立歩兵第二百八十二大隊＝村上大隊。以下、独立歩兵大隊は独歩と略称）を配置（軍隊区分による名称は北部遊撃隊）。同隊の任務は、守備地域の固守である。したがって師団全体の作戦からは、戦力はある程度犠牲にしてでも時間を稼ぐ「遅滞」[*4]となる。このため竹田浜を側射できる国端崎と小泊崎、そして竹田浜を瞰制できる四嶺山を独立拠点とするとともに、隷下各中隊を広域に分散させ、大隊戦闘指揮所は竹田浜を瞰制できる四嶺山に置いた。ちなみに四嶺山の南斜面には、最大射程二万六二〇〇メートルをもつ九六式十五糎(センチ)加農が一門配置されている。

一方、旅団主力は峡東地区隊として、潮見崎から占守崎にかけてを陣地の第一線とする複郭陣地を構築。そこに立て籠もることとなった。この複郭陣地の右翼第一線を担当するのが、「捷部隊」と称された諸兵種連合部隊である。捷部隊とは、池田大佐（六月昇進）が、戦車第十一連隊、独歩二八三（竹下）、独歩二九三（数田）大隊および砲兵の一部を統一指揮する部隊で、戦車は中隊単位で歩兵部隊に分属された。このため戦車連隊では隷下の中隊を均等に歩兵に配属するため、臨時に中隊を増設し（第五、第六中隊）、配属の独立戦車第二中隊を、第四中隊として連隊に編入した。

この占守島の最終配備は、竹田浜から複郭陣地までの二〇キロ弱の間に、分散配備されたわずか一個大隊しか存在しないものだった。さらに「捷部隊」の左翼を受け持つ竹下大隊（捷部隊左翼戦隊）の陣地は、結局、野戦陣地程度しか構築できなかった。この二つは、のちの戦闘に大きな影響をおよぼす。

八月十五日、終戦の玉音放送。だが北千島では、気象状況のためかほとんど聞き取れず、占守島の将兵が戦争終結を知ったのは当日午後から翌日にかけてだった。

最果ての島での最前線勤務の末に玉砕を運命づけられていた将兵にとって、敗戦の直後は茫然自失の状態であった。それでも現役兵主体の第九十一師団の将兵は、軍紀を乱すことなく敗戦の事実を受け入れた。戦車第十一連隊は、池田大佐の訓辞ののち、師団参謀から兵器類の処分や書類の焼却、また進駐してくるであろう連合軍に対し、兵舎に白旗を掲げ、堂々と恭順の姿勢で対応するように、との指示を受けた。

八月十七日、幌筵島・柏原の師団司令部で部隊長会同が行われた。この会同中に、国端崎の対岸、カムチャツカ半島の南端のロパトカ岬のソ連軍が砲撃を開始したという報告があった。だが、会同に出席した指揮官たちも、兵器の処分作業を行う将兵も、これを重視しなかった。これまで対米戦を専一にしてきた経緯や、上級司令部である第五方面軍からの情報により、彼らはアメリカ軍に武装解除を受けると考えていたのだ。

それでも師団長の堤不夾貴（つつみふさき）中将は、

「万一、ソ連が上陸する可能性がないでもないが、この場合は戦闘を行わず、爾後の命令指示にしたがい行動せよ」と述べ、とくに国端地区を守備する北部遊撃隊の村上少佐に直接注意を与えている。ここで言う「ソ連の上陸」とは、軍使か終戦後の進駐

■ 戦車第十一連隊の装備と人員

	新砲塔チハ＊1	九七式中戦車＊2	九五式軽戦車	乗用車	トラック	炊事車	整備車	人員
本部	2		1	3				78
第一中隊	4	4	3	1	3			93
第二中隊	4	5	2	1	3			99
第三中隊	4	4	3	1	3			94
第四中隊			11	1	5			105
第五中隊	4	4	2		3			99
第六中隊	2	2	3	1	6			107
整備中隊				2	22	1	1	89
計	20	19	25	10	45	1	1	764

＊1＝いわゆる九七式中戦車改（47mm砲）＊2＝短砲身57mm砲装備

を意味している。

会同終了後、第五方面軍から「一切の戦闘行動停止。ただしやむを得ない自衛行動を妨げず。その完全徹底の時期を十八日一六時とする」という命令が入った。

戦車第十一連隊所属の将校ではあるが、当時、師団参謀部で作戦・情報補佐の任に就いていた長島厚大尉は、本来の直属上官で騎兵の先輩として尊敬する池田大佐を柏原の船着き場まで見送った。戦争後の身の振り方を尋ねた長島に、大佐は清々とした口振りでこう答えたという。

「せっかくロシア語をやっとったから、なんかのときには通訳でもやるか[*5]」

ソ連軍上陸

ソ連軍カムチャツカ防衛区が戦闘態勢に入ったのは、南樺太への侵攻作戦が始まった翌日の八月十日のことである。十四日、ロパトカ岬の第945沿岸砲兵中隊の一三〇ミリカノン砲が占守島に短時間の砲撃を行う。これは実弾訓練だったのであろう。

カムチャツカ防衛区司令部が、第2極東方面軍から千島侵攻の正式命令を下達されるのは、現地時間で十五日早朝であった。すでに日本がポツダム宣言を受諾している以上、その任務は時間的にも兵力的にも厳しいものだった。兵力集中の時間がないことから、カムチャツカ防衛区司令部指揮下の部隊と船舶のみで、八月二十五日までに千島列島北部諸島（日本でいう中千島）を占領することになった。

作戦に投入されるのは、地上部隊として第101狙撃師団と海上国境警備隊。航空部隊が第128混成飛行師団（作戦に使用可能な機体五八機）と、海軍の飛行連隊一個（同一〇機）のみ。護衛艦艇や輸送船舶も足りなかった。輸送船舶には、拿捕した日本の蟹工船に搭載する小型艇（カワサキ船とよばれる）や自走浮舟までも用いた。

このため作戦の基本方針は、十七日深夜の奇襲上陸となった。上陸地点はロパトカ岬の対岸、ソ連が第一千島海峡とよぶ占守海峡を隔てた竹田浜である。上陸した部隊は、十八日の日没までに片岡（飛行場と海軍基地）および占守全島を占領する計画だった。

上陸部隊の編成は左の表を参照していただきたいが、基本は先遣隊を含む三個梯隊と陽動部隊の計四個部隊編成。人員は八八二四名。火砲は一二〇ミリ榴弾砲が三七門、七六・二ミリ師団砲が四四門、迫撃砲が重・軽合わせて一一五門である。先遣隊を含め、部隊を梯隊に分けることや、陽動部隊が状況次第で別の地点に上陸すること（予定上陸地点は中川湾）は、ソ連軍の教範『赤軍野外教令』に忠実である。また時間と兵力の関係から導き出された「奇襲」という作戦方針も、『同教令』にある「渡河作戦」の援用と言える。

しかしこの作戦、ソ連軍としては兵力が少なすぎた。占守島の日本軍は約一万名、第九十一師団全体では約二万三〇〇〇名になる。攻撃時には敵兵力の三倍の兵力を最下限とするソ連軍としては異例のことである。さらに作戦開始までの時間が短すぎ、綿密な偵察も、細部の調整もおざなりだった。

ソ連軍が作戦成功のカギとしていたのは、日本兵は敗戦により士気を阻喪しているはずだという一点にあったと考えられる。奇襲によってそれを極大化し、日本軍に優る火力を用いて電撃的に占守島を占領しようというのである。これが、一七〇浬（約三〇六キロ）という、ソ連軍史上、もっとも長大な距離を経る渡洋侵攻作戦の骨子であった。

ソ連軍上陸部隊の編組（1945年8月15日）

上陸作戦司令部
　司令官：アレクセイ・R・グネチコ少将
　　（カムチャツカ防衛区司令官）
上陸本部
　指揮官：ドミトリィ・G・ポノマリョフ海軍大佐
　　（ペトロパブロフスク海軍基地司令）
上陸部隊本部（第101狙撃師団司令部）
　指揮官：ポルフィリ・I・ディヤコフ少将
　先遣隊：ペーター・I・シュトフ少佐
　　臨編独立海軍歩兵大将（第60海上国境警備隊より）
　　第302狙撃連隊の一部（短機関銃中隊、迫撃砲中隊、ガス小隊、偵察小隊）
　　第119独立工兵大隊の1個中隊
　第1梯隊：コンスタンチン・D・メルクーリエフ中佐
　　第138狙撃連隊（2個中隊欠）
　　第428榴弾砲連隊第1大隊
　　第279砲兵連隊第2大隊
　　第169独立対戦車砲大隊（対戦車銃中隊欠）
　第2梯隊：ペーター・A・アルチューシェン大佐
　　第373狙撃連隊（1個大隊欠）
　　第279砲撃連隊（第2大隊欠）
　　臨編独立海軍歩兵大隊の1個中隊
　陽動上陸部隊
　　第138狙撃連隊の一部（2個中隊、短機関銃中隊）
　　第279独立対戦車砲大隊対戦車銃中隊

（艦艇）
哨戒艦×2、掃海艇×4、機雷敷設艦×1、補給整備艦×1、輸送船×14、上陸用舟艇×16、哨戒艇×8、機帆船×2、測量船×2、カワサキ船×4、自走浮舟（隻数不明）

八月十七日、カムチャツカ時間で〇五：〇〇、侵攻船団はアバチャ湾の泊地を出港。
同日昼より断続的に、ロパトカ岬から砲撃が行われた。目標は、昭和十八年に小泊崎沖に座礁して放棄されたソ連のタンカーである。おそらく試射と、日本軍の反応を見るための探索射撃を兼ねたものであろう。これに対し日本側は、威嚇か戦勝気分のなかでの訓練を兼ねた座礁船の破壊と考えており、とくに反応は示さなかった。これによりソ連軍は、日本軍が完全に戦意を失っていると判断したであろう。さらに、海軍飛行連隊所属機三機が偵察と爆撃を行った（混成飛行師団も爆撃を行っているが、これは日本側の記録にない）。
十七日二三：三五（カムチャツカ時間の一八日〇二：三五。以下括弧内はカムチャツカ時間）、ロパトカ岬から再度の砲撃が始まる。これは上陸地点への効力射であった。奇襲上陸でありながら事前に砲撃を行うのは奇異な感じがするが、理由はわからない。あえて合理的な説明をするなら、存在が知られている砲台からの断続的な砲撃ならば、日本軍は、上陸作戦に結びつけないと判断したのであろうか。
十八日〇一：一〇（〇四：一〇）、先遣隊を乗せた艦艇は、竹田浜沖に到着。
〇一：二二（〇四：二二）。ソ連軍先遣隊は竹田浜に上陸を開始した。奇襲上陸にもかかわらず、上陸用舟艇の一隻が海岸で射撃を始めてしまい、さらに沖合の他の船も撃ち出した。これに対し、海岸の日本軍は小銃・機関銃を乱射し始めた。
ソ連軍先遣隊は、小隊規模の部隊を国端崎と小泊崎の日本軍拠点に振り向けると、日本軍陣地を浸透濾過し、内陸へと迅速に前進を開始した。

遭遇戦

以上、上陸までの経過はソ連軍側から見てきたのだが、当然ながら日本側からは、また違った様相となる。ただし、これまでいくつかの書籍で描かれてきた上陸初動の状況の典拠となった『戦史叢書　北東方面陸軍作戦〈2〉』は

（昭和四十六年という刊行時期を考えると仕方がないのだが）、正確ではない。筆者は、大野芳氏のルポルタージュ『8月17日、ソ連軍上陸す』（二〇〇八年新潮社）が、実相に近いと判断する。ここからは同書を参考にしながら、筆者の推定を交えて書き進めていくことにしよう。

上陸海岸となった竹田浜を守る部隊は、ここ数日のソ連軍の動き、とくに十七日の砲撃で幾分緊張していた。このため、上陸にいち早く気がついた。

国端崎守備隊は、すでに十一時頃に戦闘配備に就き、北部遊撃隊（村上大隊）本部に敵襲（ソ連側の記録ではまだ上陸していない）の第一報を送る。ほぼ同時刻、小泊崎の速射砲小隊も戦闘配備に就いた。

続いて第二報「海上、エンジン音」。遅くとも〇〇：三〇には「敵上陸中。ただし国籍不明」の第三報。

村上大隊長は、第三報と同時に「射撃開始」を命じると、四嶺山の大隊戦闘指揮所へ、

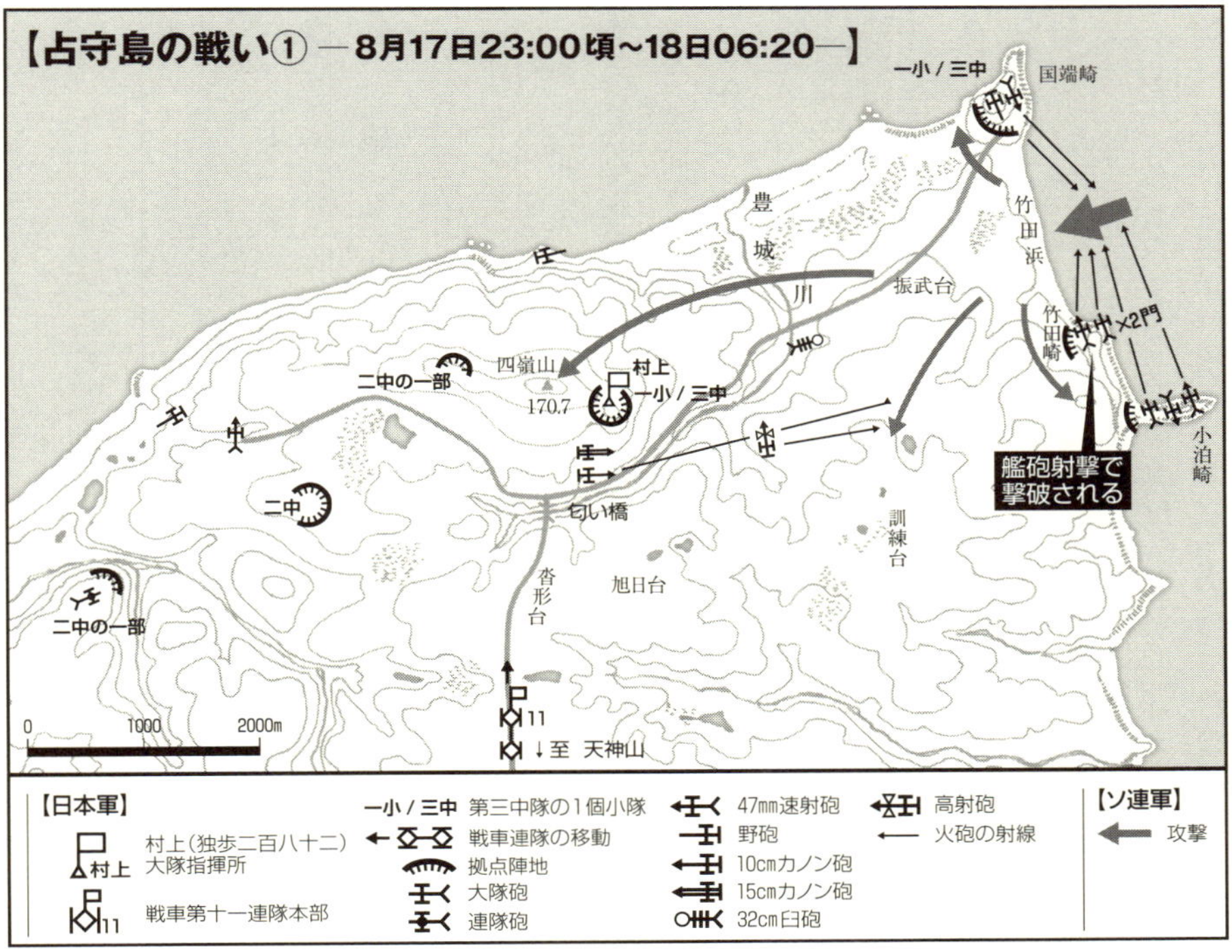

【占守島の戦い①　―8月17日23:00頃～18日06:20―】

竹田浜に上陸したソ連軍は、国端崎と小泊崎からの砲撃で混乱に陥りながらも、先遣隊はいち早く四嶺山付近にまで進出した。一方、村上大隊（独歩二百八十二大隊：北部遊撃隊）のうち海岸堡に向かって大威力を発揮できた32cm臼砲は、終戦により弾薬を別の場所に格納していたため、一発しか発射できなかった。

副官と第三中隊の一個小隊を引き連れて走った。竹田浜では霧を透かし、火光が瞬き曳光弾が飛ぶ。戦闘指揮所への移動途中に、村上大隊の副官は乗馬を狙撃されている。このことからソ連軍先遣隊の尖兵は、すでに四嶺山の麓まで到達していたことがわかる。

上陸海岸から大隊の指揮所までの距離を考えると、ソ連軍先遣隊、すくなくとも尖兵となったグループの上陸時間は、十七日二三：〇〇よりも前だった可能性が高い。

村上大隊戦闘指揮所に隣接する九六式一五糎加農砲台が砲撃を開始した十八日〇二：〇〇には、すでに砲台近くに敵弾が飛び交う状況だった。なおこの一五センチカノン砲（吉武邦男中尉指揮）は、ロパトカ岬のソ連軍砲台を破壊するという偉功を立てる。他方、水際陣地では、速射砲と野砲が海岸のソ連軍上陸船団に射撃を集中していた。上陸部隊を側面から射撃できるように配置（「側防」という）されたこれらの砲を操作する将兵は、霧や暗夜でも射撃できるように訓練しており、その砲撃は正確だった。上陸用舟艇二隻が炎上、三隻から五隻が損傷した（ソ連側記録）。最終的に撃沈・擱座させた艦艇は一三隻にのぼったようだ（日本側記録）。

本来は、先遣隊の一部が対処するはずだった日本軍の側防陣地が生き残っているため、ソ連軍上陸部隊は混乱し始めていた。側防陣地を潰さなかったのは、先遣隊の手落ちとも言えたが、急遽決まった上陸計画のために詳細な配備図はなかったはずだ。であるならば、地形上、上陸海岸を見渡せる高地、すなわち四嶺山をいち早く占領することで、日本軍の反撃を不如意ならしめ、これをもって後続部隊が海岸堡を確立する時間を稼ぐのが正しい判断であろう。四嶺山のような彼我の軍事行動において鍵となる地形を緊要地形（key terrain）と言う。

ソ連軍にとって、それよりも大きなミスは、後続の第一梯隊が日本軍の砲撃を避けようと、先遣隊に続いて内陸に入ってしまったことだった。結局、ソ連軍は日本軍の側防陣地を一つしか潰せなかった。混乱に輪をかけたのが、上陸時に無線機のほとんどが海水に浸かり故障してしまったことだ。これで艦砲射撃の誘導ができなくなった。

もっとも、だからといって上陸が阻止されたわけではなかった。上陸海岸を制圧するに足る日本軍砲兵が存在しなかったからだ。仮に、大観台から四嶺山を連ねる稜線の南麓に野砲が一個中隊、一二門あれば、二〇分間の射撃でソ連軍海岸堡は文字どおり殲滅[6]されたであろう。

師団司令部へ、第七十三旅団司令部を経てソ連軍上陸の報が入ったのは〇二：〇〇過ぎのことである。堤師団長は攻撃によりソ連軍の上陸を阻止することに決した。

この判断は、「十八日一六〇〇時までに停戦の徹底」という命令によって戦闘時間が限られていること、水際陣地は強固だが複郭陣地は未完成であり、内陸での防御戦闘は難しい、といったことがもととなっている（師団作戦参謀・水津少佐の証言『戦史叢書』）。また、北部の配備は先述したように手薄で、ソ連軍先鋒が比較的早く前進してくることも考慮されたはずである。つまり迅速な攻撃を行えば、敵が総合的な戦力をフルに発揮できない流動的な「浮動状況」下での戦闘になると判断したとも考えられる。

もっとも、防御専一だった第九十一師団には攻撃計画は存在しない。したがって戦闘は遭遇戦の応用となる。事実、師団は隷下部隊に対し、各部隊に各個に任務を付与することで命令下達の速度を上げられるために、遭遇戦の際に使用される「各別命令」の形で命令を下している。

遭遇戦では、いち早く緊要地形を奪取することが求められる。また浮動状況ならば、一挙に上陸海岸に攻撃を行うことも可能かもしれない。なにより対上陸戦闘である以上、敵の海岸堡が固まってしまえばお仕舞いなのである。言うまでもなく、これは日本領・占守島を守るための島内での「防勢作戦」を全うするための「攻撃」行動であり、国外に攻め込む「進攻」作戦ではない。不法に侵攻してきたソ連軍を撃退する自衛戦闘なのであった。

戦車前へ

〇二：三〇、戦車第十一連隊に命令が下った。「工兵隊の一部を併せて指揮し、国端方面に急進し、敵を撃滅せよ」。

しかし「撃滅」という命令は、荷が勝ちすぎているようだ。これは命令に関しても曖昧な言葉遣いをする日本軍ゆえの慣用句の可能性が高い。そして日本軍では、大佐クラスになるとこうした曖昧な文言から上級指揮官の意図を読みとることができる。この場合、状況が許せば敵海岸堡への攻撃を行うが、まず為すべきことは、遭遇戦の第一段階、すなわち緊要地形を迅速に奪取・確保し、これにより味方主力の展開を掩護することである。

したがって池田大佐の隷下部隊への命令は、巷間伝えられる「戦車特攻」のような戦い方を想定していない堅実なものであった。各中隊への命令こそ目的を「撃滅」としているが、まず軽戦車からなる第四中隊を捜索にあたらせ、整備・補給部隊の待機場所や救護班の行動も指示している。戦闘に臨む指揮官としては当然の処置だ（章末「命令文」参照」）。

また、留守を預かる残留隊（指揮官は本部附築城掛将校の立石大尉）への命令には、「連隊の最期を見届け、状況により戦場の整理を担当せよ」（傍点筆者）とある。とはいえ、これもまたある意味当然の措置で、敵陣（とくに防備を固めた陣地）に突入する戦車隊は、勝利と引き換えに全滅する公算もまた大きいのである。

もっとも、ノモンハンの戦いにも参加した立石大尉は、「池田連隊長は死を覚悟していた」と戦後、第三中隊の小隊長・内田弘少尉に語っている。その内田も、池田大佐は死を覚悟していたと回想する。[*7] が、これについては後ほど述べよう。

堅実な命令を下した池田大佐ではあるが、出動後は、部下を煽り立てるような言動をとる。

「赤穂浪士となって恥を忍び後世に仇を報ずるか、それとも白虎隊となり民族の防波堤として玉砕するか」という有名な訓示は、連隊の出撃準備地点である天神山で行われたものだ。これは、終戦後の戦闘という異常な事態と、各中隊長をはじめ将兵のほとんどが初陣ということから、士気を高揚させるためのものであったろう。死を覚悟していた八月十五日以前と、兵器の廃棄を準備し、未来を語りあっていた十五日以後とは、将兵の精神状態は全く異なるのだ。

池田大佐と部下の間にはヒューマンなエピソードに事欠かないが、統率という点において彼は掛け値なしに優れた指揮官であったと言えよう。けれど冷酷な物言いをすれば統率とは戦闘のための手段だ。戦術単位部隊においては優れた戦術判断とともに「指揮」の両輪となる。

さらにこうした曖昧な文言を使用したり、士気が極度に高揚した部隊を率いる際は、指揮官は最先頭で部隊を確実に掌握しないと統制がとれなくなるのも事実だ。無論、遭遇戦では指揮官が先頭で、戦況を自らの目で確認するということが大前提ではある。

各戦車中隊は出動準備を開始した。だが兵器廃棄のため、戦車は燃料を抜き、無線機や砲弾、場合によっては砲まで降ろしていた。戦いは時間との勝負でもあった。霧のなか夏の夜が明けようとしていた。この日、占守島の日出は〇三：三〇頃である。

〇五：〇〇、出撃準備地点とされた天神山に連隊本部が進出。第四（軽戦車）中隊長・伊藤大尉が敵情報告に戻ってくる。

「既にその第一線は四嶺山に進出し、逐次兵力を増強中。兵力は迫撃砲を有する約一個中隊」。幸い、敵戦車の姿はなかった。

いまだ配属工兵も、池田大佐が命じた歩兵も到着せず、第一、第三、第六中隊の中隊長車、小隊長車、伝令車が逐次集結中といった状況だった。だが時間がない。連隊は集結を待つことなく進発した。

苦い勝利

連隊が四嶺山南麓の「匂い橋」手前に到着した時点で、ソ連軍右翼は完全に四嶺山の稜線を越えていた。しかし、その数は一個中隊程度。ソ連軍左翼は、訓練台に至る斜面を前進中だった。この時点で到着した戦車は二二両とされている（内田少尉の証言）[*8]。連隊はギリギリのところで間に合ったのだった。

連隊は、「匂い橋」を渡ると一挙に突入。ソ連軍を蹂躙し四嶺山稜線に到達した。

この戦闘で戦車三両が損失、指揮班長・丹生勝丈少佐が戦死した。丹生少佐は池田大佐がもっとも信頼する部下であり、マレー戦では島田戦車隊の配属小隊長だったという日本軍戦車隊のヒーローの一人である。

四嶺山奪取後、連隊の戦車はようやく三〇両を超す程度になっていた。

それでも戦車第十一連隊は四嶺山を完全に確保できたわけではなかった。村上大隊本部は、連絡下士官が戦車連隊と接触したのみで孤立しており、ソ連軍左翼の尖兵は豊城川の対岸を沓掛台付近まで浸透していた。この敵に、本隊を追及中だった軽戦車一両が撃破されている。

前出の長島大尉が「騎兵らしく鋭敏」[*9]と評した池田大佐の決断は、果敢なものだった。四嶺山北東に後退したのちに逐次集結中のソ連軍を攻撃しようとしたのだ。より正確に言えば、戦車が土地を確保するということは、所在の敵を攻撃により撃破するしかないのである。

そして四嶺山北東麓に蝟集する敵を撃破すれば、その衝撃でソ連軍は一挙に崩壊する可能性が高くなる。すなわち、戦車のもつショック・アクションを最大限に発揮し、海岸から上陸軍を追い落とすのである。ただし、四嶺山麓を流れる豊城川が攻撃方向に存在するので、一躍進で海岸までは到達できない。それでも、攻撃から攻撃への間が、歩兵に比べて圧倒的に短いのも戦車隊の特質である。

問題は、敵方斜面を下るときに艦砲射撃を受けないか、である。だがおりから霧が深くなり視界が悪化した。池田大佐はこれに賭けた。

「機を失せず敵を急襲し一拠（ママ）に敵を圧倒して水際に撃滅せん」

指揮官旗代わりの日章旗が教範どおりに敵方に大きく振られた。前進の合図だ。ときに〇七：三〇。

バラバラの出動で正規編成がとれない状況から、連隊は、本部を中心にした横一線の単純な隊形で、一斉に前進を開始した。駆けつけた第二中隊主力が間に合い、戦闘に加入する。全てを隠す霧の中の激闘は約一時間余り続き、戦闘が終わったとき、ソ連軍は海岸まで壊走していた。

しかし連隊は、池田連隊長をはじめ、副官、第一、第二、第三、第六中隊長が戦死。さらに遅れて戦場に到着した第五中隊長も単身敵中に入り、自決同然の戦死を遂げた。

池田大佐が海岸方向への攻撃を決断したとき、ようやく上陸が終わったソ連軍第二梯隊の指揮官アルチューシェン大佐が、独断で一〇〇挺の対戦車銃と、揚陸した四門の対戦車砲を前線に送り込んでいたのである。艦砲射撃を無効にするはずの霧は、同時に戦車の視界を遮りソ連軍歩兵の近接攻撃を許した。戦車第十一連隊は、ソ連軍を撃退することに成功したが、自らは対戦車火網に絡め取られたのであった。

戦車連隊はしかし、「玉砕」したわけではなかったし、戦いが終わったわけでもなかった。この戦闘での戦車の損害は二〇両。まだ額面上の戦力は残っている。それを実質的な戦力にしようと奮戦したのが、連隊の指揮権を継承した第四中隊長の伊藤力男大尉であった。

連隊の翼側掩護の任にあったことで、辛くも生き残った伊藤大尉は、同期生の長島大尉によれば「部下に慕われた穏和な秀才」[*10]だったと言う。伊藤大尉も、他の中隊長や小隊長のように初陣であったが、連隊長や中隊長が戦死したことから、混乱し激昂している小隊長たちを宥めすかし、説得し、午後には連隊の統制を回復した。

ソ連軍は粘り強く攻撃を再興しようとし

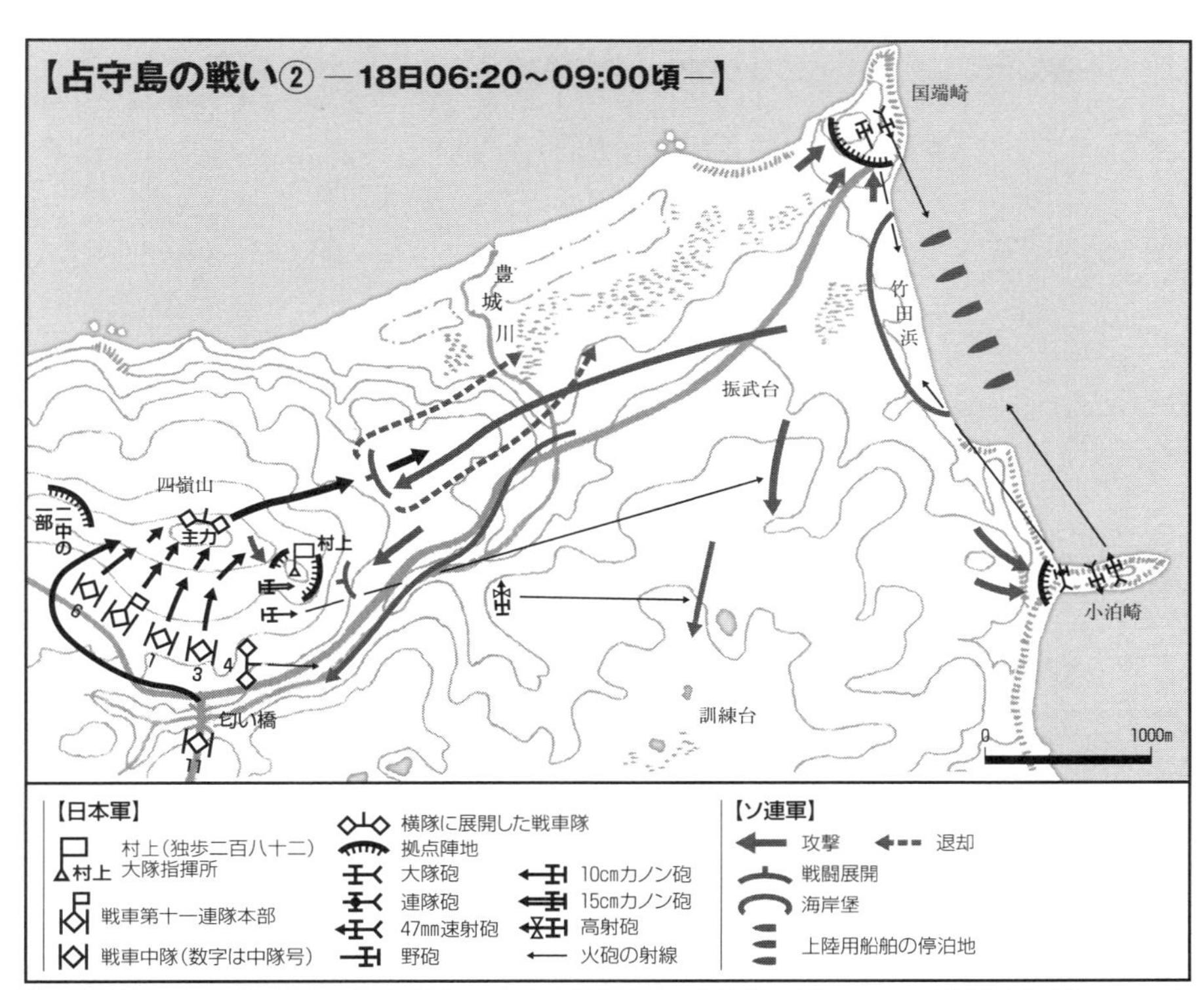

戦車連隊は、各中隊の集結が完了しないまま、四嶺山のソ連軍を攻撃。ついで連隊長の指揮のもと主力は一斉に四嶺山東麓を攻撃前進するソ連軍に突撃を敢行した。戦車連隊は大きな損害を被ったが、ソ連軍は海岸に退却するほかなかった。

ていたが、日本軍は、すでに上陸海岸を瞰制する高地帯に砲兵を含む部隊を続々と展開させつつあった。

おそらくこのまま状況が進めば、明払暁には、歩砲戦協同の一大攻撃を発起し、ソ連軍を海に追い落とすことができたであろう。戦車第十一連隊は、大損害と引き換えに、主力展開のための貴重な時間と土地を稼ぎ出したのである。

しかし第五方面軍からの再度の停戦命令により、攻撃は行われなかった。以後、停戦交渉と戦闘が併行して続けられ、二十二日に第九十一師団は正式に降伏する。

占守島の戦いにおける勝敗の要因は、つまるところソ連軍の戦力不足にあった。彼らが前提とした「士気を阻喪した日本軍」が存在しなかった時点で、勝ち目は失われていたのである。一方、日本軍は、常ならば敗北への第一歩となる、彼我の状況を冷静に判断しない「攻撃への反射的な移転」が、この戦いにかぎっては正しかった。こ

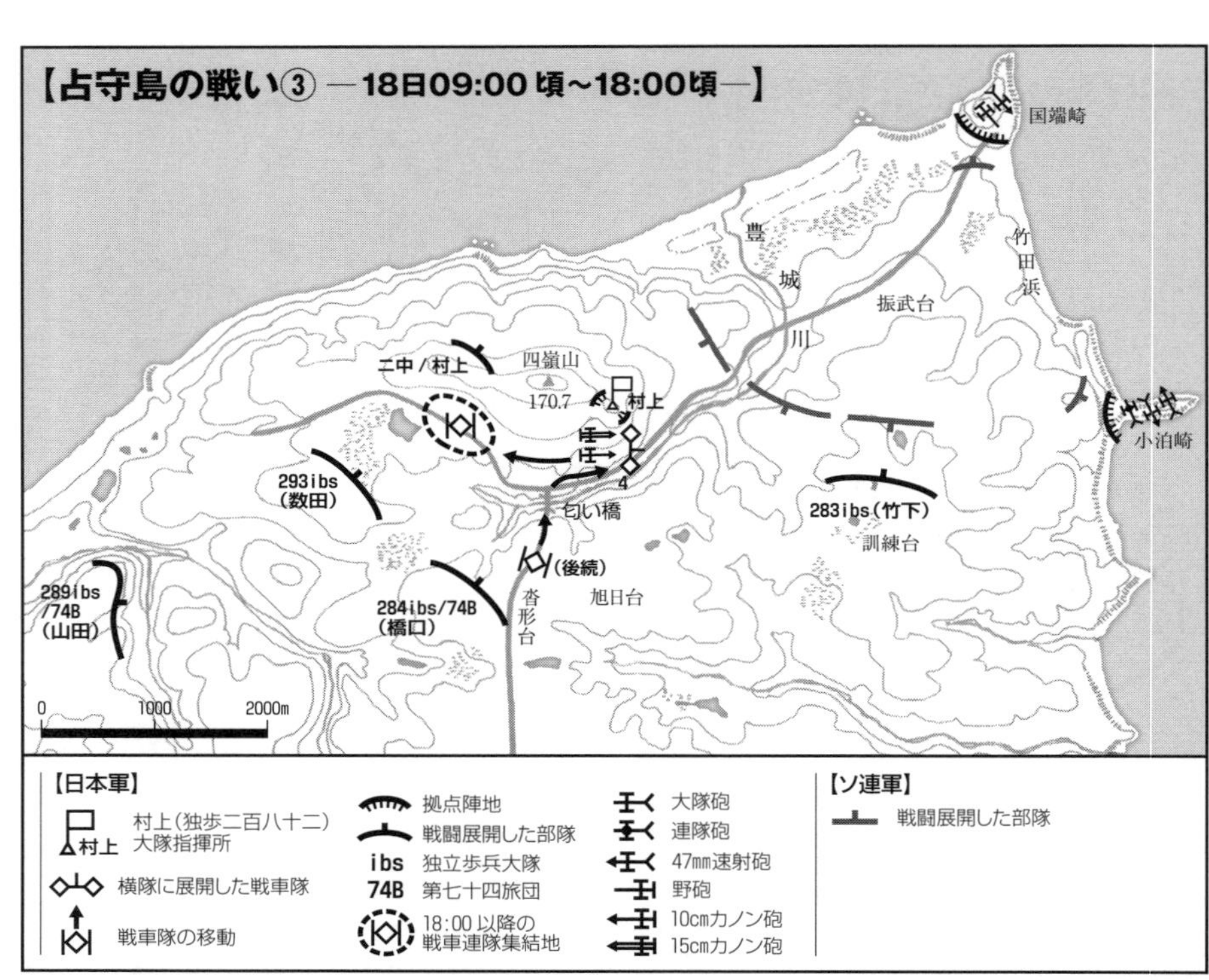

戦車第十一連隊の攻撃で、一旦は海岸まで退却したソ連軍であったが、午後には部隊を整えて再度前進。海岸堡を形成できた。しかしこの間、第九十一師団も増援を送り込んだ。日本側は海岸堡を見下ろす緊要地形である四嶺山を確保し、日本側有利の態勢で戦闘は膠着状態となった。そしてこの態勢をつくり出したのが、戦車十一連隊の突撃であった。

の結果、準備不足の上陸作戦によって迅速に海岸堡を設定できないソ連軍よりも、その行動速度が相対的に上回ったのだ。

そして師団司令部の条件反射的な攻撃命令を「実行可能」なものにしたのは、池田末男率いる戦車第十一連隊の奮戦だった。池田大佐の状況判断と決心は常に正しかった。さらにそれを敗戦直後の戦闘という異常な状況でありながら部下を確実に掌握して、実際の戦いに結びつけたのは池田大佐の優れた統率力であった。

しかしながら、その正しい判断のもとでさえ大きな損害が出たのは、戦車に随伴できる機械化された歩兵・砲兵が存在しなかったことが原因であり、そこに日本陸軍の限界を見ることもできる。

池田大佐が、戦車学校の教官を務めていた時期、日本陸軍には、戦車、機械化歩兵、機械化砲兵で編成された機甲軍が存在していた。列国に比べれば未熟ではあったが、その「新しい軍隊」の教育に携わっていた池田大佐は、日本陸軍の限界を認識していたであろう。それゆえに、部下たちが戦後語るように、彼は戦いにおいて終始一貫、死を覚悟していたのではないだろうか。

●註

＊1＝のちにスターリンは釧路—留萌以北の北海道割譲を提案したが、トルーマンは拒否した。また当時のソ連軍に北海道まで大規模渡洋侵攻をする能力（とくに船舶輸送能力）はなかった。

＊2＝日本標準時プラス三時間がカムチャツカ現地時間。

＊3＝ロシア、ソ連軍では歩兵を伝統的に狙撃兵と呼ぶ。したがって狙撃師団は各国の歩兵師団に該当する。

＊4＝日本軍には「遅滞」という戦術が存在しないが、村上大隊に与えられた任務は、広義の意味で遅滞に該当するので、便宜的に遅滞とした。なお遅滞行動は戦力を温存しながら時間を稼ぎ、そのために土地を犠牲にする（土地と時間を交換する）戦術行動である。

＊5＝長島厚・元大尉の証言（大野芳『8月17日、ソ連軍上陸す』より）。

＊6＝上陸海岸を正面二〇〇〇メートル、縦深一〇〇メートル、すなわち二〇ヘクタールとし、この面積での暴露目標に「殲滅的損害」を与えられる数値である七・七センチ野砲弾二〇〇〇発（日本軍砲兵のデータ）から算出した。ただし実戦のため砲撃時間はこれより長くなる可能性がたかい。

＊7＝大野芳『8月17日、ソ連軍上陸す』。
＊8＝前掲同書。
＊9＝長島厚・元大尉の証言。二〇一一年二月筆者聴取。
＊10＝注9に同じ。

●参考文献

防衛庁防衛研修所戦史部『戦史叢書　北東方面陸軍作戦〈2〉』（朝雲新聞社、1971年）
大野芳『8月17日、ソ連軍上陸す　最果ての要衝・占守島攻防記』（新潮社、2008年）
中山隆志『1945年夏　最後の日ソ戦』（中公文庫、2001年）
ボリス・スラヴィンスキー著・加藤幸廣訳『千島占領　1945年　夏』（共同通信社、1993年）
戦車第十一連隊史編集委員会『戦車第十一聯隊史』（1976年）
赤軍参謀本部（偕行社編纂部訳）『1936年発布臨時赤軍野外教令』（偕行社、昭和12年）
『作戦要務令』（池田書店、1974年、復刻版）
教育総監部『㋖戦車隊教練規定』（昭和17年）

補足資料

捷作第五七号、戦車第十一連隊命令
〈本部・各隊宛〉
・本朝〇二一〇ソ軍約二コ大隊が国端岬付近に上陸、第一線守備隊はこれと交戦なり。捷部隊は主力をもってこれを攻撃、敵を水際に撃滅せんとす。
・各戦隊（左、竹下大隊、右、数田大隊）は配属の戦車中隊の全部及び歩兵一個中隊を予の直接指揮下に入らしむべし。
・戦車第四中隊長は国端岬付近の敵情を捜索し、〇五〇〇天神山に於て予に報告すべし。
・各戦隊長は爾後旅団長の直接指導を受くべし。

・各中隊（抽出中隊を含む）は直ちに戦闘準備を完了し、速やかに天神山に集結すべし。
・予は〇五〇〇天神山にあり。
〈連隊本部宛〉
・整備中隊長は修理、補給小隊を大観台に進出させ、待機すること。
・木下軍医少佐は医療器材をトラックに積載し、救護班を指揮して本部に追随せよ。
・築城掛将校高石大尉は残留隊長となり残留者を併せ指揮し、本部の機密書類の焼却に任ずるとともに本部との連絡に当たること。若し、敵が長崎、陰ノ澗に上陸して来た場合は残留隊をもってこの敵を攻撃せよ。敵の上陸のない場合は現在地に在って連隊の最期を見届け、状況により戦場の整理を担当せよ。
・連隊本部の出発は〇四〇〇と予定する。戦闘準備の出来た車両より道路上に集合せよ。

『戦車第十一連隊史』より

ハルハ河の前線へ向かう日本軍戦車
【第十一章】

擱座したソ連軍装甲車と重機関銃を撃つ日本兵たち
【第十一章】

1939年、ゲオルギー・ジューコフ（右）と”モンゴルのスターリン”、チョイバルサン（左）【第十一章】

訓練中の戦車第十一連隊の九七式中戦車。四嶺山から、国端崎と竹田浜方面を望む
【第十二章】

補章　戦術解説Ⅰ

白兵夜襲vs.最終防護射撃

第一次世界大戦が生み出した肉弾と火力

それは、無謀と
単なる物量頼みだったのか、
兵力を戦力化するための思考

太平洋戦争、日米の陸上戦の象徴とも言える日本陸軍の夜間攻撃、「白兵夜襲」。それに応ずるアメリカ軍の熾烈な防御火力、「最終防護射撃」。

それはのちに「無謀」と「物量頼み」という定冠詞がつけられることとなる。

はたしてそれは本質を表した形容なのか。それとも表層的な見方にすぎないのか？　攻防の刹那に浮かび上がる、日米の戦術を分析する。

異星人との戦い

攻撃は失敗だった。

大本営から現地の第十七軍、攻撃を実際に指揮する第二師団まで、絶大な期待を抱いて行われた昭和十七（一九四二）年十月二十四日のガダルカナル島ルンガ（ヘンダーソン）飛行場に対する総攻撃は、翌二十五日まで続いたが失敗に終わった。

人跡未踏のジャングルに、ろくな地図も工兵器材もないまま師団単位の兵力を通過させようとした作戦計画は、杜撰もいいところだった。各部隊は攻撃のための展開どころか、行軍縦隊のまま各所で寸断され、兵士たちは疲労の極に達していた。あまつさえ肝心のアメリカ軍陣地の状況すら皆目つかめていなかった。

この攻撃で連隊長が戦死し、軍旗も失った歩兵第二十九連隊の戦闘詳報は――日本軍の公式文書には珍しく――上層部を批判している。

「（前略）翻って作戦計画より其の適否を検討せば其の禍根の何れに在りや明瞭に断じ得べし」

同じく第二師団の歩兵第十六連隊大隊長・源紫郎少佐は、攻撃直前の打ち合わせのさい、

「ここに来て、連隊長殿はわれわれに一体どうしろといわれるのでありますか」

と異例の発言をした。それに対する連隊長宏安大佐の答えは――まるでお約束のように――、

「皆の命はもらった」

であった。

すくなくとも連隊長・大隊長クラスにとって攻撃の失敗は明白なものだった。だが、作戦が計画どおり進んだとしても攻撃は失敗したであろう。迎え撃つアメリカ軍の火力は彼らの予想以上だったのだ。

実際に攻撃を行った、または行おうとした第一線部隊に、猛烈で正確な銃砲火が襲いかかった。八月二十一日の一

木支隊の全滅（第三章）から、九月十四日の川口支隊の攻撃失敗。そして今また第二師団の総攻撃の失敗。さらには太平洋戦域の各地で日本軍の攻撃を事もなく破砕し、その突撃に後世「無謀」の定冠詞をつけさせるようになったアメリカ軍の編み出した防御射撃である。

その凄まじさは、歩兵第二十九連隊の尖兵中隊長として真っ先にアメリカ軍の陣地に突撃し、辛くも生還した勝股治郎大尉の著作『ガダルカナル島戦の核心を探る』によれば「文字どおりの火の槍」であり「消防ホースから水が出るように」「三〇秒から一分間」もの長時間「敵が居なくても射つ」というものであった。ちなみに連続発射火器であっても、機関銃の射撃は一般に数発ずつに区切って行うから、これは異常な射撃方法と言えた。さらに――勝股大尉の観察によれば――三〇メートル四方の四隅に二・五秒間隔で撃ち込まれる迫撃砲弾がそこに覆いかぶさった。それは単なる物量の賜ではなかった。歩兵の突撃が戦闘に決着をつけた最後の戦争、すなわち第一次世界大戦の経験を踏まえ、イギリス軍のＳＯＳ射撃に範をとってアメリカ軍が編み出した防御射撃であった。

これを一般的には「突撃破砕射撃」、正しくは（アメリカ軍のマニュアルの用語を使用すれば）「Final Protective fire＝最終防護射撃（略称ＦＰＦ）」と呼ばれる。

勝股大尉は、こうも記す。

「……もはや異星界の出来事かと思われるばかりであった」と。

静粛夜襲

「最終防護射撃」について述べる前に、まず日本軍の突撃について説明する必要がある。というのも、アメリカ軍の「最終防護射撃」が威力を発揮したのは、日本軍がもっぱら白兵突撃を繰り返したからである。

現在の目で見れば日本軍の白兵突撃は、確かに無謀である。しかしそれを単に「無謀」と言い切ってしまうのは皮相な観察だろう。少なくとも日本軍の突撃戦術は、最終防護射撃と同様に第一次大戦の教訓から導き出され、そこには一定の合理性が存在するからだ。

第一次大戦の中盤以降になると、突撃は従来の横隊散兵を重ねたものから、軽機関銃を先頭にした多数の小部隊(「戦闘群」と呼ばれる)を各個に躍進させるものに変わった。この〝戦闘群戦法〟に対応するため、日本軍は早くも大正十一年(一九二二)には軽機関銃[*1]を制式化している。

突撃まで含めた日本軍の攻撃方法は、砲兵の急襲射から始まり、その砲撃から敵が立ち直らないうちに、歩兵砲や重機関銃といった歩兵用重火器を伴った歩兵部隊が分隊ごとに相互に掩護しながら躍進。次に、歩兵用重火器が敵のトーチカ等の火点を潰している間に軽機関銃を持った各分隊が突撃に転じるというものであった。つまり欧米各国と、その基本となる部分は同じなのである。ただし、日本陸軍の攻撃戦術の最大の特徴は、奇襲に重きを置くことと、敵の弱点へ攻撃を指向することであった。

これは端的に言って、砲弾量や機動力も含めて、自軍の砲兵が劣弱であるという認識に基づく。運動戦を戦う日本軍にとって砲兵の機動力を増すためにも、大量の砲弾を運ぶためにも、機械化が必須だったが、その機械化率は低く、砲兵はしばしば戦機に間に合わない存在であった。したがって「速戦即決」のための包囲殲滅と相まって「側背への放胆な機動」や「夜襲」がなによりも重視され、かつ敵の砲火を冒して前進するために、損害にたじろがない「必勝の信念」が称揚された。

夜襲がとくに重視されたのは、夜間ならば砲兵をはじめとした防御側の火力の発揮が困難になるという理由からであった。また第一次大戦なかばから陣地は縦深陣地となったが、攻撃側砲兵に狙われやすい陣地前方の守備兵が少なくなっていたのも好都合であった。

ここで日本陸軍が考えたのが、昼間ならば守備側の阻止弾幕が張られる地域と各前哨拠点の間隙を、闇に紛れて一挙に「浸透濾過」してしまうということであった。そして火器を使用せず白兵をもって主陣地に殺到するのである。いわゆる「静粛夜襲」という戦法である。日本軍の軽機関銃には他国に例を見ない着剣装置[*2]が付いているが、その理由の一つは夜襲のさいに軽機関銃手を白兵戦に参加させるためである。

しかしながら、こうした戦術は、いつしか教条化、硬直化していった。それは日露戦争以降に形作られた「国軍の伝統」という名の「夜襲信仰」という組織文化を大きな背景として、日中戦争と緒戦の快進撃を要因とする。日本陸軍は、日中戦争の長期消耗戦のなかで火力を重視した装備を導入することが不可能となっていた。また一方、戦術次元での勝利が続く以上、白兵突撃と夜襲は正しい方法だったからだ。

さらにガダルカナル島の戦いからニューギニアの戦いまでに、この定形化された戦術を当てはめてみれば、日本軍の視点では次のような〝利点〟が浮かび上がる。

密林に覆われた地形は、部隊を遮蔽できるため砲撃も空襲も避けることができる。また密林ゆえに攻撃する側の行動が困難ならば、アメリカ軍の警戒も緩く、つまり弱点となる側背を奇襲攻撃できる、と。

本来、第二師団の総攻撃は、重砲兵も使用した正攻法であった。だが、砲撃の観測に必要な高地を取られ、輸送作戦の失敗から、予定していた火砲の数が揃わなくなると、まるで川口支隊の轍を踏むかのようなジャングルを迂回する奇襲へと、作戦を急遽変更してしまう。この衝動的[*3]とも言える決心変更の理由には、ドグマ化した戦術思想が存在していたのではないだろうか。

アメリカ軍の防御戦術

第二次大戦当時のアメリカ軍は自らの防勢的な軍事行動を、将来の攻撃が有利となるように時間の余裕を得る（兵力の集中を待つ）ためと、重点に兵力を集中できるように他の正面の兵力を防御によって節約するためとしていた。したがって渡洋進攻作戦での海岸堡防御は前者となる。

その防御形式は、さらに三つに区分される。一つは敵の攻撃が切迫した場合、もしくは遭遇戦が不利になった場合の「展開防御」。二つ目は敵の攻撃に先立ち、陣地を構築する「陣地防御」。三つ目が軍団以上の大兵団が大規模に陣地を構築する「地帯防御」である。この区分を上陸作戦に当てはめると、上陸直後が展開防御、海岸堡の確立から内

●「最終防護射撃VS.白兵夜襲」

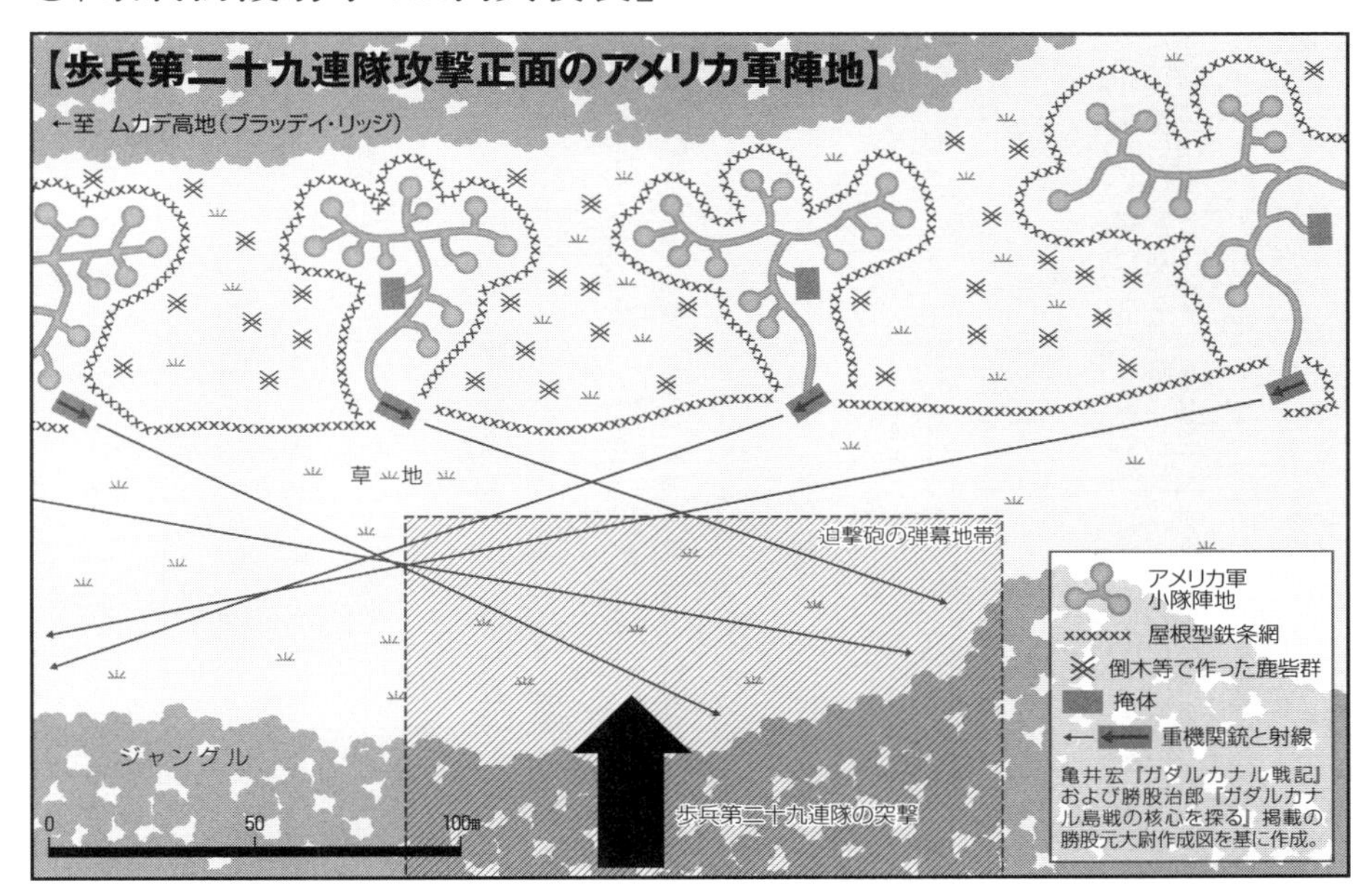

（上図）昭和17年10月24日に行われた、ガダルカナル島の日本軍第二師団による第二次総攻撃における歩兵第二十九連隊の状況。第二十九連隊はジャングルを出た草地で機関銃の火網に捕らえられるとともに迫撃砲の弾幕に包まれた。（下図）日本軍が夜襲や密林を利用するのは、敵の火砲を無効化するためだった。しかしガダルカナルの歩兵第二十九連隊の例に代表されるように、日本陸軍の「得意技」は粉砕されることになった。

陸への進撃までの間が陣地防御となろう。

そこで、本章では陣地防御について、より具体的に述べていこう。

戦術単位となる連隊（歩兵連隊）で陣地防御を見た場合、その陣地は主抵抗線から連隊予備線まで四線で構成され、縦深は一九三〇年代で約七〇〇～一六〇〇メートル、一九四〇年代以降では一五〇〇～二〇〇〇メートルであった。主抵抗線は、中隊単位の拠点式陣地で構成される。また、火力は主抵抗線前線にわたり均等に配分される。

さらに防御の特例として、孤立した部隊は全周を防御するとなっているが、これは上陸した部隊にも当てはまることであった。つまり均等に配分された火力とともに、アメリカ軍の海岸堡には、弱点とされる側背は存在しないのだ。

主抵抗線の前方には、警戒部隊による前哨が配される。興味深いのは、この警戒部隊は、敵の本格的な攻撃以前に退却するように指導されていることだ。つまり他国の防御陣地のように、主陣地前方の、いわゆる前地において、敵に戦闘を強要して主陣地への接触を遅らせるようなことはしないのである。

もっともこれでは、塹壕戦となった第一次世界大戦を教訓にして、陣地突破力を向上させたポスト第一次大戦型の軍隊ならば、容易に主抵抗線に到達してしまうであろう。だが、アメリカ軍の場合はそれでかまわなかった。なぜなら、陣地防御の根本が、陣地前（主抵抗線の前）で火力によって敵を破砕することを目的としているからである。

彼らのマニュアルには、「全ての防御火力を集中して主抵抗線の前方において敵の攻撃を破砕」するとなっており、また主抵抗線が突破された場合、予備による逆襲で、主抵抗線を回復するとしている。主抵抗線こそ突破されなかったが、八月二十一日の一木支隊を壊滅させた戦闘に、それはよく表れている。

しかし、火力に依存したアメリカ軍の陣地構成には欠点があった。夜間戦闘に弱いのである。夜間は、砲兵の使用が難しいからだ。このため、アメリカ軍は、日没以後には主抵抗線前方に歩哨や斥候を派出し、聴音哨を設けて敵の動向を察知するべく努める。太平洋戦争では聴音哨には集音マイクが配備された。[*4]

そう、日本軍が疫病神のように嫌った「マイク」である。もっともなかば伝説ともなったこの〝兵器〟、マイクとスピーカーが一対になった機構上、嵩張る存在のうえに集音能力も低く、日本側の戦記に見られるようなピンポイン

【アメリカ軍の防御陣地構成とFPFの概念】

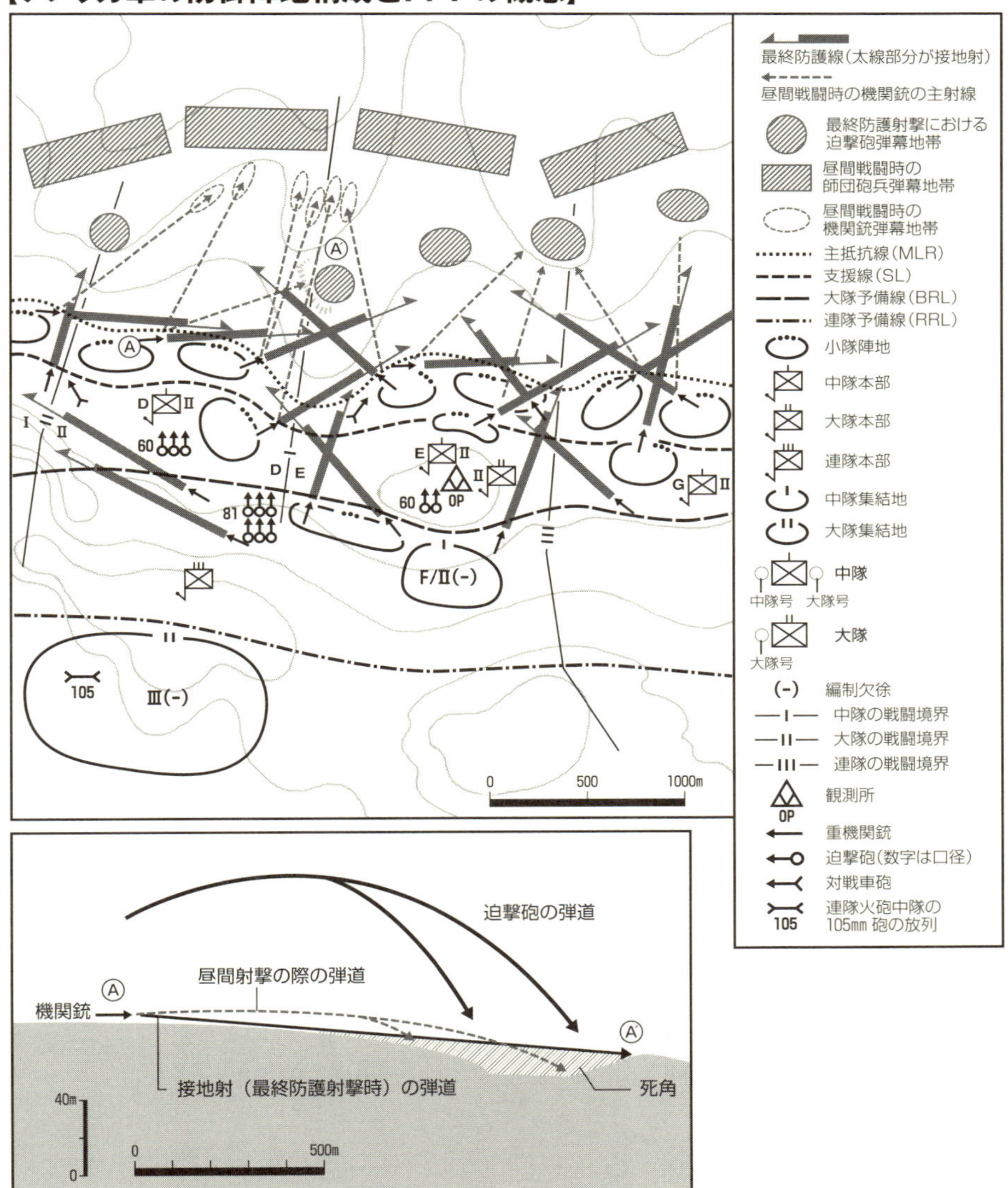

上図はアメリカ軍防御陣地の構成を表したもの。敵の突撃を破砕するのは主抵抗線（MRL）の前面であり、師団砲兵の弾幕地帯が覆っている。機関銃の最終防護線（突撃破砕線）は、斜射・側射で火網を構成している。通常は主抵抗線の前で敵の突撃を破砕するが、突破された時には後方の予備による逆襲で主抵抗線を回復する。右図はＡ～Ａ´の地域の断面で見たもの。Ａ～Ａ´間は、地形の関係で接地射では死角が発生する。このため迫撃砲を使用して死角を弾幕地帯とした。

トでの位置の測定などはできなかった。それでも後述するように、アメリカ軍の夜間陣地防御には欠くべからざる存在であった。さらに夜間には、主抵抗線に自動火器を増加配備し、また各防御線より一線ずつ予備部隊を前方に繰り上げて配置する。

第一次大戦では、部隊を前方に集中配備すると砲撃によって陣地の戦力を一挙に失うという戦訓があった。だからこそ、先述したように陣地前方の守備兵を少なくしたのだが、アメリカ軍は、敵もまた夜間は砲兵を使用しにくいということを逆手にとり、主抵抗線に兵力を集中したのである。

そしてこの集中された〝兵力〟を〝戦力化〟し、陣地構成の欠点を逆転するのが「最終防護射撃」なのである。

最終防護射撃

最終防護射撃は、昼間の戦闘でも使用するが、その効果をもっとも発揮するのが、夜間戦闘であった。そしてそれは、重機関銃と迫撃砲の特性を巧みに組み合わせたものであり、さらには夜間射撃が困難な火砲もまた使用した。

最終防護射撃で主役となるのは重機関銃である。機関銃の射線は、陣地前面を斜射・側射、もしくは拠点式に設けられた陣地間の間隙を塞ぐように事前に設定する。これを最終防護線・突撃破砕線、あるいは最後の火制線と称し、防御戦闘のさいに使用される射撃図には、特別に太い線で描かれた。

射撃は、この最終防護線に射線を固定した「固定射」となる。また射距離は、弾道が人間よりも低い空間を飛ぶ距離に設定する。こうした地面すれすれに弾道を設定した射撃は、「接地射」とよばれる。

迫撃砲の役割は二種類に区分される。中隊・大隊に装備される六〇ミリと八一ミリ迫撃砲は、凹地や地面の起伏の反対側といった機関銃火の死角を閉塞する。連隊火砲中隊の迫撃砲は、火砲中隊の一〇五ミリ砲とともに、敵の接近経路を砲撃する。

迫撃砲の射撃は弾幕射撃で、例えば四・二インチ（一〇七ミリ）迫撃砲の場合、小隊四門で幅一五〇メートル、縦深一〇〇メートルを有効破片で覆う。そしてこれらの迫撃砲は、事前に試射を行い砲撃用の各種データである射撃諸元を決定しておく。こうした砲撃ならば性能の低い集音マイクでも、敵の概略の位置がわかればよいのだから有効に働く。事実、川口支隊の攻撃に対しては砲兵隊が活躍しているのだ。

最終防護射撃の発動は、射撃要求権者として指定された指揮官（通常は、第一線守備の中隊長たち）の要求に基づき、〝自動的に開始〟される。どこかでマイクに引っ掛かった（かもしれない）瞬間、アメリカ軍陣地が一斉に火を吹くという、日本軍側の印象は、これに起因するのである。

各種の火器の射撃速度は、あらかじめ計画されるが、通常は最初の二分間を、最大発射速度をもって行う。すなわち機関銃で毎分二五〇発、迫撃砲なら三〇発となる。

最終防護射撃とは、ある意味、常識はずれの防御戦術であった。狙って当てるのではなく、確率論的に敵を殺傷するものだからだ。ただしそれは、第一次大戦で登場した砲兵の「固定弾幕射撃」の応用ではあった。イギリス軍が、夜襲に対抗して編み出したのが、固定弾幕射撃を利用したＳＯＳ射撃である。アメリカ軍が、それを新しい戦争にモデファイしたのが最終防護射撃なのである。

これは火力の応酬により人員を殺傷し、兵器を破壊することで戦闘の決をつけるという、消耗戦という戦いの様態に立つのならば、正しく戦闘の原理に則ったものだったと言えよう。

さらにアメリカ軍は、照明弾の大量使用によって夜を昼に変え、艦砲射撃を組み込むことで、ジャングルそれ自体を吹き飛ばした。主抵抗線で惜しげもなく消費される大量の弾薬もさることながら、火力の集中にともなう物量の問題は、ここでようやく注目されるべきものなのである。

帝国陸軍は、巨大な火力戦であった第一次大戦の戦訓のなかから唯一、劣弱な火力でも勝機を見出した。すなわち、戦闘群戦法による夜間浸透である。だがその「必勝の戦法」は、アメリカ軍の最終防護射撃の前に潰えた。それは、帝国陸軍が、すくなくとも戦術次元においては、攻撃し勝利を得る術がないことを意味していた。

●註

＊１＝十一年式軽機関銃。ただし分隊に一挺の配備が原則になるのは、昭和十二年（一九三七）から。『歩兵操典』の改正もこれに合わせたもの（当初は「草案」のまま使用し、昭和十五年に制式となる）。

＊２＝着剣装置は、昭和十三（一九三八）年制式の九六式軽機関銃より設けられる。

＊３＝大本営派遣参謀・辻正信中佐の無責任な偵察報告が存在したが、作戦変更の経緯は現在も不明な部分が多いとされる。

＊４＝戦争後半になると、日本軍の夜襲が定形化されていることから、孤立して損害を出しやすく、また味方の誤射を受ける可能性が高い、斥候（駐止斥候）は出さなくなる。

●主要参考文献

勝股治郎『ガダルカナル島の核心を探る』（文京出版、１９９６年）
亀井宏『ガダルカナル戦記　第二巻』（光人社、１９７５年）
白井明雄『日本陸軍「戦訓」の研究』（芙蓉書房出版、２００３年）
山内正文歩兵中佐「米軍の防禦に就いて」『偕行社記事昭和十年十一月特報』（偕行社）
教育総監部編『米陸軍歩兵操典』『米英軍常識』（昭和18年）
FIELD SERVICE REGULATIONS　FM100－5 OPERATONS（1941）　＊web版

補章　戦術解説Ⅱ　日本陸軍の対上陸戦術

「半渡を撃」てず。「守るに足らず」。

戦術は、
それのみが単独で
存在するわけではない。
“玉砕”をもたらした
戦略 - 作戦 - 戦術の乖離

次々と玉砕する島々。

日本陸軍は、島嶼防衛においてアメリカ軍の侵攻を撃破することができなかった。そしてその敗因は「水際防御」にあるとされてきた。しかし、上陸の瞬間、水際こそが、強力な攻者がその全力を発揮できないチャンスではないのか。

愚策とされた水際防御の背後にある敗因の本質を、教範をもとに分析すると、何が見えてくるのだろうか。

孫子の言う「半渡を撃つ」ことができなかった理由はどこにあるのか。

「あ号教育」と対上陸作戦

日本陸軍は自らを、「東亜ノ大陸ニ於イテ」敵を「捕捉殲滅」し、「速戦速決（ママ）」をもって戦争を終始する軍隊と信じていた。つまり、太平洋の島々に来寇する敵を迎え撃つための軍隊ではなかったのだ。

そのためか日本陸軍は、対米戦を始めるまで、アメリカ陸軍について組織的な研究を行ってはいなかった。日本陸軍が、アメリカ軍に対して本格的な研究を始めるのは、すでにガダルカナル島で敗退し、アッツ島守備隊が全滅した昭和十八年（一九四三）夏以降であった。それでも陸軍は、大正年間にアメリカ軍の『上陸作戦』や『歩兵操典』といった各種教範を翻訳し、また『対米戦法研究ノ参考』といった文書を作成しているが[*1]、それが開戦前に総合的に研究され、活用された形跡はない。ずいぶんとフマジメな組織ではある。もっとも陸軍の立場で見れば「大東亜戦争」とは、南方資源地帯を奪取し、それによって長期持久を図ることだったから、主にアメリカ海軍と戦う太平洋は、陸軍の能力からも戦略からも、本来は海軍が担当する戦域でしかなかった。

昭和十八年九月、同年の五月から大本営に列席するようになった教育総監が、隷下の各種学校に対し、以後の研究は主として対南方作戦に転換せよとの訓令を出す。これが「あ号作戦／あ号教育」である。これまで参謀本部第一課（教育）、同第二部（情報）、教育総監部で個別に行われていたアメリカ陸軍に対する研究と教育が、ある程度総合的に行われるようになったのは、ここからである。

同月、「絶対国防圏」が設定され、中部太平洋方面への陸軍部隊の本格的な派遣が決定される。

これを受けて、十月一日、初の対上陸防御マニュアルである『珊瑚島嶼ノ防御』が公布され、十日には具体的な防御構築物のマニュアルである『島嶼防禦参考資料』が完成する。さらに十一月十八日、サイパン戦からペリリュー戦までの対上陸ドクトリンとなった『島嶼守備部隊戦闘教令（案）』が公布される。

この教令案が公布された三日後、ギルバート諸島のマキン、タラワ環礁にアメリカ軍が侵攻、同地は二十三日に陥落する。マキン、タラワ環礁を守る海軍陸戦隊は、陸軍の『歩兵操典』を学び、またその陣地は陸軍築城本部の指導によって築かれたものであった。

水際撃滅主義

対上陸作戦の教範類が作成される以前、すなわち『作戦要務令』の「河川防禦」を応用したアッツ、キスカ両島の防衛計画の段階から、日本軍の上陸防御は水際撃滅主義であった。現在の目から見れば、自暴自棄のような突撃で〝玉砕〟を繰り返した水際防御ではあるが、しかし、上陸軍を「撃滅」するには水際、つまり汀線付近に戦力を集中するのが戦理的には正しいのである。というのも、攻者は防者よりも総合的な戦力に優っているから攻撃するわけだが、河川であろうと海洋であろうと、攻者は水際では水・陸に分断され、戦力の優位を発揮できない。いわば孫子で言う「半渡を撃つ」だ。

この水際防御の本質は、硫黄島において栗林中将の前任者である大須賀應(ことう)少将が述べた訓示によく表れている。

「――前略――逐次上陸してくる敵を、各個撃破すれば相対的に劣勢ではない」

また、上陸戦闘を一般的な地上戦に喩えると、遮蔽物のない場所で行う距離の長い突撃に喩えることができる。こうした突撃は、防者の火器で簡単に撃破できる。

日本陸軍の「水際撃滅構想」には以上のような戦理に、島嶼という地形的な要素と、昭和十八年前半までのアメリカ軍との戦闘経験が加わる。

地形的な要素とは、守るべき島のほとんどが珊瑚礁に浮かぶ小島嶼で、防御の基本である縦深陣地が構成できないことである。またアメリカ軍との戦いの経験とは、彼らのこれまでの上陸パターンと海岸堡設定の素早さへの認識である。『珊瑚島嶼ノ防禦』の諸言では、要旨、〝米軍は、機械力、技術力が良好で、地形にかかわらず陣地構築や飛行場設定が迅速〟と述べられている。実際、ソロモン・ニューギニア方面の戦いでは、マッカーサー率いる南西太平洋

●対上陸防御の目的

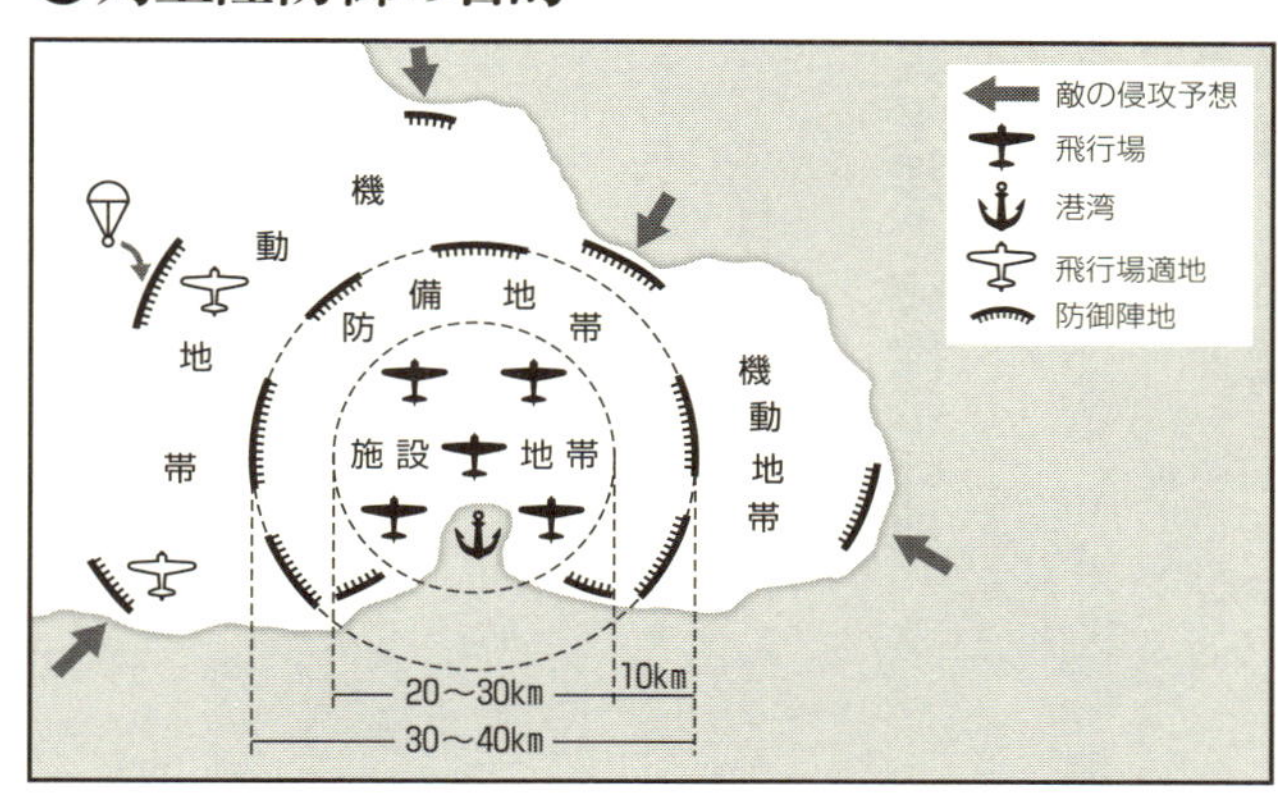

『島嶼守備部隊戦闘教令（案）の説明』にある「島嶼守備部隊の威力圏の一例」と名付けられた図。同教令の防御構想を概念化したもので、何を守るべきかを示している。守備するのは、航空基地と港湾であることを明確化している。

アメリカ軍の上陸作戦と日本陸軍の教令公布時期

	米軍の主要上陸作戦	教令等の公布
昭和17	8月7日：ガダルカナル島上陸	
昭和18	2月3日：（日本軍、ガダルカナル島撤退） 5月12日：アッツ島上陸 6月30日：レンドバ島（ソロモン）、ナッソウ湾（ニューギニア）上陸 9月4日：ラエ、サラモア上陸 10月27日：モノ島上陸 10月27日：マキン、タラワ上陸 12月15日：マーカス岬（ニューブリテン島）上陸 12月26日：ツルブ上陸	9月　：「あ号作戦／あ号教育」開始 9月30日：（絶対国防圏の決定） 10月1日：『珊瑚島嶼ノ防禦』 10月10日：『島嶼防禦参考資料』 11月18日：『島嶼守備部隊戦闘教令（案）』
昭和19	2月1日：クェゼリン、ルオット両島（マーシャル諸島）上陸 2月29日：アドミラルティ上陸 4月22日：アイタペ、ホーランディア上陸 5月27日：ビアク島上陸 6月15日：サイパン上陸 7月22日：グアム島上陸 7月24日：テニアン島上陸 9月15日：モロタイ島、ペリリュー島上陸 10月20日：レイテ島、サマール島上陸 12月7日：レイテ島のオルモック上陸 12月15日：ミンドロ島上陸	4月　：『島嶼守備部隊戦闘教令（案）の説明』 8月19日：『島嶼守備要領』 9月24日：『敵軍戦法早わかり』 10月　：『上陸防禦教令（案）』
昭和20	1月19日：リンガエン湾（ルソン島）上陸 2月19日：硫黄島上陸 4月1日：沖縄上陸	2月6日：（内地における各軍が作戦軍に改編） 3月　：『対上陸作戦ニ関スル統帥ノ参考書』 3月16日：『国土築城実施要綱』 5月　：『橋頭陣地ノ攻撃』 6月17日：『国土築城実施要項追補』

方面連合軍（アメリカ陸軍主体）は、日本軍の未配備ないしは配備の薄い場所に上陸し、迅速に構築した海岸堡陣地で日本軍の反撃を破砕している。このため日本軍は、上陸直後の（つまり水際である）混乱状況こそが、アメリカ軍を撃滅する最大の好機と判断したのだ。さらに水際での戦闘は、敵の攻撃を減殺しつつ、積極的な逆襲で、彼我の浮動状況を作り出し、遭遇戦的な状況で攻勢に転移するという、日本陸軍が得意と信じる戦いかたでもあった。

以上のようなことを踏まえて、『島嶼守備部隊戦闘教令（案）』はこう記す。

「主陣地の前縁は通常水際に選定し」

「其の前進渋滞し、行動混乱しあるに乗じ、逆襲を敢行し敵を撃滅す」

ともあれ、『珊瑚島嶼ノ防禦』とそれを改訂した『島嶼守備部隊戦闘教令（案）』は、太平洋の島を守るという、日本陸軍にとって初めての戦いのための戦術ドクトリンとなったのである。

太平洋の陣地帯陣地

日本陸軍が新たに策定した対上陸戦術ドクトリンは、昭和十八年後半から具体化されつつあった、より大きな――いわば作戦次元での――構想の一環でもあった。

『島嶼守備部隊戦闘教令（案）』の綱領第四は、

「守備隊は、航空、船舶及び海軍部隊との協同を堅密にし――中略――島嶼守備の完整を期せずべからず。とくに航空及び海運基地の争奪を主とする海洋作戦の特性に鑑み、守備の要領、築城その他施設を此等の要求に即応せしむる――後略」

となっている。

昭和十九年四月に発行された『島嶼守備部隊戦闘教令（案）の説明』では、水際殲滅を徹底するとともに、島嶼守備部隊の任務を明確に航空基地の防衛とした。当然ながら制空権がなければ島の防衛は成り立たない。敵の制空権下で苦闘したソロモン諸島や東部ニューギニアでの経験がそこには存在していた。

昭和十九（一九四四）年一月には、今後、強靭な航空作戦基盤（「航空要塞」と称された）を建設すべく「航空基地整備要綱」が示達されている。とくにニューギニアでは、基地整備の遅れから、一つの飛行場に多数機が蝟集し、そこを攻撃されて大損害を出すという敗北を二度もしているから、多くの飛行場から構成される強靭な航空作戦基盤の建設は必要であり、そのための地上部隊による基地防衛も重視されたのである。

そしてこれは協同作戦を行う海軍の利害とも一致していた。海軍は、その主力を基地航空隊に置くようになっていたからだ。

一方、島嶼防衛に使用される部隊の編制も、そうした戦いに適するように改められた。

各島嶼に配備される南洋支隊・派遣隊（のちに集成されて独立混成旅団等に改編）は、歩兵を中心とした旅団・連隊規模の独立戦闘が可能な諸兵種連合部隊であり、南洋支隊には、逆襲・反撃用に戦車部隊も編合された。また島嶼守備に充当される師団は、砲兵連隊等を解体して歩兵連隊に分属させ、歩兵連隊基幹の諸兵種連合部隊を主体とした。現在で言う連隊戦闘団を作戦ごとに編成するのではなく固有の編制としたのである。さらに隷下三個連隊のうち一個は、師団海上輸送隊の支援を受けて、海上機動部隊として使用される。いわゆる「海洋師団」だ。同時期には、機動艇と呼ばれた強襲揚陸船や海軍から移管された二等輸送艦を装備して、独自の海上輸送能力を持つ、海上機動旅団も編成された。

以上の部隊は、「集団」と呼ばれる師団単位で、各諸島や群島、環礁に展開し、各島には地区隊と呼ばれる形で連・大隊が配備される。さらにそれ以下の部隊が「島内の地区隊」となる。パラオ諸島を例に挙げると、第十四師団（海洋師団として改編された）がパラオ地区集団。歩兵第二連隊基幹の守備隊がペリリュー地区隊は、それぞれ東西南北の各地区隊に区分されている。

地区隊とは、ある部隊を一定の地域の守備に責任を持たせ、戦況に合わせて増加される反撃部隊や増援部隊は、元の所属に関係なく地区隊指揮官の指揮下に入り、これにより迅速で柔軟な部隊運用を可能とするものだ。第一次大戦

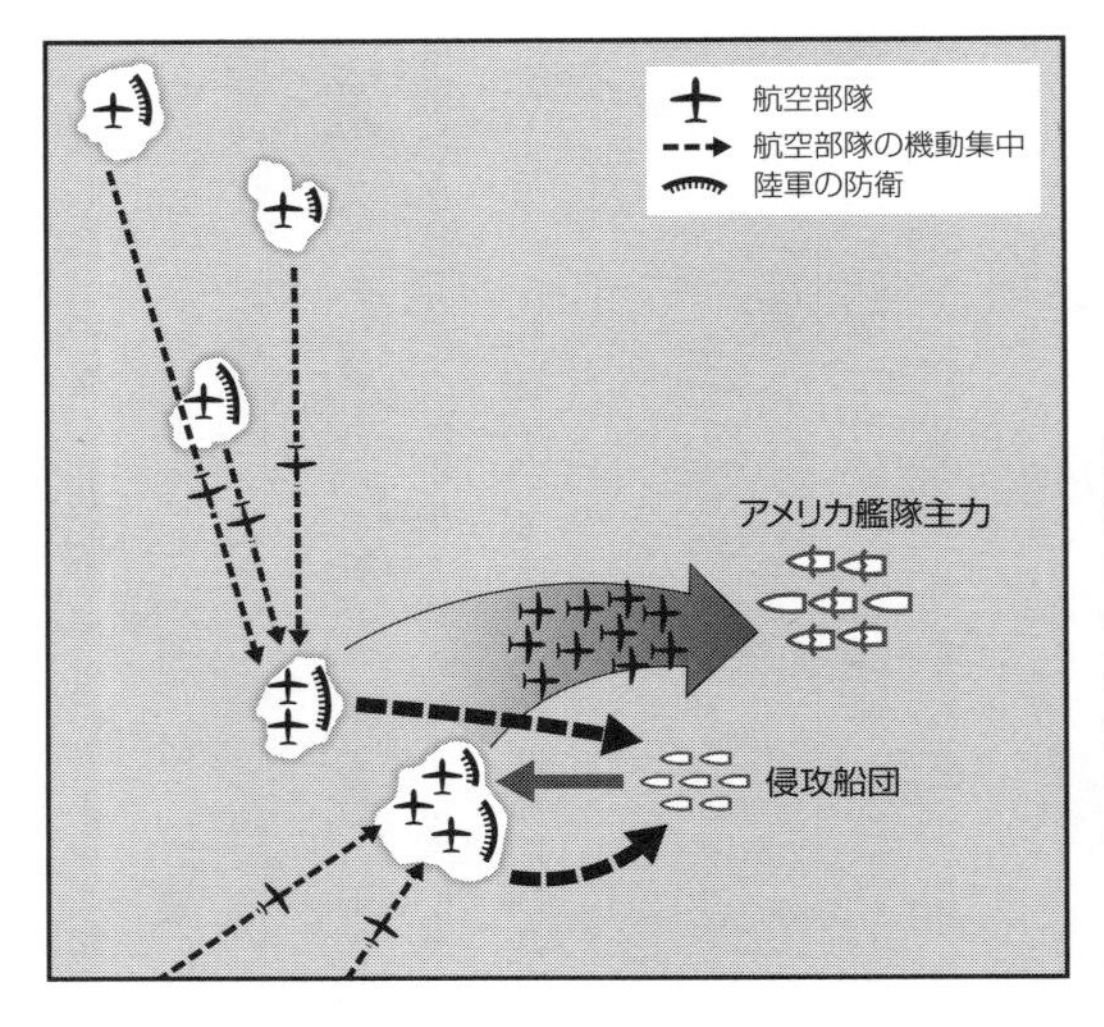

●陸海軍の中部太平方面邀撃構想

海軍は、敵の侵攻正面に基地航空隊を機動集中させてアメリカ艦隊主力攻撃、ついで上陸部隊を輸送してきた侵攻船団へも攻撃を行う。一方、陸軍は海軍航空隊の航空基地群を防衛し、敵が上陸してきた場合は、これを撃滅する。中部太平洋では海軍航空隊のみが洋上で敵を迎え撃つが、西部ニューギニアから蘭印、フィリピン方面では陸軍航空隊も邀撃に加わる。この構想は沖縄戦までの基本となる。

●島嶼守備部隊の任務と運用構想

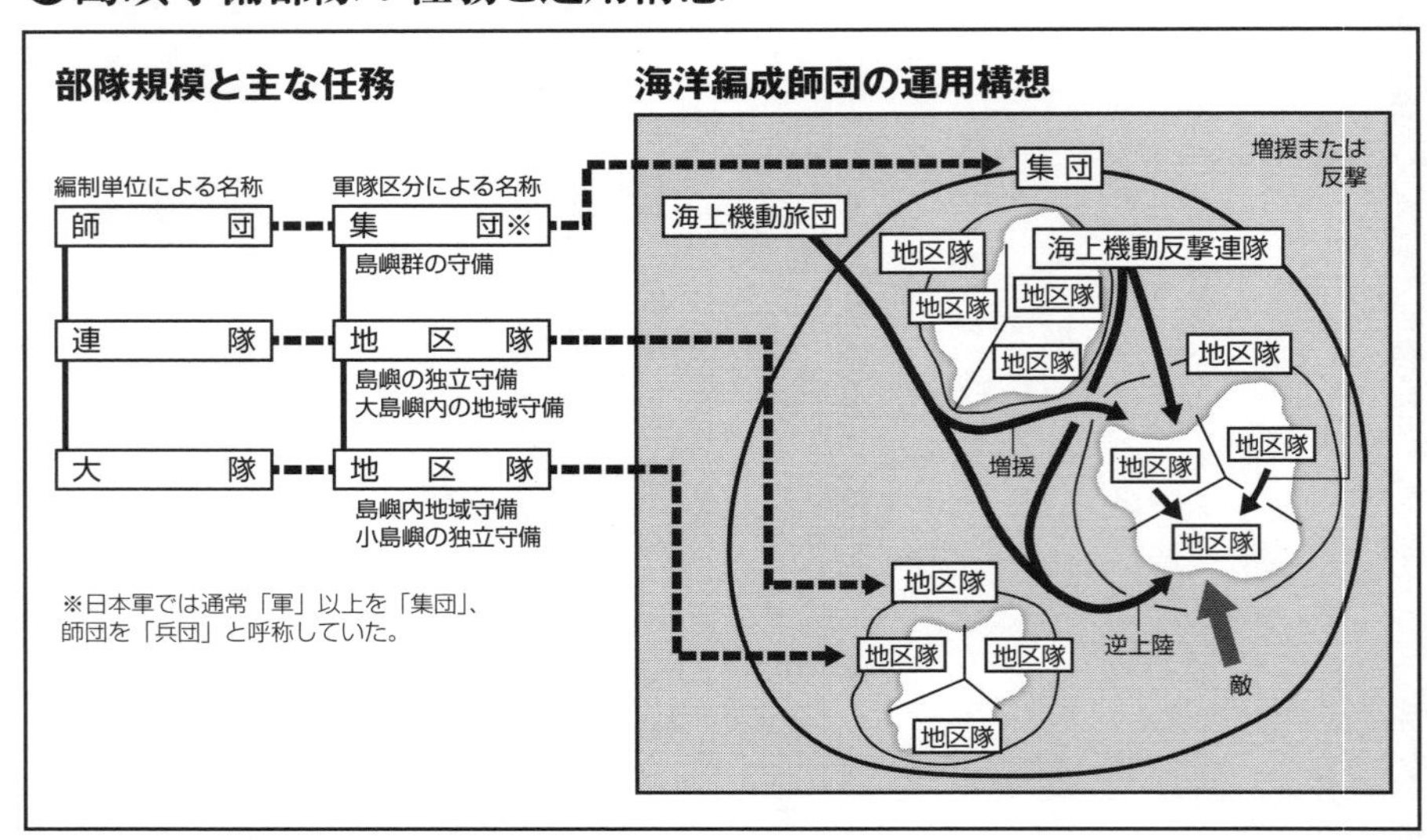

図は島嶼における部隊の運用構想を示したものである。日本陸軍は、諸島・群島などの一つの地理的まとまりを、師団単位の戦域ととらえ、その戦域内で部隊を柔軟に機動させて戦う構想であった。とはいえその構想の根底には、「強力な予備隊による機動打撃」という地上戦術と同じで、大陸での戦闘と変わらない思想が存在していた。

なかば以降の陣地守備で編み出された方法である。

以上のような点から見て、絶対国防圏の防衛構想とは、海軍がアメリカ海軍主力部隊を撃滅するのと同時に、陸軍がアメリカ軍上陸部隊を独自に撃滅することを目指したものだったといえよう。こうした陸軍の戦術思想には、予備兵力を柔軟に運動させて戦う、第一次大戦におけるドイツ軍の陣地帯陣地での防御を思わせるものがある。

しかし、そこには大きな違いがあった。一つは、ドイツ軍が予備兵力を安全な後方から列車で輸送するのに対し、日本陸軍のそれは、敵の制空権下を船舶で強行輸送する点だ。これもまたソロモン諸島での戦いの経験からもたらさ

海洋師団・海上機動旅団・南洋支隊の編制

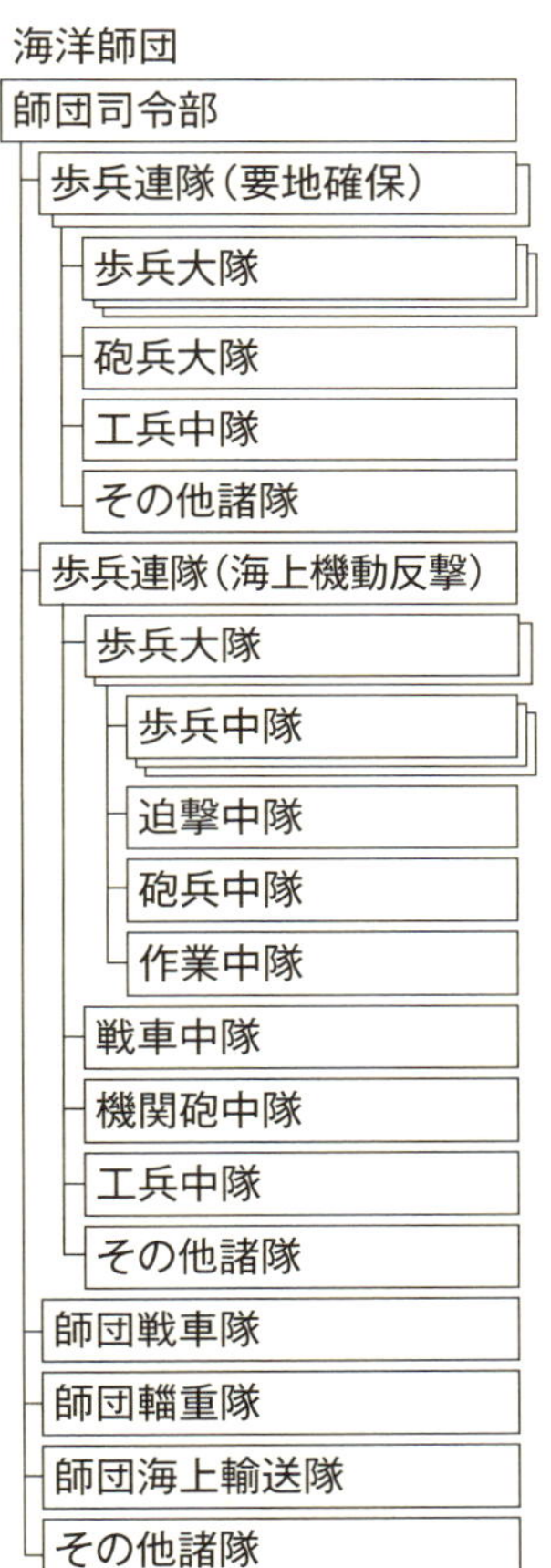

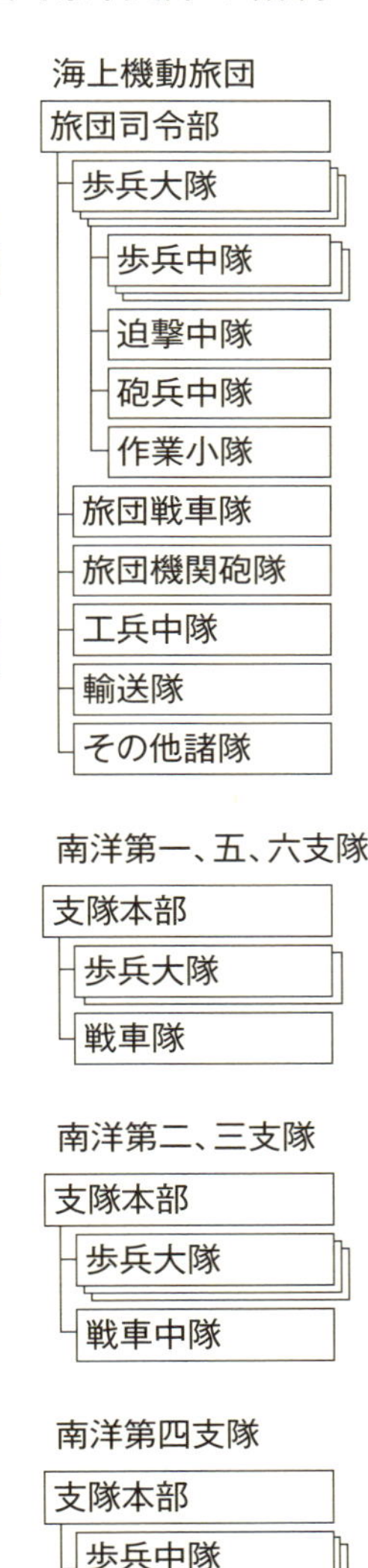

※第十四、二十九、三十六、四十六、五十二師団が海洋師団編制。
※第四十三師団は準海洋師団編成。
※近衛第二、第五師団は計画のみで改編せず。

れたものだ。ソロモン諸島では、たしかに敵制空権下の強行輸送で膨大な損害を被ったが、それでも高速輸送船ならば行動は可能であり、また船首扉を持つ揚陸艦艇ならば、もっとも危険な揚陸作業を迅速に終わらせることができると考えたのである。

　そしてもう一つの違いは、ドイツ軍の陣地帯陣地が前方配備の兵力を極力薄くしているのに対し、日本陸軍は先述した「戦理」に則った理由から、その戦力のほとんどを水際第一線に配備している点である。

水際撃滅主義の崩壊

　以上のような、島嶼を一連の陣地帯と考えるとともに水際撃滅を追求したドクトリンは、しかし、史実にあるように敢えなく失敗した。

　対日戦を「太平洋の要塞化された島を巡る血みどろの戦い」としていたアメリカ軍は、すでに一九三三年（昭和八）、陸海軍統合委員会によって強襲上陸の原則を確立していた。主眼と

●対上陸防御の概念

「防御築城」よりも
交通路等の
「攻撃築城」を重視
主力
敵
砲兵等は
分散を重視
中隊規模の
拠点陣地
主陣地前縁

【水際撃滅構想】

『島嶼守備部隊戦闘教令（案）』より

水際に主陣地前縁を設定。ここに速射砲や重機関銃等を中心として部隊を多数配備して、上陸してきた敵に海岸堡を造らせないようにする。砲兵は被害を受けにくくするために分散配備。また敵の攻撃に対する防御施設の築城よりも、主力による機動打撃のために交通路の構築が重視された。主力はこの交通路を使用して、海岸堡をまだ形成していない敵に迅速に打撃を与える。

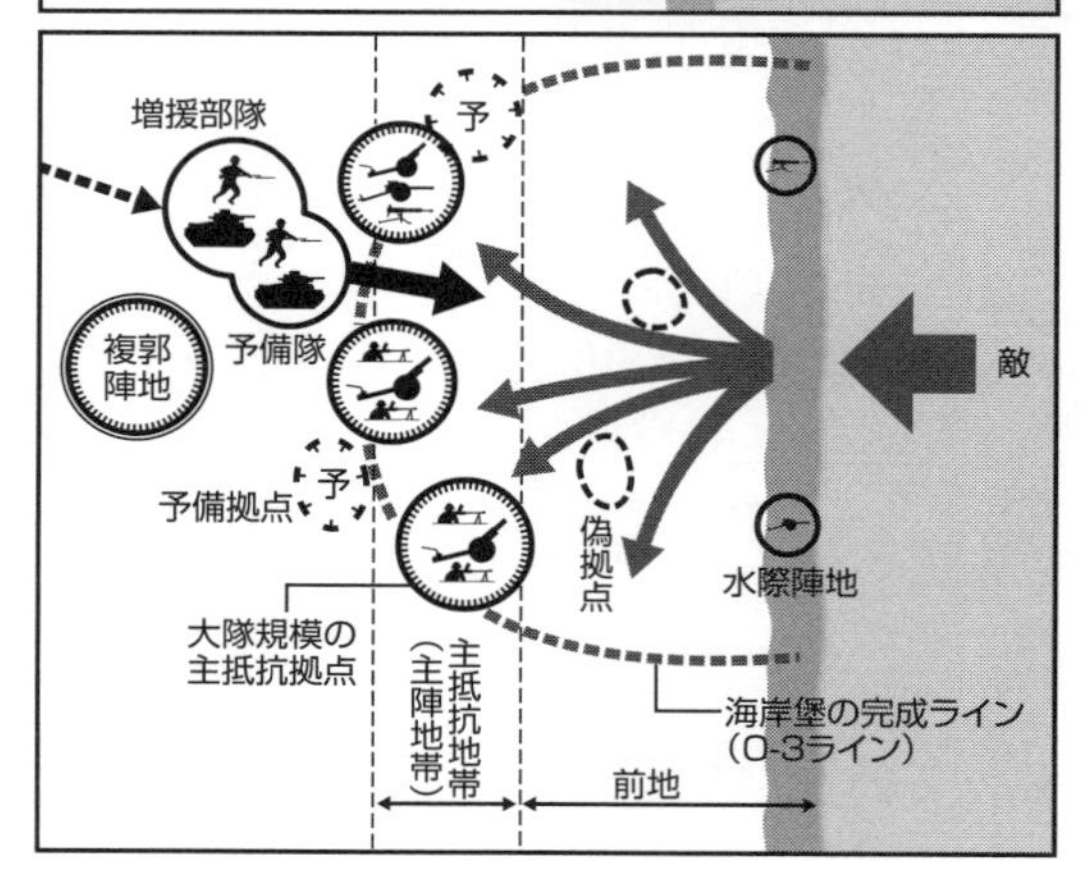

【後退配備・沿岸撃滅構想】

『上陸防禦教令（案）』より

主抵抗地帯（主陣地帯）は海岸よりも後方に下げる。主抵抗拠点は全周防御が可能な大隊規模の拠点陣地とする。敵の海岸堡が完成する前に、増援部隊および予備部隊によって反撃を行う。なおO-3ラインとは、上陸時の進出目標線で、師団レベルでは砲兵の展開可能な地積を得ることができる線。

するところは、上陸時の、つまり水際での弱点をどう克服するかであった。

アメリカ軍は、上陸作戦を味方の絶対的な制空権下で行う作戦として、艦砲射撃と航空攻撃は、砲兵が上陸して師団レベルでの海岸堡が確立されるまでの火力支援と位置づけられた。彼らが戦艦までも海岸に限りなく近づけて艦砲射撃を行うのも、空母群を近海に遊弋させて常に爆撃機を飛ばすのも、この原則にもとづく。LVT（Landing Vehicle Tracked＝装軌式水陸両用車）の開発は、敵の火力下での迅速な上陸と、海岸堡の速やかな拡大と確立を目的としている。

この結果、日本軍の対上陸作戦の「戦理」は「状況」に合致しないものとなった。日本軍の水際陣地は、水際という明確な地線に存在するため好目標となって、艦砲射撃で簡単に破壊され、水際への逆襲は、すでに構築されてしまった海岸堡という「陣地」に対する「準備不足の攻撃」となった。そして、上陸作戦が本格化すると、これまでにない機数のアメリカ軍艦上機や哨戒艦艇により、予備隊投入のための船舶輸

●陣地の構成と火器の配備〈1〉

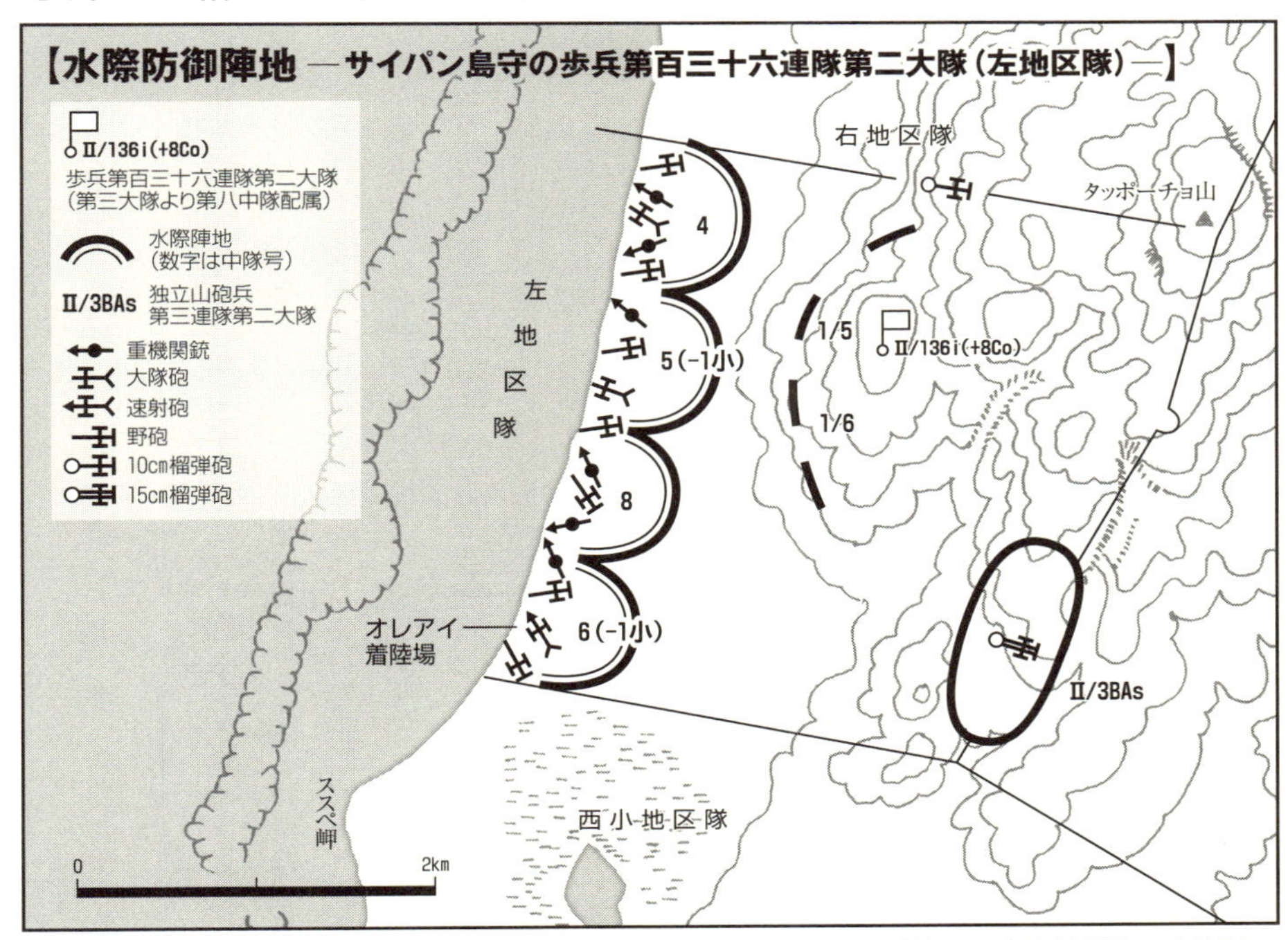

図は、水際防御の一例である。サイパン島守備の左地区隊となった歩兵第百三十六連隊第二大隊は、1個中隊の配属を受けて4個中隊となっていたが、そのすべてを海岸に貼り付けており、予備はわずかに第五、第六中隊から抽出した2個小隊（図中記号：1/5 と 1/6）のみで、海岸を突破されたらお仕舞である。なお後方に展開する砲兵部隊は、上級司令部の直轄部隊である。

送は、一船一艇までもが封殺された[*2]。

ところで、歩兵が銃剣突撃するイメージが強い水際撃滅だが、その形態が防御である以上、まずは火力と反撃力を温存するための築城が必要である。したがって、島嶼防衛のドクトリン策定のさいに重視されたのは、築城であった。

サイパン島をはじめ、どの島嶼防衛部隊も、計画では陣地重要部は戦艦の艦砲射撃に耐えられる永久築城を目指していた。しかし陣地構築のためには膨大な資材と時間が必要とされる。例えば、上陸阻止のコンクリート防壁は、長さ一〇〇メートルのものでも、セメント二五トン、骨材となる砂利は二〇〇立方メートルとなる。船舶輸送量換算で六〇総トン、大型ダンプカーで四〇両分である。そして各守備隊に与えられなかったのが、その資材と時間であった。

このため、全滅した各守備隊は、『珊瑚島嶼の防禦』や『島嶼守備部隊戦闘教令（案）』に書かれた本来の水際陣地は、ついぞ構築できなかった。それでも唯一の例外が、パラオ諸島で、第十四師団配備後、五か月の準備期間があった。ペリリュー島とアンガウル島の敢闘はそれゆえのことだったのである。それでも両島とも上陸第一日にして水際陣地は突破されている。

こうして昭和十八年十一月のギルバート（マキン、タラワ）から、翌年二月のクェゼリン環礁の戦いを通じて、水際撃滅戦が不可能であることは実証されていった。にもかかわらず、水際撃滅主義は先に挙げた「島嶼守備隊戦闘教令（案）の説明」によって、より先鋭化する。この背景には、「玉砕」した島から断片的に入る報告をもとにした、「信じたい情報」にもとづく間違った戦訓が存在した。

その間違った戦訓とは、ギルバート諸島でもクェゼリン環礁でも、それがちっぽけな島の未完成の築城であったとしても、守備隊は生き残り、逆襲に転じていた、という事実である。であるならば、資材と時間を大量に使用する強固な陣地構築より、分散と秘匿による温存、水際への逆襲のための交通路整備に築城の重点を置くべきだということになる（「島嶼守備隊戦闘教令（案）の説明」）。とくに分散と秘匿による戦力の温存は、サイパン島等、比較的大きな島なら効果を発揮する。したがって水際撃滅構想は成功する、と作戦当局者は考えたのであった。

後退配備

しかし、自信をもって臨んだはずのサイパンの戦いに敗れたことから、[*3]大本営陸軍部は昭和十九年八月十九日、『島嶼守備要領』を新たに発布した。これは、水際撃滅を目指すものの、水際への直接配備は止め、かつ上陸海岸への早急な逆襲を戒めたものである。

十月になると『上陸防禦教令（案）』が、発布された。同書には、第一章の「上陸防禦一般の要領」に、「縦深に亙る防御施設を徹底的に利用し」

「現戦局に於いては水際撃滅の成立せざることしばしばなるをもって守備隊は配備の重点を海岸より適宜後退せる地域に設け」

と記され、また主抵抗陣地（主陣地帯）も、拠点式（第十一条）の反斜面陣地（第二章第四十一条）を主体とすることとされた。

反斜面陣地とは、第一次大戦でドイツ軍が考案し、主に砲兵部隊の基本となった陣地構成で、敵から見て丘陵や土地の高まりの反対側に戦闘陣地を設けるものである。日本軍は、これを全兵種に当てはめて陣地を構築した。

さらに各拠点間は、反斜面に設けられた火点によってつなぐ。このようにすると、火線は必然的に斜射・側射となり、火線をうまく組み合わせることで、陣地の間隙は、現在で言うキル・ゾーン、キル・ポケットとなる。

こうした新しいドクトリンによって、島嶼防衛部隊の指揮官は、画一的な水際防御から、地形に合わせた防御戦術を、――少なくともマニュアル上は――行えるようになった。とくに主陣地を後退させることで、後方の丘陵等が利用可能となり、これまでよりは強固な坑道（洞窟）式陣地が構築しやすくなった。

●陣地の構成と火器の配備〈2〉

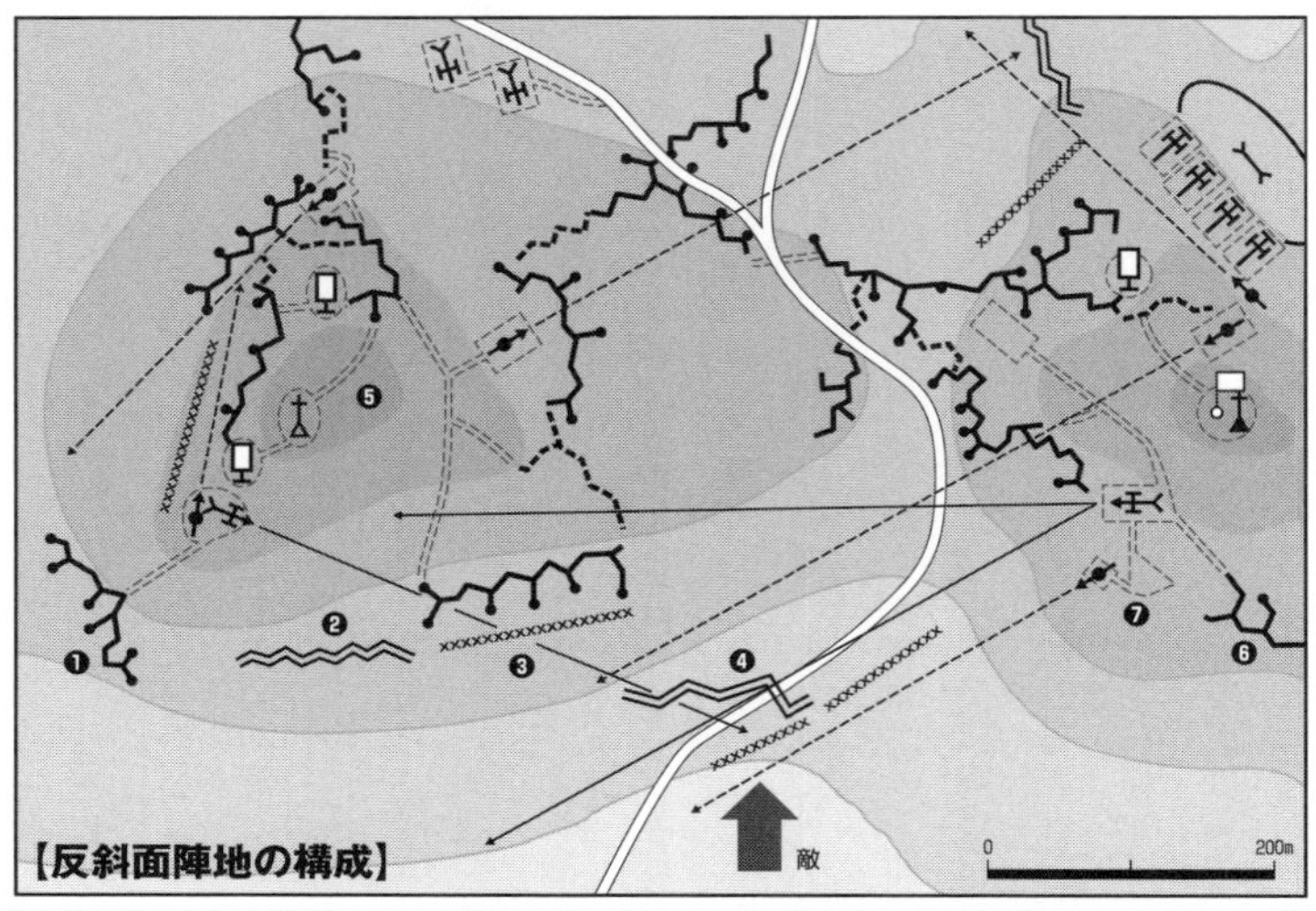

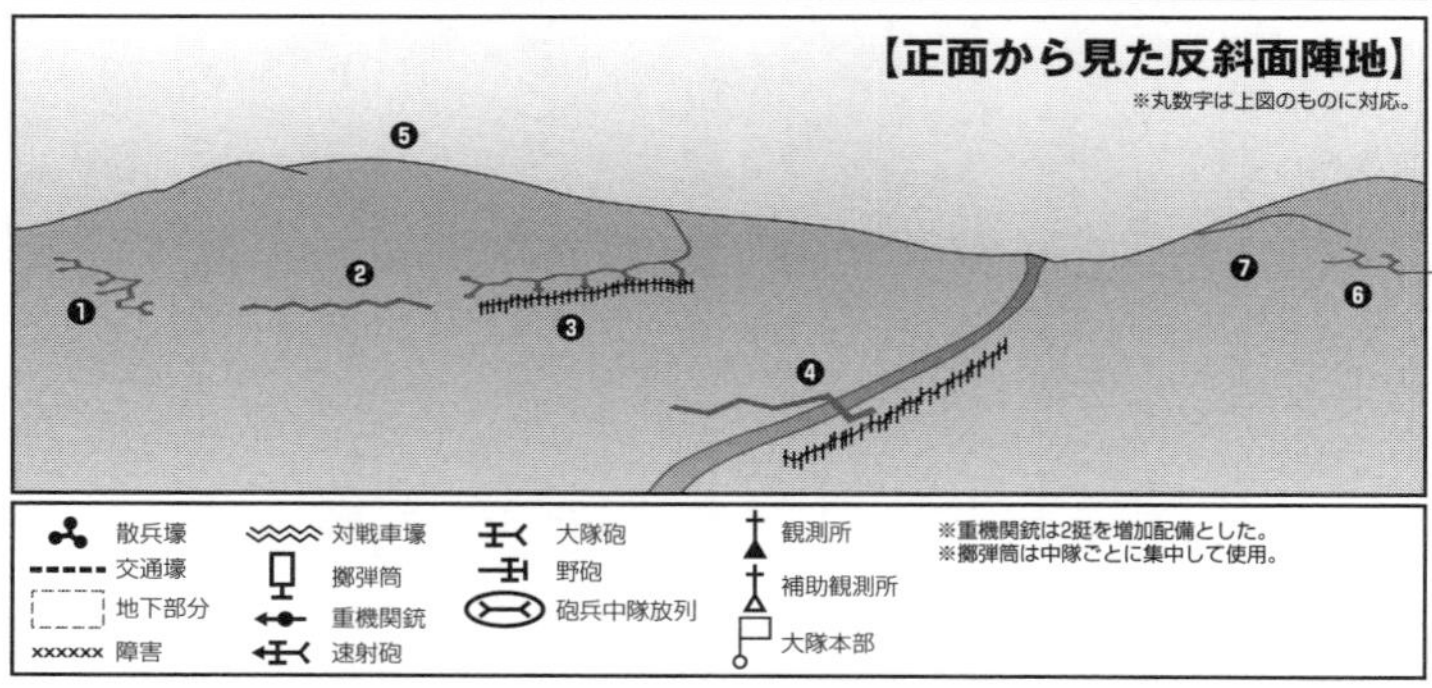

散兵壕　交通壕　地下部分　障害　対戦車壕　擲弾筒　重機関銃　速射砲　大隊砲　野砲　砲兵中隊放列　観測所　補助観測所　大隊本部

※重機関銃は2挺を増加配備とした。
※擲弾筒は中隊ごとに集中して使用。

大隊基幹の反斜面陣地の構成と、それを正面（敵の視点）から見た図である。火砲、重機関銃、速射砲は土地の起伏を利用して敵から見えない位置か坑道式砲座に配置している。重機関銃や速射砲の射線は、障害で足止めされた敵に対し、斜射・側射できるように構成される。また防御の骨幹である野砲を守るために、野砲陣地に対する接近経路は射線の重複域となっている。散兵壕もまた、反斜面に多く築かれて坑道で繋がっている。

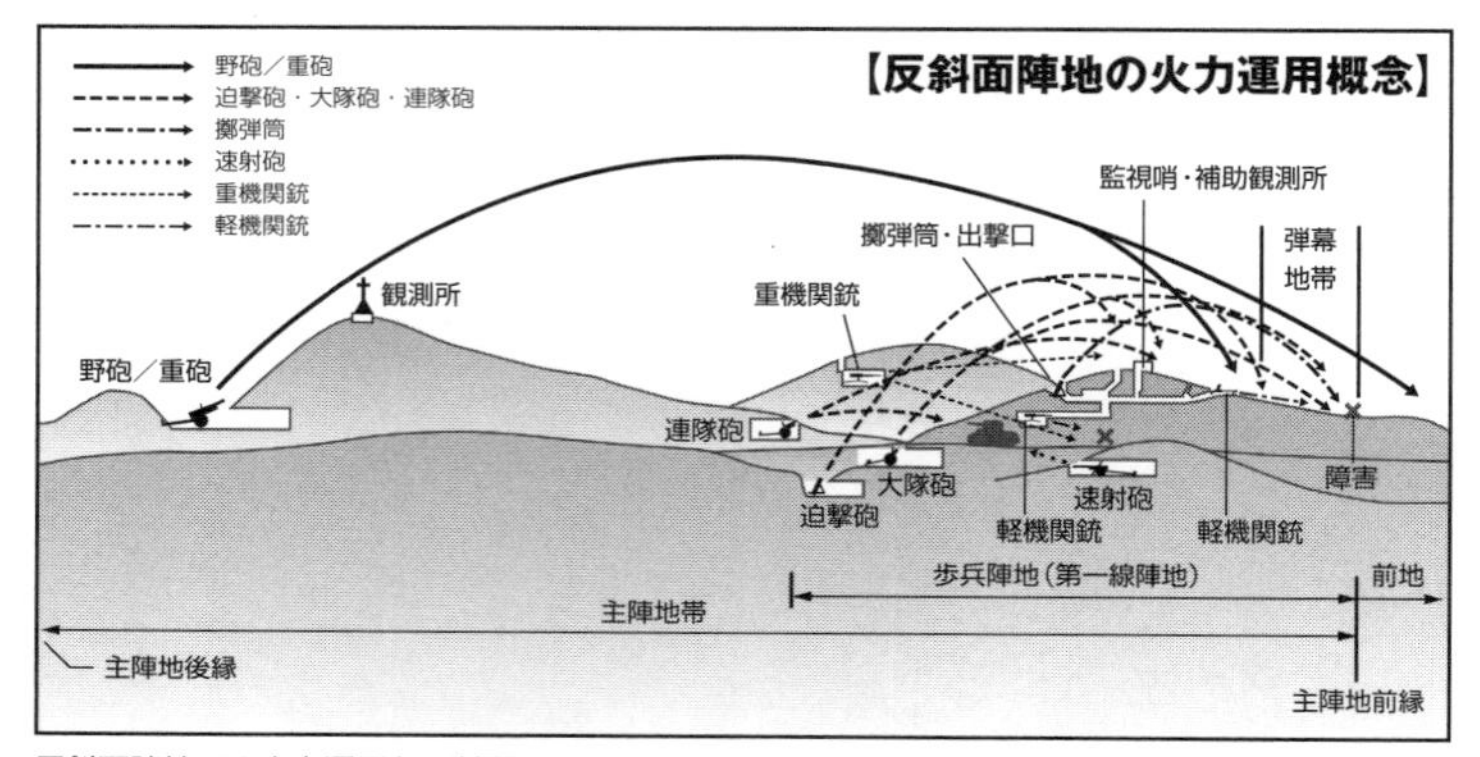

反斜面陣地での火力運用を、断面でみると図のようになる。各種火器が集中して弾幕地帯を作るのは陣前600m付近となるが、これは、この距離以内だとアメリカ軍が誤射を恐れて砲兵の支援が行い難くなるためだ。また坑道式の反斜面陣地は視界が悪く、アメリカ軍は比較的簡単に陣地内に侵入してしまうが（馬乗り攻撃）、これに対し、擲弾筒・歩兵砲等の曲射火器や隣接陣地の機関銃で、陣地上のアメリカ軍を一掃しようとした。これを自軍の陣地を俎板に見立て「俎板戦法」と称した。

砂の城

しかし、こうした新しい対上陸防御ドクトリンも、あくまで戦術次元のものであって、「作戦」に寄与できたとは言いがたい。その理由の一つが、航空基地との関係である。

日本軍の飛行場の多くは、海岸平野部に存在する。したがって部隊を水際に配備することは飛行場防衛のためにも必要だった。水際での戦闘を諦めた段階で、敵が航空基地を占領し利用する危険性は大いに高まった。たしかに飛行場を見下ろす高地を占領していれば砲撃は可能だが、日本軍の砲兵火力では、飛行場の使用を妨害することはできても破壊することはできない。

国軍決戦と呼ばれた捷号作戦[*4]では、新たに多数の航空基地が必要とされた。その数はフィリピンだけでも陸海軍合わせて三〇か所は存在したはずだ（昭和十八年後半の段階で三七か所）。このため、所在の陸軍地上戦闘部隊は、陣地構築をおざなりにしても航空基地建設に協力しなければならなかった。

昭和十九年にレイテ島に展開した第十六師団は、飛行場建設に協力していたため、アメリカ軍が上陸した十月二十日の段階では、野戦陣地程度しか構築できておらず、内陸防御のために、飛行場は早期に敵手に委ねてしまっている。[*5]沖縄では、第三十二軍が、飛行場防衛を兵力不足で放棄してしまった。ちなみに『上陸防禦教令（案）』では、師団規模の陣地の完成をおおむね四か月としている。

『上陸防禦教令（案）』は、アメリカ軍の火力と自軍の戦力を正しく見積もったということで評価され、弱者である日本陸軍であってもなお戦えることができるという戦術次元では実行の可能性がある教範であった。だがこの教範は、航空決戦を指向する、すなわち地上部隊は航空基地を守るという、この時期の日本軍の作戦構想には合致せず、さらに上陸時期も場所もアメリカ軍次第という、戦略次元でアメリカ軍に主導権を握られている状況から考えても、現実から乖離したものであったと言わざるを得ない。当然のことながら、戦術は、戦術のみが単独で存在するわけではない。

さらに、『上陸防禦教令（案）』には、状況との乖離とは別に、致命的な欠点を内在させていた。それは敵を撃滅するための沿岸決戦が不可能だという点である。それはそうであろう。そもそも、水際という弱点に乗ずることすらできない日本陸軍に、確立されてしまった敵の海岸堡を攻撃することは無理だ。

こうしたことから、本土決戦を間近に控えた時期に、さらに二つの教範が発布される。

一つは、軍レベル以上の運用基準を示した『対上陸作戦ニ関スル統帥ノ参考書』（昭和二十年三月）である。これは、本土決戦で大兵団が運用できるという前提にもとづくもので、本質的には作戦と戦術の乖離を埋めようとするものでもあった。とはいえ同書は、総花的かつスローガンの羅列的な内容で具体性に乏しい。もう一つが、五月に発布された『橋頭陣地ノ攻撃』である。

同書の「第二篇攻撃　通則」には、

「攻撃の主眼は周到なる準備を整え、敵陣地の全縦深に亙り、終始我が諸兵の戦闘力を総合的に発揮し」

とある。また「歩兵連（大）隊の攻撃」の項には、

「戦闘力を縦長に保持し、絶えず新鋭の威力を以て計画的に攻撃を遂行す」

とある。

しかしそれが不可能であることは、これまでの戦例が証明している。アメリカ軍が上陸海岸に地歩を築けば、爆撃機や、観測機と長距離砲によって、逆に日本軍の全縦深が叩かれてしまう。それでも海岸堡に向けた攻撃を行うには、（制空権の有無はともかく）すくなくともアメリカ軍砲兵を圧倒するほどの重砲火力、突破部隊に随伴できる野砲群、M４戦車を撃破し、最終防護射撃を突破できる機甲兵力（その機械化歩兵は自動小銃を装備しなければならない）が必要になる。

言うまでもなく、それらは端から存在しないものであった。なぜなら日本陸軍は、「東亜ノ大陸」において敵を「捕捉殲滅」するための運動戦に必要ないと判断してきた重装備を捨ててきた軍隊であり、さらにそうした重装備を必要としたときには「長期消耗戦」のために、それらを手にすることができなくなっていたからだ。

とどのつまり、日本陸軍が策定してきた対上陸防御ドクトリンとは、それが戦理として正しくとも、戦略次元はおろか作戦次元とも乖離した戦術次元以下のものでしかなかった。さらにそれもまた渚に造った砂の城のようなものでしかなかったのだ。

●註

＊1＝これらの翻訳や解説書が作成された背景には、おそらく海軍の作戦を支援するためのフィリピン攻略戦があったのだろう。

＊2＝ペリリュー戦における歩兵第十五連隊の逆上陸が、大損害を出しながらも可能だったのは、米海軍の支援艦艇が少なかったためである。

＊3＝大本営陸軍部作戦課長の服部卓四郎大佐は「たとえ海軍航空がゼロになっても米軍を叩き落とせる」と言ったとされる。ことほどさように陸軍中央はサイパン島の防衛に自信を持っていた。

＊4＝戦域別に捷一号（フィリピン方面）から四号（北東方面）まであるが、実際に生起したのはレイテ島を主戦場とした「捷一号」（第六章「リモン峠の遭遇戦」参照）。

＊5＝第十六師団は、もともと四〇キロという過大な防御正面を担当したうえに、上級司令部の第三十五軍の方針が、持久でありながら、「有力なる一部で水際の戦闘を真面目（しんめんもく＝本格的）に行う」という中途半端なものであった（第六章「リモン峠の遭遇戦」参照）。

●主要参考文献

防衛庁防衛研修所戦史部編『戦史叢書　大本営陸軍部〈6〉～〈10〉』（朝雲新聞社、1973年～75年）
防衛庁防衛研修所戦史部編『戦史叢書　中部太平洋陸軍作戦〈1〉～〈2〉』（朝雲新聞社、1968年）
白井明雄『日本陸軍「戦訓」の研究』（芙蓉書房出版、2003年）
『作戦要務令』（池田書店、1974年、復刻版）
大本営陸軍部『珊瑚島嶼ノ防禦』（昭和18年）
大本営陸軍部『島嶼守備部隊戦闘教令（案）』（昭和19年）
大本営陸軍部『島嶼守備部隊戦闘教令（案）ノ説明』（昭和19年）
大本営陸軍部『島嶼守備要領』（昭和19年）

教育総監部『上陸防御教令（案）』（昭和19年）
大本営陸軍部『対上陸作戦ニ関スル統帥ノ参考書』（昭和20年）
大本営陸軍部『橋頭陣地ノ攻撃』（昭和20年）
工兵監『島嶼防禦参考資料　水際障碍物ノ一例』（昭和18年）

あとがき　――謝辞にかえて――

本書は、歴史・戦史雑誌である『歴史群像』誌（学習研究社～学研プラス）の二〇一〇年十月号より、二〇一五年十月号まで、不定期に連載した記事のうち、読者にとって身近であると思われる日本陸軍の戦いを中心にピックアップし、加筆訂正したうえで新たに一章（十一章「金井塚大隊の帰還」）を書き下ろしたものである。

どの程度の読者がいるのかわからない用兵思想というソフトを基底に、「戦術」と「統率」という分野をテーマとした――いささか専門的な――記事ではあったが、幸い連載を重ねるにしたがい、多くの読者に好意をもって迎えられ、ときには現役の自衛官の方からも高い評価を頂くこともあった。今回、機会を得て一冊の本にまとめることができ、まずは、連載を楽しみにし、支えてくださった読者の方々に、お礼申し上げたい。

本書のもととなった記事は、当時、畏友・田村尚也氏が歴史群像に連載していた「各国陸軍の教範を読む」（のちにイカロス出版から刊行）とリンクする形で、教範（ひいては用兵思想）が、どのように戦いに影響したかをケーススタディで描けないか、というところからはじまった。もっとも連載をはじめるにあたって、実のところかなり躊躇したこともたしかだ。

軍事、あるいは戦争という行為は、クレマンソーの言葉を引くまでもなく、軍人たちの専管事項ではないが、直接干戈を交える「戦い」の分野、戦争の階層構造でいうのなら作戦次元と戦術次元は、軍人として高度な専門教育を必要とされる部分である。とくに「戦術」こそは、軍人にとって「専管事項」の部分であろう。それを軍人でもない者が評論し、読み物としても良いのかどうか。

ためらう著者の背を押してくれたのが、故片岡徹也先生と数人の自衛官の方であった。片岡先生は、陸上自衛隊指揮幕僚課程（CGS）の有志を中心にした勉強会を主宰しており、著者もそのメンバーの一人であった。

先生の後押しで考えたのが、勉強会で学んだことを、「知的娯楽」としての「戦史記事」という形で多くの読者に広めれば良いのではないかということだ。それこそが、物書きの仕事であり、共に学ぶ仲間への貢献であろう。専門的な事項だからこそ、書くべきなのである。

戦術の解説という点では、著者は、第11戦車大隊長で、戦史教官を長く務めた、元・1等陸佐の葛原和三先生から、戦術の基礎的な部分や、さらには――なぜか――指揮官の心得まで〝叩き込まれ〟た。また葛原先生のご紹介で、何人かの大尉クラスの旧陸軍軍人の方にお話を聞くこともできたのも幸いした。片岡、葛原両先生との出会いが、軍事「学」、そして戦「術」との出会いであり、本書の基盤の部分なのである。

連載中は、歴史群像の前編集長・池内宏昭氏、現編集長の星川武氏、担当編集者の時實雅信氏、沼田和人氏に、一冊の本になるには、作品社を紹介して頂くとともに、本を書くということについて様々なアドバイスを頂いた大木毅氏、新人著者を手取り足取り導いてくれた作品社の福田隆雄氏、複雑な事象をわかり易い図として作製して頂いた、デザイナーの大野信長氏にひとかたならないほどお世話になった。これらの方々がいなければ、とうてい本書は成り立たなかったであろう。また、片岡先生の勉強会で共に学んだＣＧＳ学生諸氏にもお礼を述べたい。ありがとうございました。

平成最後の初夏

樋口隆晴

【著者略歴】樋口隆晴（ひぐち・たかはる）

1966年生まれ。陸戦専門雑誌「PANZER」編集部員を経て、フリーの編集者兼ライター。主に『歴史群像』（学研パブリッシング）をフィールドに活躍。戦国の城や、近・現代戦といったテーマの“現場”に赴き、実証的に描き出すその記事、論考には定評がある。2004年度より三年間、江東区区民歴史講座の講師を務める。

●編集者としての主な仕事（共著でもある）
『太平洋戦争シリーズ49　沖縄決戦』、『太平洋戦争シリーズ60　本土決戦』、学研パブリッシングにて、編集・企画・プランニング。

●著者としての主な仕事（共著。編集・企画・プランニングも兼ねる）
『戦国の堅城Ⅰ』『戦国の堅城Ⅱ』『軍事分析　戦国の城』『戦国の城全史』以上、（学研パブリッシング）、『図解！　戦国の陣形』（洋泉社）など。

戦闘戦史
——最前線の戦術と指揮官の決断

2018年 6 月 30 日第 1 刷発行
2021年 11 月 30 日第 6 刷発行

著　者　樋口隆晴

発行者　福田隆雄
発行所　株式会社作品社
〒102-0072　東京都千代田区飯田橋 2-7-4
Tel 03-3262-9753 Fax 03-3262-9757
http://www.sakuhinsha.com
振替口座 00160-3-27183

装　幀　小川惟久
本文組版　有限会社閏月社
図版原図　樋口隆晴
図版制作　大野信長
印刷・製本　シナノ印刷(株)

Printed in Japan
落丁・乱丁本はお取替えいたします
定価はカバーに表示してあります
ISBN978-4-86182-693-1 C0020

軍事大国ロシア

新たな世界戦略と行動原理

小泉 悠

復活した"軍事大国"は、21世紀世界をいかに変えようとしているのか？　「多極世界」におけるハイブリッド戦略、大胆な軍改革、準軍事組織、その機構と実力、世界第2位の軍需産業、軍事技術のハイテク化……。話題の軍事評論家による渾身の書下し！

ロシア新戦略

ユーラシアの大変動を読み解く

ドミートリー・トレーニン

河東哲夫・湯浅剛・小泉悠訳

21世紀ロシアのフロントは、極東にある―エネルギー資源の攻防、噴出する民主化運動、ユーラシア覇権を賭けた露・中・米の"グレートゲーム!"、そして、北方領土問題…ロシアを代表する専門家の決定版。

Panzer-Operationen

Die Panzergruppe 3 und der operative Gedanke der deutschen Führung Sommer 1941

パンツァー・オペラツィオーネン

第三装甲集団司令官「バルバロッサ」作戦回顧録

ヘルマン・ホート

大木毅［編・訳・解説］

総統（ヒトラー）に直言
陸軍参謀総長（ハルダー）に異議
戦車将軍（グデーリアン）に反論

兵士たちから“親父”と慕われ、ロンメル、マンシュタインに並び称される将星、“知られざる作戦の名手”が、勝敗の本質、用兵思想、戦術・作戦・戦略のあり方、前線における装甲部隊の運用、戦史研究の意味、そして人類史上最大の戦い独ソ戦の実相を自ら語る。

Infanterie greift an

歩兵は攻撃する

エルヴィン・ロンメル

浜野喬士 訳　田村尚也・大木毅 解説

なぜ「ナポレオン以来」の名将になりえたのか？
そして、指揮官の条件とは？

“砂漠のキツネ”ロンメル将軍
自らが、戦場体験と教訓を記した、
幻の名著、初翻訳!

“砂漠のキツネ”ロンメル将軍自らが、戦場体験と教訓を記した、累計50万部のベストセラー。幻の名著を、ドイツ語から初翻訳！貴重なロンメル直筆戦況図82枚付。